国家新闻出版改革发展项目库入库项目

物联网工程专业教材丛书

高等院校信息类新专业规划教材

物联网智能信息处理

王朝炜　周振宇
高飞飞　王卫东　编　著

北京邮电大学出版社
www.buptpress.com

内 容 简 介

本书是高等院校电子信息类规划教材,围绕物联网及其中的信息感知、无线通信、智能信息处理、资源共享与能效提升、网络融合以及智能信息处理相关应用实例等展开论述。本书共 7 章,内容包括物联网概述、信息感知、无线通信、智能信息处理技术、异构物联网的资源共享与效率提升、泛在网与网络融合、物联网智能信息处理应用实例。本书在选材和论述方面注重基本概念、原理的阐述和基本方法的介绍,并在每章后面总结了相应要点,编写了难度适当的习题。

本书可作为高等院校物联网工程、通信工程、电子信息工程等专业的教学参考书,也可作为其他相近专业高年级本科生和硕士研究生的学习参考书,还可供有关研究人员和工程技术人员参考。

图书在版编目(CIP)数据

物联网智能信息处理 / 王朝炜等编著. – – 北京:北京邮电大学出版社,2021.7
ISBN 978-7-5635-6423-1

Ⅰ. ①物… Ⅱ. ①王… Ⅲ. ①物联网—信息处理 Ⅳ. ①TP393.4②TP18

中国版本图书馆 CIP 数据核字(2021)第 143918 号

策划编辑:姚　顺　刘纳新　责任编辑:刘春棠　封面设计:七星博纳

出版发行:北京邮电大学出版社
社　　　址:北京市海淀区西土城路 10 号
邮政编码:100876
发 行 部:电话:010-62282185　传真:010-62283578
E-mail:publish@bupt.edu.cn
经　　　销:各地新华书店
印　　　刷:唐山玺诚印务有限公司
开　　　本:787 mm×1 092 mm　1/16
印　　　张:15
字　　　数:367 千字
版　　　次:2021 年 7 月第 1 版
印　　　次:2021 年 7 月第 1 次印刷

ISBN 978-7-5635-6423-1　　　　　　　　　　　　　　　　　　　定价:39.00 元

物联网工程专业教材丛书

顾 问 委 员 会

邓中亮　李书芳　黄　辉　程晋格　曾庆生　任立刚　方　娟

编 委 会

　　本书是为高等学校物联网工程、通信工程、电子工程等专业编写的一本专业课教材,可以与专著《物联网无线传输技术与应用》配套使用。本书内容重点涵盖了物联网所涉及的信息采集、传输、处理和应用的基本原理和方法。本书是作者在多年的教学实践经验基础上,汲取了国内外同类教材之长,并考虑了国家十四五规划的重大关切,编写而成的。

　　物联网是一种基于互联网、电信网等信息载体,集有线与无线传输为一体,能够让所有具有独立寻址能力的物理对象之间实现互相连通功能的通信网络。智能信息处理技术则是随着物联网信息处理智能化的发展而产生的一项新兴技术,主要是对信息进行存储、检索以及智能化分析利用。物联网智能信息处理技术是依托大数据、互联网和云平台,将信息传播的虚拟属性与智能硬件的物理属性进行融合的技术,在数据统计、企业管理和智能家居等方面得到了广泛应用。它能够实现有限资源的优化配置,为使用者及时提供所需的服务和信息,推动社会经济更好更快发展,是国家科技进步发展的重要内容。

　　本书共 7 章。第 1～3 章系统地介绍物联网的体系结构及其信息感知技术和无线通信方法;第 4 章是本书的重点内容,在介绍物联网传统信息处理技术的基础上介绍具体的智能信息处理技术,并重点讲述人工神经网络及其相关衍生网络和技术手段;第 5 章针对目前物联网无线频谱资源稀缺问题,介绍异构物联网的资源共享与效率提升方法,详细介绍认知无线电技术;第 6 章以"泛在网"和"泛在计算"为基础,介绍移动边缘计算、异构计算和网络融合技术;第 7 章从电力物联网、智慧交通运输体系和通信台站共存干扰分析等方面入手,介绍物联网智能信息处理技术的应用实例。本书各章内容有一定的独立性,可根据不同学时、不同专业要求和特点,选用不同章节。

　　与同类教材相比较,本书在分析异构物联网架构和特性的基础上,对物联网海量信息和设备特性进行深入分析,保留了传统信息处理的理论,结合物联网工程专业的教学实践情况,增加了无线信号处理、智能信息处理、人工神经网络、贝叶斯网络、粗糙集网络、网络资源信息系统应用等方面的内容。同时,强调理论与实践并重,以浅显易懂的叙述,带领读者进入物联网的智能时代,从信息处理的视角更深刻、全面地理解物联网的本质。书中例题均具有代表性,不但可以帮助学生加深认识,还有助于学生开展理论和方法的探索。本书深入浅出,概念与理论并重,每章最后对该章要点画出思维导图。本书参考学时为 32 学时。

本书力求做到取材广泛、概念清楚、通俗易懂、便于学习,并注重理论与实际应用相结合,尽可能反映物联网的智能信息处理技术现状,参考了国内外大量相关书籍和技术资料,谨向其作者及译者表示感谢。在本书编写过程中,得到了研究室于小飞、邓丹昊、崔玉玲、石玉君、王天宇、钟定惠、杜嘉楠、李京、芦茜、庞明亮、李叶豪、王子夜、王银等同学的大力支持,崔高峰、王程、胡欣等老师提出了许多中肯的建议,特此一并感谢。

由于编者水平有限,书中难免存在疏漏和不当之处,敬请读者谅解,并提出宝贵意见。联系邮箱:wangchaowei@bupt.edu.cn。

王朝炜
于北邮国家大学科技园

目　录

第1章　物联网概述…………………………………………………………………………… 1

1.1　物联网的基本概念 …………………………………………………………………… 1

1.2　物联网的体系结构 …………………………………………………………………… 3

1.3　物联网海量信息带来的问题和挑战 ………………………………………………… 7

    1.3.1　物联网信息的特征 …………………………………………………………… 7

    1.3.2　物联网海量信息处理技术 …………………………………………………… 8

    1.3.3　物联网海量信息处理技术面临的问题 …………………………………… 10

1.4　物联网的应用现状及前景 ………………………………………………………… 11

    1.4.1　物联网的应用现状 ………………………………………………………… 11

    1.4.2　物联网应用展望 …………………………………………………………… 14

本章小结 ………………………………………………………………………………… 15

思考与习题 ……………………………………………………………………………… 15

第2章　物联网中的信息感知 …………………………………………………………… 16

2.1　信息感知与数据采集 ……………………………………………………………… 16

    2.1.1　传感器技术 ………………………………………………………………… 16

    2.1.2　数据采集技术 ……………………………………………………………… 18

    2.1.3　智能传感技术 ……………………………………………………………… 21

2.2　无线传感器网络 …………………………………………………………………… 22

    2.2.1　无线传感器网络概述 ……………………………………………………… 22

    2.2.2　传感器网络协议栈 ………………………………………………………… 25

    2.2.3　无线传感网关键技术 ……………………………………………………… 27

2.3　移动群感知网络 …………………………………………………………………… 31

    2.3.1　移动群感知概述 …………………………………………………………… 31

    2.3.2　感知质量 …………………………………………………………………… 34

2.3.3 感知数据机会式传输 ·· 36

2.4 网络信息感知 ·· 40

2.4.1 协同感知 ·· 40

2.4.2 情景感知 ·· 43

2.4.3 感知大数据 ·· 44

本章小结 ·· 45

思考与习题 ·· 45

第 3 章 物联网中的无线通信 ··· 47

3.1 移动通信 ·· 47

3.1.1 移动通信概述 ··· 47

3.1.2 第 5 代移动通信技术 ··· 50

3.2 卫星通信 ·· 54

3.2.1 卫星通信概述 ··· 54

3.2.2 卫星通信系统的组成与特点 ·································· 55

3.2.3 卫星通信的发展现状与发展趋势 ························· 58

3.3 短距离无线通信 ··· 61

3.3.1 Wi-Fi 技术 ··· 62

3.3.2 蓝牙技术 ·· 64

3.3.3 ZigBee 技术 ·· 66

3.3.4 RFID 与 NFC 技术 ··· 68

3.4 毫米波与太赫兹通信 ·· 72

3.4.1 毫米波通信 ··· 72

3.4.2 太赫兹通信 ··· 74

本章小结 ·· 75

思考与习题 ·· 75

第 4 章 智能信息处理技术 ·· 77

4.1 信息处理技术概述 ··· 77

4.1.1 信息处理技术与物联网 ·· 77

4.1.2 信息处理的关键环节 ··· 79

4.1.3 信息处理技术的发展前景与挑战 ··························· 82

4.2 物联网中的信息交互技术 ·· 84

4.2.1 物联网信息交互的特点 ·· 84

4.2.2 信息交互技术 ··· 85

4.2.3 信息交互的发展 ……………………………………… 87

4.3 基于人工智能的信息处理技术 ……………………………… 89
4.3.1 人工智能 …………………………………………… 89
4.3.2 人工神经网络 ……………………………………… 90
4.3.3 贝叶斯神经网络 …………………………………… 98
4.3.4 机器学习 …………………………………………… 104
4.3.5 深度学习 …………………………………………… 106
4.3.6 强化学习 …………………………………………… 110

4.4 粗糙集信息处理技术 ………………………………………… 112
4.4.1 粗糙集理论的提出 ………………………………… 112
4.4.2 粗糙集的基本概念 ………………………………… 114
4.4.3 基于粗糙集的算法 ………………………………… 116
4.4.4 粗糙集的具体应用 ………………………………… 118

4.5 信息融合技术 ………………………………………………… 122
4.5.1 信息融合的发展和应用 …………………………… 122
4.5.2 多传感器信息融合技术 …………………………… 123
4.5.3 多传感器信息融合系统实例 ……………………… 131

本章小结 ……………………………………………………………… 133

思考与习题 …………………………………………………………… 133

第5章　异构物联网的资源共享与效率提升 ……………………… 135

5.1 概述 …………………………………………………………… 135
5.2 物联网的电磁频谱管理 ……………………………………… 136
5.2.1 传统的电磁频谱管理 ……………………………… 136
5.2.2 频谱管理的必要性 ………………………………… 137
5.2.3 物联网相关频谱需求与规划 ……………………… 138
5.3 电磁环境的频谱分析与信息建模 …………………………… 140
5.3.1 电磁环境概述 ……………………………………… 140
5.3.2 电磁环境监测 ……………………………………… 142
5.3.3 电磁环境分析 ……………………………………… 143
5.4 认知无线电与频谱共享 ……………………………………… 145
5.4.1 认知无线电的产生 ………………………………… 145
5.4.2 认知无线电的定义 ………………………………… 146
5.4.3 认知无线电研究的主要问题 ……………………… 148
5.4.4 基于 CR 的频谱共享 ……………………………… 153

5.5 物联网绿色通信 ·········· 154
5.5.1 绿色物联网 ·········· 154
5.5.2 绿色无线通信技术 ·········· 155
5.5.3 应用场景 ·········· 157
本章小结 ·········· 158
思考与习题 ·········· 159

第6章 泛在网与网络融合 ·········· 160
6.1 泛在计算 ·········· 160
6.1.1 泛在计算概述 ·········· 160
6.1.2 泛在计算的应用领域 ·········· 162
6.2 物联网的移动边缘计算 ·········· 164
6.2.1 移动边缘计算概述 ·········· 164
6.2.2 计算迁移 ·········· 167
6.2.3 边缘缓存 ·········· 170
6.2.4 MEC 典型应用 ·········· 171
6.3 物联网的异构计算 ·········· 171
6.3.1 异构计算机的体系结构 ·········· 172
6.3.2 异构计算的关键技术 ·········· 174
6.4 信息物理融合系统的资源管理 ·········· 176
6.4.1 信息物理融合系统概述 ·········· 176
6.4.2 信息物理融合系统的资源服务 ·········· 179
6.4.3 信息物理融合系统中的资源分配 ·········· 183
6.5 网络融合的发展现状和关键技术 ·········· 185
6.5.1 网络融合的演进 ·········· 185
6.5.2 网络融合技术 ·········· 186
本章小结 ·········· 189
思考与习题 ·········· 189

第7章 物联网智能信息处理应用实例 ·········· 190
7.1 电力物联网与智慧城市 ·········· 190
7.1.1 面向智慧城市的电力物联网 ·········· 190
7.1.2 电力物联网智慧能源管理网络切片方案 ·········· 193
7.1.3 基于5G的电力物联网信息采集装置 ·········· 195
7.2 智慧交通运输体系 ·········· 200

7.2.1　智慧交通运输体系的建设 ·············· 200

7.2.2　智慧交通监控视频系统架构设计 ·············· 201

7.2.3　交通信息智能分析与关键问题解决 ·············· 203

7.2.4　智能交通 GIS 系统实施效果 ·············· 205

7.3　通信台站共存干扰分析 ·············· 206

7.3.1　5G 与 4G 系统同频干扰研究 ·············· 206

7.3.2　地面物联网与低轨卫星物联网系统同频干扰研究 ·············· 209

本章小结 ·············· 213

思考与习题 ·············· 213

参考文献 ·············· 214

缩略语 ·············· 217

第 1 章 物联网概述

物联网源于英文的 Internet of Things(IoT),也称为 Web of Things 或者 Cyber Physical Systems,被视为互联网的应用扩展,也就是物物相连的互联网,并且要实现物与物之间时时、处处地进行信息交换与通信。

1.1 物联网的基本概念

智能化生活的一天

国内普遍认为,物联网这个概念是由美国麻省理工学院 Auto-ID 中心的 Ashton 教授 1999 年在研究 RFID 时最早提出的:将所有物品通过射频识别等信息传感设备与互联网连接起来,实现智能化识别和管理的网络。2005 年 11 月国际电信联盟(International Telecommunication Union,ITU)发布了题为 *ITU Internet reports* 2005— *the Internet of things* 的报告,正式提出了"物联网"一词,引起了世界各国的广泛关注。这一报告虽然没有对物联网做出明确的定义,但是从功能与技术两个角度对物联网的概念进行了解释。从功能角度,ITU 认为:世界上所有的物体都可以通过互联网主动进行信息交换,实现任何时刻、任何地点、任何物体之间的互联、无处不在的网络和无所不在的计算;从技术角度,ITU 认为:物联网涉及射频识别(Radio Frequency IDentification,RFID)技术、传感器技术、纳米技术和智能技术等。可见,物联网集成了多种感知、通信与计算技术,不仅使人与人(Human to Human,H2H)之间的交流变得更加便捷,而且使人与物(Human to Thing,H2T)、物与物(Thing to Thing,T2T)之间的交流变成可能,最终将使人类社会、信息空间和物理世界(人-机-物)融为一体。2012 年 6 月,国际电信联盟电信标准化部(ITU Telecommunication Standardization Sector,ITU-T)发布了物联网技术方面的第一个标准建议《物联网概述》(*Overview of the Internet of Things*),明确了物联网的基本概念、服务特征与技术需求。

因此,物联网被认为是继计算机、互联网之后,世界信息产业的第三次浪潮。近年来,各国政府部门对物联网相关技术与产业进行了广泛调研,制订了一系列发展计划。2008 年 4 月,美国国家情报委员会(National Intelligence Council,NIC)将物联网列入"到 2025 年对美国利益具有重大影响的 6 项颠覆性民用技术"之一。2009 年 6 月,欧盟执委会发布了《欧洲物联网行动计划》,提出了包括监管、隐私保护、芯片、基础设施保护、标准修改、技术研发等在内的 14 项保障物联网加速发展的技术。2009 年 7 月,日本信息技术战略本部发布了《i-Japan 战略 2015》(简称为"i-Japan"),将目标聚焦在三大公共事业,即电子化政府治理、医疗健康信息服务、教育与人才培育,提出到 2015 年,通过物联网技术达到"新的行政改革",使行政流程简化、效率化、标准化、透明化,同时推动电子病历、远程医疗、远程教育等应用的发展。2011 年 7 月,我国科学技术部发布了《国家"十二五"科学和技术发展规划》,将物联网作为新一代信息技术纳入国家重点发展的战略性新兴产业,同时将物联网列入"新一代宽带移动无线通信网"国家科技重大专项中。2016 年 8 月,我国国务院发布《"十三五"国家科技创新规划》,将物联网作为新一代信息技术,作为支撑国家重点需求而重点发展的技术。2017 年,住建部起草家居物联网标准草案(2.0)。标准提案的提交标志着第一代物联网技术已经成熟。2017 年 12 月,物联网智库发布的《2017—2018 中国物联网产业全景图谱报告》显示,国内三大运营商通过广域蜂窝网络已经实现 3.2 亿物联网用户连接,局域的连接数量达数亿级,远超广域连接数,为物联网产业链带来新的市场空间。2018 年,在无锡举行的世界物联网博览会以"数字新经济,物联新时代"为主题,汇集全球技术前沿信息,集聚高端创新资源,全面展示产业发展和行业应用的最新成果。《工业物联网互联互通白皮书》(2018 年 9 月版)以互联互通为主题,从"如何认识"、"如何呈现"、"如何实现"和"如何应用"四个方面,给出了工业物联网互联互通的内涵外延、技术现状、实施路径和应用案例。2019 年是我国物联网发展的里程碑阶段,中国电子学会与中国通信学会于 11 月在江苏南京召开了中国物联网大会。国家部委、地方政府、两院院士、科研院所、高校、企业、社会团体等多方资源搭建学术交流平台,共同推动中国物联网的技术创新、产业应用、行业推广,探讨物联网产业发展的技术瓶颈,充分总结物联网发展十年经验,研判未来发展趋势,搭建政产学研用资互动交流共享平台,打造全行业合作洽谈盛会。以物联网为典型代表的信息通信技术,正在以前所未有的速度迅猛发展,极大地影响着世界经济格局。

那么,物联网与传统网络有什么区别呢?

物联网和互联网的最大区别在于前者把互联网的触角延伸到了物理世界。互联网是以人为本,是人在操作互联网的运作,信息的制造、传递和编辑都是由人完成的。而物联网则也可以以物为核心,让物来完成信息的制造、传递和编辑。

首先,物联网是各种感知技术的广泛应用。物联网上部署了海量的多种类型传感器,每个传感器都是一个信息源,不同类别的传感器所捕获的信息内容和信息格式不同。传感器获得的数据具有实时性,按一定的频率周期性地采集环境信息,不断更新数据。

其次,物联网是传统互联网的自然延伸。物联网技术的重要基础和核心仍旧是互联网,通过各种有线和无线网络与互联网融合,将物体的信息实时准确地传递出去。物联网的信息传输基础仍然是互联网,只不过其用户端延伸到了物品与物品之间、人与物之间,而不再是单纯的人与人的相连。从某种意义上说,物联网是互联网更广泛的应用。

最后,物联网不仅仅提供了传感器的连接,其本身也具有智能处理的能力,能够对物体实施智能控制。物联网将传感器和智能处理相结合,利用云计算、模式识别等各种智能技术,扩充其应用领域。从传感器获得的海量信息中分析、加工和处理出有意义的数据,以适应不同用户的不同需求,发现新的应用领域和应用模式。

总之,物联网是现代信息技术发展到一定阶段后出现的一种聚合性应用与技术提升,将各种感知技术、现代网络技术和人工智能与自动化技术聚合与集成应用,使人与物智慧对话,创造了一个智慧的世界。

1.2 物联网的体系结构

物联网的体系结构

物联网不仅仅提供了传感器的连接,其本身也具有智能处理的能力,能够对物体实施智能控制。物联网将传感器和智能处理相结合,利用云计算、模式识别等各种智能技术,扩充其应用领域。从传感器获得的海量信息中分析、加工和处理出有意义的数据,以适应不同用户的不同需求,发现新的应用领域和应用模式。

在借鉴计算机网络体系结构模型的基础上,一般将物联网系统按照功能分解成若干层次,由下(内)层部件为上(外)层部件提供服务,上(外)层部件可以对下(内)层部件进行控制。因此,若从功能角度建构物联网体系结构,可划分为感知层、网络层和应用层3个层级。按照工程科学的观点,为使物联网系统的设计、实施与运行管理做到层次分明、功能清晰、有条不紊地实现,再将感知层细分成感知控制、数据融合两个子层;网络层细分成接入、汇聚和核心交换3个子层;应用层细分成智能处理、应用接口两个子层。考虑到物联网的一些共性功能需求,还应有贯穿各层的网络管理、服务质量和信息安全3个面。物联网的技术体系结构分为感知层、网络层、应用层三个大层次,如图1.2.1所示,物联网体系结构模型如图1.2.2所示。

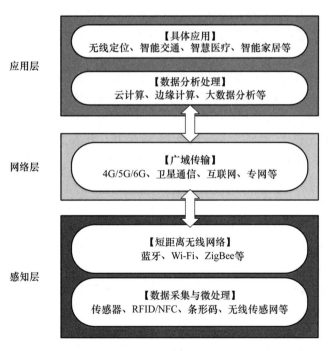

图 1.2.1 物联网体系结构图

1. 感知层

在物联网体系结构模型中,感知层位于底层,是实现物联网的基础,是联系物理世界与虚拟世界的纽带,主要用于采集与控制物理世界中发生的物理事件和数据,包括各类物理量、身份标识、位置信息、音频和视频数据等。物联网的数据采集涉及传感器、射频识别、多媒体信息采集、二维码和实时定位等技术。感知层的作用相当于人的眼、耳、鼻、喉和皮肤等神经末梢。感知层可分为感知控制和数据融合两个子层。

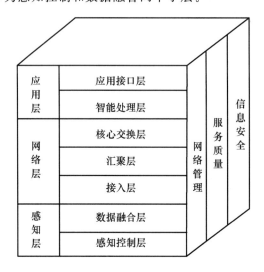

图 1.2.2 物联网体系结构模型

（1）感知控制层

全面感知与自动控制,即通过实现对物理世界各种参数(如环境温度、湿度、压力、气体浓度等)的采集与处理,以其需要进行行为自动控制。感知控制层的设备主要分为两大类型。

- 自动感知设备。这类设备能够自动感知外部物理物体与物理环境信息的设备,主要包括二维码标签和识读器、RFID 标签和读写器、传感器、全球定位系统(Global Positioning System,GPS),以及智能家用电器、智能测控设备、智能机器人等。
- 人工生成信息的智能设备,包括智能手机、个人数字助理(Personal Digital Assistant,PDA)、计算机、视频摄像头/摄像机等。

（2）数据融合层

在许多应用场合,由单个传感器所获得的信息通常是不完整、不连续或不精确的,需要其他信息源的数据协同。数据融合子层的任务就是将不同感知节点、不同模式、不同媒质、不同时间、不同表示的数据进行相关和综合,以获得对被感知对象的更精确描述。融合处理的对象不局限于接收到的初级数据,还包括对多源数据进行不同层次抽象处理后的信息。总体说来,感知层的功能具有泛在化的特点,能够全面采集数据信息,使物联网建立在全面感知基础之上。

可以看到,无线传输技术在物联网中贯穿三个层次,相当于物联网的神经系统。无线传输技术之于物联网,担负着极其重要的信息传递、交换和传输的重任,目前是通信、计算机和自动化等领域一个新兴的研究热点,它必须能够可靠、实时地采集覆盖区中的各种信息并进行处理,处理后的信息可通过有线或无线方式发送给远端。

众所周知,统一的技术标准加速了互联网的发展,这包括在全球范围进行传输的互联网通信协议(Transmission Control Protocol/Internet Protocol,TCP/IP)、路由器协议、终端的构架与操作系统等。因此,我们可以在世界上的任何一个角落,使用任意一台计算机连接到互联网上,很方便地实现计算机互联。而物联网的规模和终端的形式都在互联网的基础上有了一个很大的发展和延伸,连接的物体数量更多,终端的软硬件结构形式和智能化程度更加复杂多变。3G/LTE、卫星通信、专网通信、Wi-Fi、近场通信(Near Field Communication,NFC)等多种特征不一的通信技术的协作应用将会在物联网中扮演重要的角色。

2. 网络层

网络层位于物联网体系结构的中间,为应用层提供数据传输服务,因此也可称为传输层。这是从应用系统体系结构的视域提出的,即将一个大型网络应用系统分为网络应用与传输两个部分,凡是提供数据传输服务的部分都作为"传输网"或"承载网"。按照这个设计思想,互联网包括广域网、城域网、局域网与个人区域网,传输网包括无线通信网、移动通信网、电话交换网、广播电视网等,并呈现出互联网、电信网与广播电视网融合化发展的趋势。最终,将主要由融合化网络通信基础设施承担起物联网数据传输任务。网络层的主要功能是利用各种通信网络,实现感知数据和控制信息的双向传递。物联网需要大规模的信息交互及无线传输,可以借助现有通信网设施,根据物联网特性加以优化和改造,承载各种信息的传输;也可开发利用一些新的网络技术,例如,软件定义网络(Software Defined Network,SDN)承载物联网数据通信。因此,网络层的核心组成是传输网,由传输网承担感知层与应用层之间的数据通信任务。鉴于物联网的网络规模、传输技术的差异性,将网络层分为接入、汇聚和核心交换3个子层。

(1)接入层

接入层是指直接面向用户连接或访问物联网的组成部分。接入层的主要任务是把感知层获取的数据信息通过各种网络技术进行汇总,将大范围内的信息整合到一起,以供传输与交换。接入层的重点是强调接入方式,一般由基站节点或汇聚节点(Sink)和接入网关(Access Gateway,AG)等组成,完成末梢各节点的组网控制,或完成向末梢节点下发控制信息的转发等功能。

(2)汇聚层

将位于接入层和核心交换层之间的部分称为汇聚层。该层是区域性网络的信息汇聚点,为接入层提供数据汇聚、传输、管理、分发。汇聚层应能够处理来自接入层设备的所有通信量,并提供到核心交换层的上行链路。同时,汇聚层也可以提供接入层虚拟网之间的互联,控制和限制接入层对核心交换层的访问,保证核心交换层的安全。

汇聚层的具体功能是:汇集接入层的用户流量,进行数据分组传输的汇聚、转发与交换;根据接入层的用户流量进行本地路由、包过滤和排序、流量均衡与整形、地址转换,以及安全控制等;根据处理结果把用户流量转发到核心交换层,或者在本地重新路由;在 VLAN 之间进行路由以及其他工作组所支持的功能;定义组播域和广播域等。一般说来,用户访问控制设置在接入层,也可以安排在汇聚层。在汇聚层实现安全控制、身份认证时,采用集中式管理模式。

(3)核心交换层

核心交换层主要为物联网提供高速、安全、具有服务质量保障的通信环境。一般将网络主干部分划归为核心交换层,主要目的是通过高速转发交换,提供优化、可靠的骨干传输网络结构。传感网与移动通信技术、互联网技术相融合,完成物联网层与层之间的通信,实现广泛的互联功能。

3. 应用层

物联网应用层利用经过分析处理的感知数据,为用户提供不同类型的特定服务,主要功能是解决数据处理和人机交互问题。网络层传送过来的数据在这一层进入各类信息系统进行处理,并通过各种设备与人机交互。应用层按功能可划分为智能处理、应用接口两个子层。

(1)智能处理层

以数据为中心的物联网的核心功能是对感知数据的智能处理,它包括对感知数据的存储、查询、分析、挖掘、理解,以及基于感知数据的决策和行为控制。物联网的价值主要体现在对于海量数据的智能处理与智能决策水平上。智能处理利用云计算、数据挖掘、中间件等实现感知数据的语义理解、推理、决策。智能处理层对下层网络层的网络资源进行认知,进而达到自适应传输的目的,对上层的应用接口层提供统一的接口与虚拟化支撑。虚拟化包括计算虚拟化和存储资源虚拟化等。智能决策支持系统是由模型库、数据仓库、联机分析处理(Online Analytical Processing,OLAP)、数据挖掘及交互接口集成在一起的。

(2)应用接口层

物联网应用涉及面广,涵盖业务需求多,其运营模式、应用系统、技术标准、信息需求、产品形态均不相同,需要统一规划和设计应用系统的业务体系结构,才能满足物联网全面实时感知、多业务目标、异构技术融合的需要。应用接口层的主要任务就是将智能处理层提供的数据信息,按照业务应用需求,采用软件工程方法,完成服务发现和服务呈现,包括对采集数据的汇聚、转换、分析,以及用户层呈现的适配和事件触发等。应用接口层是物联网与用户(包括组织机构、应用系统、人以及物品)的能力调用接口,包括物联网运营管理平台、行业应用接口、系统集成、专家系统等,用于支撑跨行业、跨应用、跨系统之间的信息协同、共享、互通。除此之外,应用接口层还可以包括各类用户设备(如 PC、手机)、客户端、浏览器等,以实现物联网的智能应用。

应用层是物联网发展的体现。目前,物联网的应用领域主要为绿色农业、工业监控、公共交通、公共安全、城市管理、远程医疗、智能家居、智能交通和环境监测等行业。在这些应用领域均已有成功的尝试,某些行业已经积累了很好的应用案例。物联网应用系统的特点是多样化、规模化和行业化,为了保证应用接口层有条不紊地交换数据,需要制定一系列的信息交互协议。应用接口层的协议一般由语法、语义与时序组成。语法规定智能处理过程的数据与控制信息的结构及格式;语义规定需要发出什么样的控制信息,以及完成的动作与响应;时序规定事件实现的顺序;对不同的物联网应用系统制定不同的应用接口层协议。例如,智能电网的应用接口层协议与智能交通的应用接口层协议不可能相同。通过应用接口层协议实现物联网的智能服务。

总而言之,物联网的感知器就像人的手、脚和五官等感觉器官,通过"望、闻、问、切"感受客观事物、赋予物体以"智慧",是使物理世界向信息空间转化的第一步,使客观物体通过"感觉器官"在"人脑"中有直接的形象体现,是物联网赖以运行的基础。作为物联网中间层的网络层,是连接上下层的"桥梁",通过物联网的网关下发应用层对感知节点的各种控制指令并将各个感知节点串起来构成感知子系统,该系统就像是它的神经系统,肩负着传输信息和控制路径的任务,利用各种网络技术(如互联网、移动通信网和其他专用网络)将感知到的信息传递给上层应用程序,同时将反馈信息传递到相应的感知节点,并使各种异地、异构的感知系统实现信息实时共享和上下对接。物联网融合普适计算、云计算等技术的应用使我们周围无处不在的事物,不仅是复杂的高端设备,如移动电话,还包括建筑物、艺术品等,甚至是日常用品,如食物、衣服、家具、纸张等,都能够测量、推断、理解,甚至修改环境。物联网的应用直接体现物联网产生的经济与社会效益。

1.3 物联网海量信息带来的问题和挑战

1.3.1 物联网信息的特征

感知识别层中大规模感知设备的不同导致了其对物理世界中各种各样对象采集的信息也不同,因此感知到的数据具有多样性等特点。随着感知技术和计算环境的成熟,可以将从城市、道路、野外环境等物联网应用场景中感知到的大量数据进行整合、分析和挖掘,以提取知识和价值,并解决智慧城市中的城市管理、智能交通、环境保护等问题。物联网中的数据具有如下特点。

(1)多源异构:由 RFID 识别器、视频设备、温度传感器、湿度传感器、音频传感器、智能终端等信息自动生成设备生成的信息数据形式不一、类型多样、语义和结构也都不尽相同。大规模物联网监测系统中部署有各种各样的传感器节点,如温度传感器、湿度传感器、震动传感器、烟感传感器等,每种类型的传感器节点在不同的监测系统中有不同的用途。因此,感知数据无论在结构组成上还是在显示形态上也都各不相同,呈现出异构性的特点。可以从时间概念上将这些异构数据分为两类,即实时数据与非实时数据。实时数据主要包括动态数据、暂态数据以及稳态数据,而非实时性数据主要包括静态数据和历史数据。

(2)海量性:物理世界中部署的感知设备众多,这些设备持续采集的数据量巨大,再加上若是每件物品都能互相联系,产生的数据量更是不可估量,因此数据规模的急剧膨胀形成了海量数据。以智能电网中绝缘子泄漏电流的监测系统为例,假设数据采集时间间隔为100 ms,则一个杆塔在一个月内的数据采集量就达到 2.5 亿条;而对于输电线路上的环境和微气候监测系统来说,每天的数据量将达到 1 TB 以上。另外,在有些应急处理的实时监控系统中,监测数据以流的方式实时连续产生,更加剧了物联网数据海量性的特征。

(3)关联性:物联网中的数据并不是孤立存在的,其网络连接延伸到了物与物之间,监测对象种类繁多,因而产生了大量的关联性的数据。用来描述同一个物体的数据在时间上会具有关联性,描述不同物体的数据在空间上会具有关联性,所以物联网中的信息可以用于描述物体状态在时间和空间上不同的状态变化。例如,在智能电网中,在杆塔塔身或与杆塔连接处的导线表面部署了大量低功耗、低成本、微型化、高精度的数字传感器,负责感知温度、湿度、风速、导线倾角等参数,塔杆上的汇聚节点接收到这些监测数据,形成多维的感知数据。

(4)实时性:在物联网中设备状态可能是瞬息万变的,因此数据采集工作是随时进行的。物联网的设计原则决定了数据实时性的需求,采集数据以后都是定期向服务器发送数据。实时性的需求因素即是由于物联网需要随时随地地对感知物体进行有效管理和控制，记录瞬息万变的事物状态且产生智能决策。同时，数据的有效期是有限的，因此实时地挖掘出有效的数据也是物联网的基本需求。

(5) 高冗余度：感知设备采集数据时，存在多个感知设备同时对一个物体采集数据的情况，且由于精确度的要求，需要采集数据的频率增大，采集的数据就相应增加，如此反复造成了大量的冗余数据。

众所周知，物联网是海量数据的主要来源之一，因为它是基于将大量智能设备连接到互联网上，以报告它们经常捕获的环境状态，产生海量数据(海量数据是指无法在可容忍的时间内用传统信息技术和软硬件工具对其进行感知、获取、管理、处理和服务的数据集合)。同时，物联网数据也可以是源源不断的流数据(是指在很小的时间间隔内生成或捕获的数据)，作为大数据的来源积累。因此，物联网中采集的海量数据呈现以下"6V"特征。

(1) 数据量(Volume)：物理世界中部署的感知设备众多，这些设备持续采集的数据量巨大，再加上若每件物品都能互相联系，产生的数据量更是不可估量，因此数据规模的急剧膨胀形成了海量数据。数据量是将数据集视为大数据或传统海量数据的决定因素。

(2) 速度(Velocity)：物联网大数据生产和处理的速度足够高，足以支持大数据的实时可用性。鉴于数据产出率如此之高，这就需要先进的分析工具和技术来有效运作。

(3) 多样性(Variety)：一般来说，大数据有不同的形式和类型。它可以由结构化、半结构化和非结构化数据组成。物联网可以产生各种各样的数据类型，如文本、音频、视频、感官数据等。

(4) 真实性(Veracity)：真实性是指数据的质量、一致性和可信度，这反过来又会导致准确的分析。这一特性需要特别注意物联网的应用，特别是那些具有人群感知数据的应用。

(5) 可变性(Variability)：此属性指数据流的不同速率。根据物联网应用程序的性质，不同的数据生成组件可能具有不一致的数据流。此外，数据源有可能具有基于特定时间的不同数据负载率。例如，利用物联网传感器的停车服务应用程序可能在高峰时间有一个峰值数据负载。

(6) 价值(Value)：价值是指将大数据转化为有用的信息和洞察力，为组织带来竞争优势。数据的价值在很大程度上取决于底层进程/服务以及数据处理方式。例如，某一应用程序(如医疗生命体征监测)可能需要捕获所有传感器数据，而天气预报服务可能只需要从其传感器中随机抽取数据样本。

物联网海量数据的异构性、时效性、存储规模、计算模式和隐私安全等问题对传统的数据处理方式提出了巨大挑战。在物联网环境中，数据感知存在着多种感知模式的松耦合、各模态感知数据的时空关联、多源异构感知信息的价值碎片化等新特征，因此感知大数据计算面临松耦合感知模式的协同数据获取、海量多模数据的关联发现、碎片化信息的价值重构等具有挑战性的基础问题，目前还缺乏一套完整的理论体系来指导解决这些制约感知大数据处理和应用的难题。

1.3.2　物联网海量信息处理技术

物联网海量信息的处理包括海量信息的感知、存储和交互。在物联网海量信息的分析处理方面，目前主要采用的技术就是数据融合技术和 MapReduce 模型的处理技术。在多源异构数据融合的过程中运用海量数据预处理技术、数据参考模型的建立等技术完成对数据的分析处理。数据融合技术涉及的数据预处理是去除明显错误或者冗余度高的数据,数据参考模型的建立是建立不同数据类型之间的关系,为需要融合的数据提供一种标准的格式参考。

云计算技术兴起之后,MapReduce 模型被广泛应用于海量信息的分析处理。MapReduce 方式可以有效地解决信息数据的海量性问题,在处理海量信息的效率方面显示出明显的优势。MapReduce 模型依托于 Hadoop 云平台(Hadoop 是一个由 Apache 基金会支持的、可靠的、可伸缩的、以 MapReduce 编程模型为核心的开源分布式计算框架项目,2005 年启动,2008 年正式对外公布。Hadoop 由多个子项目组成,其中 Hadoop 分布式文件系统(Hadoop Distributed File System,HDFS)、MapReduce 分布式数据处理模式和编程环境是 MapReduce 编程模型支撑系统的组成核心),直接从存储系统(Hadoop Distributed File System,HDFS)读取文件数据进行批量处理,且可关联分、聚类和关联知识挖掘等算法,是目前为止效率很高的处理技术。

下面将简单介绍物联网海量信息处理的过程及其主要技术。

1. 物联网海量信息感知

物联网海量信息感知为物联网应用提供了信息来源,是物联网应用的基础。信息感知最基本的形式是数据收集,即感知节点将感知信息通过网络传输到汇聚节点。但由于在原始感知数据中往往存在异常值、缺失值,因此在数据收集时要对原始感知数据进行数据清洗,并对缺失值进行估计。数据清洗后要进行数据融合,即对多源异构数据进行综合处理获取确定性信息,将少量有意义的信息传输到汇聚节点,可以有效减少数据传输量。信息感知的目的是获取用户感兴趣的信息,大多数情况下不需要收集所有感知数据,况且将所有数据传输到汇聚节点会造成网络负载过大,因此在满足应用需求的条件下采用数据压缩、数据聚集和数据融合等网内数据处理技术,可以实现高效的信息感知。

2. 物联网海量信息存储

物联网海量信息存储主要有两种存储模式,其一是网内存储,其二是网外存储。网内存储是利用感知设备自身的存储能力来存储数据,可以分为本地存储和分布式存储,这种存储方式是基于文件系统和数据库的存储。网外存储是指把感知设备感知的数据信息经过传感网络发送到网外的存储系统,这种存储方式可基于文件系统、数据库以及云平台进行。由网内和网外这两种存储模式可以看出,依托的存储技术都是文件系统和数据库的存储方式。本地文件系统使用到的具体技术包括扩展文件系统(Extended File System,EXT)、文件分配表(File Allocation Table,FAT)、新技术文件系统(New Technology File System,NTFS)和混合文件系统(Hybrid File System,HFS)技术。使用到的分布式文件系统主要包括基于 Hadoop 的 HDFS、Google 的文件系统(Google File System,GFS)、并行文件系统(Parallel File System,PFS)以及通用并行文件系统(General Parallel File System,GPFS)。

按存储方式数据库分为关系型数据库和非关系型数据库。常用的关系型数据库主要有 MySQL、SQL Server、DB2 和 PostgreSQL。关系型数据库目前在物联网的数据存储中占主流位置,非关系型数据库应用较少。一般用在物联网数据存储上的非关系型数据库主要有 Redis、MongonDB、HBase、Cassandra 等。

3. 物联网海量信息交互

物联网海量信息交互是一个基于网络系统有众多异质网络节点参与的信息传输、信息共享和信息交换过程。通过信息交互,物联网各个节点智能自主地获取环境和其他节点的信息。虽然已有的研究工作对传统信息系统的人机交互理论进行了深入研究,并提出了完整的信息交互模型,但对于物联网信息交互目前还没有成熟的理论体系。

物联网海量信息交互实际上是用户、网络和内容三者之间的交互过程,例如,上面的信息感知过程实际上是汇聚节点通过感知网络获取节点感知信息的交互过程。图 1.3.1 所示为物联网信息交互模型,该模型的基础对象由用户、网络和内容三部分组成。与传统信息交互模型中用户的含义不同,这里的用户是广义的用户,既包括传统的人机交互用户,也包括汇聚节点、簇头节点、路由节点和一般网络节点。物联网信息交互的系统是指感知网络本身,即包括信息感知单元、运算和存储单元以及能量单元的整个网络系统。而以物联网网络系统为载体的信息空间则构成信息交互的内容,包括网络节点感知数据、网络状态信息以及用户感兴趣的高层语义和事件信息。

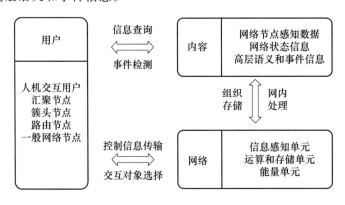

图 1.3.1　物联网信息交互模型

1.3.3　物联网海量信息处理技术面临的问题

物联网广泛应用在工业、智能电网等领域,在这些领域中绝大部分感知网络是以传统无线传感器网络为核心的,本节主要探讨工业、智能电网关键领域基于 WSN 的物联网感知数据处理存在的问题。信息的全面感知是物联网应用最重要的特征,虽然已经有了许多传感器网络感知数据处理技术,如前面介绍的数据感知、存储、交互等,但是在工业、智能电网等领域的物联网应用日趋复杂,实时性要求高,感知环境严峻苛刻,感知网络规模不断扩大,感知数据量巨大。物联网感知海量信息及海量数据处理出现新的特征,物联网海量信息处理技术也面临如下问题。

1. 感知数据信息获取问题

物联网技术在工业、电力等领域广泛应用,其感知网络规模不断扩大,地域分布广且分布状况不均衡。在这些领域物联网感知环境恶劣,伴随着各种电磁干扰,为提高感知的全面性和准确性,部署了大量冗余的感知设备并返回海量的感知数据。已有的传感器网络感知数据采集技术适用于小规模网络,面对大规模分布不均衡、感知数据量庞大的网络需要研究能量有效和能量均衡的感知数据高效获取方法。

2. 感知数据信息存储问题

随着物联网技术的不断发展,物联网感知层和网络层的终端设备、网关设备种类繁多,智能化程度不断提高,具有较强的存储能力和计算能力。这些优质网元可以用于暂时存储大量的感知数据,缓解数据传输给网络带来的压力,更重要的是它可以作为应用层集中存储的数据灾备,满足数据安全的需求。这些优质网元同样具有较强的计算能力,可以完成感知数据存储过程中较为复杂的数据处理操作。目前,以数据为中心的存储方法是传感器网络主流的存储技术,但是面对大规模物联网应用时存在节点能量消耗过大、存储不均衡等问题。例如,在物联网中的典型应用——图像的采集和目标识别中,目前应用最广泛的分布式系统 Hadoop,在数据存储方面,写入 10 KB 大小的图片时,只能提供每秒 15 MB 的写入吞吐;在数据检索方面,只能通过离线批量构建索引的形式提供数据检索服务;在数据处理方面,提供每秒数十帧的目标检测速度;在任务管控方面,不支持有效的能耗任务调度。

3. 感知数据信息查询问题

物联网与工业、智能电网等领域融合的过程中,关注特定事件高层语义信息的复杂应用较为普遍。在油田开采、地下巷道作业(矿山开采、地铁施工等)的安全生产、智能电网输配电网络等监控系统中,用户往往需要及时掌控被监测区域的整体概况,对可能发生的故障或灾害做出提前预警。这类应用的感知数据种类较多、维度较高,需要进行感知数据的多目标决策分析。例如,智能电网冰灾预警系统中,若某个区域风速小、温度低、湿度大,则输变电线路容易覆冰,因此,智能电网的集控中心需向某个冰灾高危区域输变电线路上的传感器发送连续查询,实时掌握被监测区域情况并及时发现输变电线路将要或已经结冰,通过加大电流使导线预热的方式,避免导线结冰或短时间内将冰融化。由此可见,针对大规模物联网感知数据的任意区域多维高效查询技术值得深入研究。

4. 人员定位精度问题

物联网在一些特殊环境下的应用中,人员定位的精度面临着新的挑战,例如,电力设备检修、矿山开采、地铁施工等复杂三维空间里人员位置信息的追踪和预测。当工作人员将要进入危险区域时,进行及时的预警。当有事故发生时,能够迅速确定工作人员位置并实施救援。然而在这些检修、施工环境中,存在大量障碍物和电子设备,传感器会受到障碍物和电磁的干扰,并且检修、施工人员移动频繁、移动区域多变,这些因素严重影响传统传感器网络定位技术的精度和质量。因此,需要在传统定位技术之上研究一种位置信息的分析计算方法,对动态目标进行精准追踪与预测。

1.4 物联网的应用现状及前景

物联网的相关应用

1.4.1 物联网的应用现状

尽管目前物联网相关标准规范尚未成形,但其在诸多领域及行业已取得迅猛发展,如智慧医疗、智能仓储及物流管理、智能制造、环境监测、车辆管理、无人机系统、智慧农业、智能家居等。

1. 智慧医疗

传统的医疗方式,比如去医院、诊所就诊,受限于医疗资源匮乏,费用昂贵,造成了一系列看病难、看病贵的问题,难以满足人们对于及时获取健康监护的需求,因此非常需要在降低成本的同时提供优秀的医疗服务。智慧医疗的基础是医疗数据,基于数据,医疗才能数据化、智能化,因此对医疗数据的采集和整合是非常重要的。市面上存在很多智能医疗健康设备,这些设备通过使用 ZigBee、低功耗蓝牙、Wi-Fi 和 NFC 等传输协议进行数据传输。HealthKit 是苹果公司推出的移动医疗数据汇集平台,只支持在 iOS 平台上使用,开发者可以调用各种接口完成健康数据的整合。Google Fit 是谷歌公司发布的健康应用开发平台,可连接至谷歌用户所使用的智能手机上,实现运动数据和健康数据的获取,更侧重于健身数据方面。Microsoft Health 是微软公司推出的一款健康云服务平台,除了可以处理自家产品 Microsoft Band 的数据,还支持对其他产品的接入。百度健康设备平台是百度公司推出的一款云设备平台,百度与许多厂商合作,将用户数据存于云设备平台中,从而实现数据的汇集。腾讯则借助旗下产品微信,推出微信硬件平台,吸引各厂商在微信公众号上进行数据汇集和后续服务的开发。丁香园是一个医学知识分享网站,它的诞生是为了给中国生命科学专业人士一个专业交流平台。医疗健康领域的社交平台可以使越来越多的医疗保健消费者利用这些社交媒体来寻找疾病的治疗方法、健康的评估方法、治疗的可行方法以及保健的产品及服务。

2. 智能仓储及物流管理

目前,运用无线传感、GPS、信息采集与监控等技术进行货物入库、出库、库存盘点、物流监测等技术已经非常成熟。具体到各仓储管理及物流管理系统的实现则形式各异,但基本均包含货品数据读取终端、货品数据二维码、管理数据库等。货品数据读取终端负责对货品的二维码进行读取操作,并将这些代表入仓、出仓、物流等意义的读取操作结果通过无线网络记入管理数据库,从而实现对货品的智能化管理。

3. 智能制造

传感器与服务器连接在一起,装在设备系统内部,称为自动控制设备。自动控制设备已被推广应用,如汽车、飞机、医疗等设备中的自动控制配件。

4. 环境监测

随着国家对森林、大气、水质、土壤等方面监测力度的加大,各类环境监测技术和工具日益增多。环境监测系统的基本原理如下:通过装配温湿度探测器、特定物质探测器、视频监控终端等设备,对特定环境的相关指标进行探测,并将探测结果通过无线信道传回监控室,可实现对特定环境温度、湿度、污染、火灾等相关情况的远程监控。

5. 车辆管理

2010 年 10 月 28 日,在无锡举行的中国国际物联网大会上提到了"车联网"。2012 年 6 月,福特公司在硅谷设立研究所,致力于自动驾驶技术研究。2016 年,百度与安徽省芜湖市人民政府正式签订合作协议,宣布将在芜湖共同建设"全无人驾驶汽车运营区域"。2017 年 12 月起,四辆具有无人驾驶功能的名为"阿尔法巴"的智能公交车在深圳特定区域内试运行。2018 年 2 月,比亚迪公司的无人驾驶车队搭载百度 Apollo 系统,编队跨越港珠澳大桥。事实证明,将 WSN 和 RFID 技术融合是实现车联网系统的绝好途径,可以更好地实现车辆定位跟踪、车/路况检测,全面掌握交通信息,实现碰撞预警、交通信息发布、危险路段提示、重点车辆监管、尾气排放监控、远程故障诊断等应用。

6. 无人机系统

无人机技术的快速发展使得其在许多行业中得到了广泛应用。目前,世界各国已经研制出了上百种无人机,无人机系统堪称目前物联网领域最复杂的应用之一,代表着物联网发展的最高水平。无人机系统通常由无人飞行器、有效载荷、操作人员、控制单元、武器系统平台、显示器、通信结构、全生命周期的后勤补给等几方面组成,能够在无人直接参与的情况下,实现侦查与监视、目标识别、精准打击、指挥控制与通信支援等作战任务。在无线通信领域,利用无人机组网灵活性高、覆盖范围广、机动能力强等特点,可有效解决传统通信中地面AP 无法快速部署、选址困难、对特殊场景适应能力差等诸多难题。在进行热点区域流量卸载时,无人机可以通过搭载低功率 AP 作为空中基站,充分利用其空地链路视距传输的优势,将热点区域流量需求分散在相邻或远端站点。在应急救灾场景中,突发事件导致地面通信基础设施损坏,受灾地区的通信处于瘫痪状态,而无人机不受地面交通等因素的影响,可快速部署,在最短时间内恢复应急通信。此外,由于建筑物或地形遮挡效应,通信过程中存在通信盲区,利用无人机的灵活性可实现对通信盲区的临时或长时间覆盖。

7. 智慧农业

智慧农业是精准农业、数字农业、农业物联网、智能农业等的统称,是按照工业发展理念,以信息和知识为生产要素,通过互联网、物联网、云计算、大数据等现代信息技术与农业深度跨界融合,实现农业生产全过程的信息感知、定量决策、智能控制、精准投入和个性化服务的全新农业生产方式。随着物联网的应用落地,传统农业也在逐渐向智慧农业转型。在农业管理过程中,实现实时监控农作物生长以及环境变动情况,自动远程调控环境信息等对推动农业的发展具有十分重要的意义。目前,除了美国和日本,发达国家如以色列、澳大利亚等智慧农业均已形成了较为完整的产业体系。我国政府部门高度重视现代农业的发展,早在《全国农业农村信息化发展"十三五"规划》中指出,通过物联网等技术来发展农业,并对相应产业进行资金补贴。国内众多科技公司纷纷致力于智慧农业的打造。例如,阿里巴巴开展的 AI 养猪计划,运用人工智能实现对牲畜的管理工作;腾讯公司将技术应用于温室种植黄瓜,智能农业的目标是提高农业生产效率;华为、京东和百度以及物联网创业公司也致力于智慧农业的发展。但由于我国农业设施不太先进,农村智慧农业的接受度较低,智慧产业的发展仍处于初级阶段。此外,需要解决的问题还包括农业经验的缺乏以及农业企业对信息技术的理解不足等。

8. 智能家居

智能家居是物联网技术的一个典型应用场景。在智能家居场景中,大量异构的智能家居设备互联,通过感知、收集和共享各种数据,家庭成员通过网络设备或其他移动应用程序实现个性化管理以及远程控制我们的家庭环境。据 Strategy Analytics 发布的《2019 年全球智能家居市场》研究报告预测,到 2023 年,每个使用智能家居的家庭将平均拥有 21 台智能设备。智能家居设备包括传感器、智能电视、智能门锁、智能电表、恒温器等,这些智能家居设备中保存着声音、图像、视频和操作记录等与数字取证调查相关的数字证据,从设备中获取这些数据可以用来证明或反驳某些信息和情况。例如,智能家居报警器中存储的数据可以跟踪报警器被禁用以及门锁何时被打开的信息,从烟雾探测器收集的信息可以确定火灾发生的确切时间和地点。

1.4.2 物联网应用展望

随着物联网技术的发展,人们的生活将越来越智能化、简单化。同时,物联网技术在军事领域的应用将达到新的高度。

1. 智能化生活

未来智能化家居服务系统将人们的生活带入数字化、智能化时代。当你下班走到家门口时,生物识别感应系统探测到来人并识别身份后将门打开,同时触发咖啡机冲泡符合你特定口味的咖啡,并将电视机打开,切换到你最喜欢的频道;你可以用手机操控电饭煲做饭,指挥清洁机器人打扫房间,实时展现家里某个摄像机的图像;智能冰箱实时对家人的营养数据进行分析,并负责购买符合家庭营养需求的食品。城市绿化服务系统通过在每个绿化带安装土壤环境智能分析系统,对该区域绿化情况进行监控和分析,并通过网络呼叫最近的服务设施前来施肥和浇水。物联网技术在车辆管理中的应用更加广泛,当驾驶员进入车辆后,生物识别感应系统首先对司机的身份和健康状况进行分析,如探测到心律失常、有饮酒行为等情况,则阻止车辆启动,并提出警告;车载智能交通分析系统能够对当前车辆及周围其他车辆的速度、方向、路况等信息进行分析,为当前车辆提供行车参考,必要时可提前触发制动系统,以避免交通事故的发生;在车辆行驶过程中,安全驾驶保障系统负责对驾驶员的生命体征、清醒指数等进行实时监控,如果发现驾驶员出现不适宜驾驶的状况,如心脏骤停、已处于睡眠状态、连续驾驶时间过长等,则采取相应措施使车辆停止运行或给予提醒,并通过车载智能交通分析系统向其他车辆发出警告信息;车载智能交通分析系统还可以根据车辆的历史 GPS 轨迹,对当前车辆的位置、路线、速度等信息进行实时分析,当认为出现异常时或超出车辆主人设定的行驶范围时则通过网络向特定的人发出警告信息。

2. 智能化战争

未来的主战场是在空中,无人机将是战争的主角。届时,地球表面上的每一平方厘米都会在卫星定的三维坐标系中,空中的任何区域都将处于由地面站、卫星和无人机组成的全方位立体监控系统的监控之下。对于攻击系统来说,监控系统能够引导攻击系统对地面及空中的任何目标进行精准打击;对于防御系统来说,监控系统能够分辨任何空域正在飞行的鸟类或人造飞行器,并对其运行速度及运动轨迹进行实时监控与分析,当判断到它具有危险性后,可引导防御系统将其击落在安全区域之外。未来地面战的主力部队是机器人,这些机器人形态各异、大小不一,隐藏于空中、水中、建筑物中等,能够根据现场情况,协同执行通信、侦查、搜索、窃听、行刺、爆破等多种任务。总体来讲,未来战争中,人类将退居幕后,以物联网为基础和纽带的各类武器或设备将是正面战场上的士兵。

第一代物联网技术研发已经完成,但物联网产业远未成熟。物联网在智慧城市方面得到了初步应用,但在智能制造方面刚刚起步。尽管已经出现了不少物联网典型应用,但尚未发现更多物联网的大规模应用。尽管已经有不少单位着手发展物联网产业,但尚未出现更多强大的物联网企业。物联网在智慧城市中的应用主要受制于网络安全,解决网络安全问题需要时间;物联网在智能制造中的应用主要受制于协同创新,熟悉协同创新题需要时间。因此,物联网推广应用与物联网基础产业之间相辅相成的发展还需要一个时间过程。

本 章 小 结

物联网概述

1.物联网的基本概念：本节介绍了物联网的基本概念以及发展过程。

2.物联网的体系结构：物联网的体系结构主要分为感知层、网络层、应用层，本节对各个层次的功能做了具体的介绍。

3.物联网海量信息带来的问题和挑战：本节主要介绍了物联网海量数据的信息特征、主要的信息处理技术及目前信息处理技术存在的问题。

4.物联网的应用现状及前景：本节主要介绍了物联网在智慧医疗、智能家居、无人机系统、环境监测等方面的应用，并简述了在未来智能化生活和信息化战争中的应用前景。

思考与习题

1.1　试分析物联网与互联网之间的区别与联系。

1.2　物联网的基本体系结构及其功能分别是什么？

1.3　请简述并举例说明物联网信息的"6V"特征。

第**2**章　物联网中的信息感知

　　物联网中的信息感知由感知层完成,感知层作为物联网架构中的一个基本层级,主要用于采集物理世界中的信息和数据,包括各类物理量、身份标识、位置信息、音频、视频、情景等。感知层赋予了物联网"全面感知"的能力,其作用相当于人的眼、耳、鼻、喉和皮肤等神经末梢,它是物联网识别物体、获取信息的来源。感知层由各种传感器及传感器网关构成,包括常见传感器、微机电传感器、智能传感器及传感器平台、二维码、RFID标签与读写器、摄像头、GPS等感知终端。物联网的信息感知涉及传感器、RFID、网络信息采集、实时定位和机会路由等技术。

　　本章对物联网信息感知的基本组成和具体形式进行了介绍,包括信息感知与数据采集的基本方式、由智能传感器的标准网络化发展而来的无线传感器网络、针对移动性场景提出的移动群感知网络、网络信息感知等。

2.1　信息感知与数据采集

2.1.1　传感器技术

　　传感器(Sensor)是一种能够感受规定的被测量并按照一定规律转换成可用输出信号的器件或装置。传感器一般由敏感元件、转换元件、基本转换电路组成。它利用各种机制把被观测量转换为一定形式的电信号,然后由信号处理装置来处理,并产生相应的动作。传感器应用领域广泛,种类繁多,随着科学技术的发展在不断变化,除了经典传感器,又出现了智能传感器、网络传感器等新的传感技术产品。传感器是物联网获得物理信息的主要设备,它准确获取可靠信息的作用尤为突出,传感器技术是物联网的关键技术之一。

　　1. 常见传感器

　　(1)温度传感器是应用最广泛的传感器之一,常见的温度传感器包括热敏电阻、半导体温度传感器以及温差电偶。热敏电阻主要利用各种材料电阻率的温度敏感性。根据材料的不同,热敏电阻可以用于设备的过热保护以及温控报警等。

（2）电阻式湿度传感器（湿敏电阻）利用氯化锂、碳、陶瓷等材料电阻率的湿度敏感性来探测湿度。电容式湿度传感器（湿敏电容）利用材料介电系数的湿度敏感性来探测湿度。

（3）光敏电阻主要利用各种材料电阻率的光敏感性来进行光探测。光电传感器主要包括光敏二极管和光敏三极管，这两种器件都利用了半导体器件对光照的敏感性。集成光传感器把光敏二极管和光敏三极管与后续信号处理电路制作成一个芯片，以方便使用。光传感器的不同种类可以覆盖可见光、红外线（热辐射）以及紫外线等波长范围的传感应用。

（4）压力传感器在受到外部压力时会产生一定的内部结构形变或位移，进而转化为电特性的改变，产生相应的电信号。其优点是成本低，缺点是输出信号弱、存在非线性和温度误差。随着微电子技术和微机械加工技术的发展，利用半导体材料的压阻效应、压电效应研制出了体积小、灵敏度高的半导体压阻式、压电式力传感器，如图2.1.1所示。

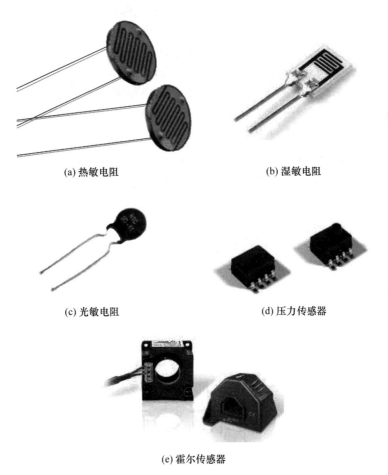

(a) 热敏电阻　　　　　　　　(b) 湿敏电阻

(c) 光敏电阻　　　　　　　　(d) 压力传感器

(e) 霍尔传感器

图 2.1.1　几种常见传感器

（5）霍尔传感器（Hall Sensor）是利用霍尔效应制成的一种磁性传感器。霍尔效应是指：把一个金属或者半导体材料薄片置于磁场中，当有电流流过时，形成电流的电子在磁场中运动而受到磁场的作用力，使得材料中产生与电流方向垂直的电压差。霍尔效应的原理如图2.1.2所示。可以通过测量霍尔传感器所产生的电压的大小来计算磁场的强度。结合不同的结构能够间接测量电流、振动、位移、速度、加速度、转速等。

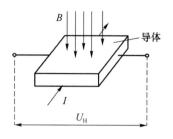

图 2.1.2　霍尔效应原理图

2. 微机电传感器

微机电系统(Micro-Electro-Mechanical Systems,MEMS)是一种由微电子、微机械部件构成的微型器件,多采用半导体工艺加工,将微传感器、微执行器、信号处理和控制电路、通信接口和电源等部件集成在一个芯片上。MEMS 的原理如图 2.1.3 所示。MEMS 传感器的敏感元件功能与传统传感器相同,区别在于敏感元件是用 MEMS 工艺实现的。MEMS 传感器具有体积小、灵敏度高、可靠性高、易于集成和可实现智能化等优点。目前已经出现的微机电器件包括压力传感器、加速度计、微陀螺仪、墨水喷嘴和硬盘驱动头等。例如,微机电压力传感器利用了硅应变电阻在压力作用下发生形变而改变了电阻来测量压力,测量时使用了传感器内部集成的测量电桥。

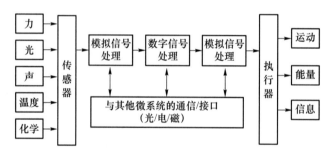

图 2.1.3　MEMS 原理图

2.1.2　数据采集技术

数据采集方式及发展过程如图 2.1.4 所示。物联网的信息不仅包括由传感器感知的物理信号,还包括一些可读取的数据。数据采集(Data Acquisition,DAQ)是指从传感器和其他待测设备等模拟和数字被测单元中自动采集非电量或者电量信号,送到上位机中进行分析、处理的过程。可利用条形码、磁卡、IC 卡、RFID 等技术进行数据采集。

1. 条形码

条形码是一种信息的图形化表示方法,可以把信息制作成条形码,然后用相应的扫描设备把其中的信息输入计算机中。条形码分为一维条形码和二维条形码。一维条形码或者条码(Barcode)是将宽度不等的多个黑条和空白,按一定的编码规则排列,用以表达一组信息的图形标识符。二维条形码是在二维空间水平和垂直方向存储信息的条形码。它的优点是信息容量大,译码可靠性高,纠错能力强,制作成本低,保密与防伪性能好。

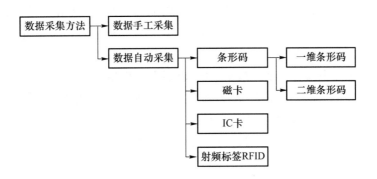

图 2.1.4　数据采集方式及发展过程

2. 磁卡

磁卡(Magnetic Card)是一种卡片状的磁性记录介质,利用磁性载体记录字符与数字信息,用来识别身份或其他用途。磁条从本质意义上讲和计算机用的磁带或磁盘是一样的,它可以用来记载字母、字符及数字信息。通过黏合或热合与塑料或纸牢固地整合在一起形成磁卡。磁条中所包含的信息一般比长条码大。

3. IC卡

IC卡(Integrated Circuit Card)也叫作智能卡(Smart Card),它是将一个微电子芯片嵌入符合 ISO 7816 标准的卡基中,做成卡片形式。IC 卡与读写器之间的通信方式可以是接触式,也可以是非接触式。IC 卡与 IC 卡读写器以及后台计算机管理系统组成了 IC 卡应用系统。

4. RFID

RFID 的全称为 Radio Frequency Identification,即射频识别,俗称电子标签。RFID 是一种非接触式的自动识别技术,主要用来为各种物品建立唯一的身份标识,是物联网的重要支持技术。RFID 的系统组成包括电子标签、读写器(阅读器),以及作为服务器的计算机。其中,电子标签中包含 RFID 芯片和天线。电子标签(图 2.1.5)、读写器(图 2.1.5)和所有这些组件共同工作,组成了完整的解决方案。

图 2.1.5　RFID 电子标签与手持 RFID 读写器

RFID 电子标签一般由天线、调制器、编码发生器、时钟及存储器等模块组成。RFID 标签分为有源标签和无源标签。有源标签是指内部有电池提供电源的电子标签;无源标签是指内部没有电池提供电源的电子标签。有源标签工作时与阅读器的距离可以达到 10 m 以上,但成本较高,应用较少;目前实际应用中多采用无源标签,依靠从阅读器发射的电磁场中提取能量来供电,工作时与阅读器的距离在 1 m 左右。

RFID 读写器由天线、射频模块和控制模块组成,各种读写器虽然在耦合方式、通信流程、数据传输、频率范围等方面具有很大的差别,但是在功能原理以及由此决定的结构设计上,各种读写器十分类似。

每个 RFID 芯片中都有一个全球唯一的编码;在为物品贴上 RFID 标签后,需要在系统服务器中建立该物品的相关描述信息,与 RFID 编码相对应。当用户使用 RFID 读写器对物品上的标签进行操作时,读写器天线向标签发出电磁信号,与标签进行通信对话,标签中的 RFID 编码被传回读写器,读写器再与系统服务器进行对话,根据编码查询该物品的描述信息,如图 2.1.6 所示。

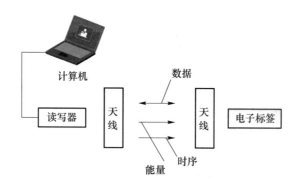

图 2.1.6 RFID 系统的工作原理

RFID 的典型应用领域包括门禁考勤、图书馆、医药管理、仓储管理、物流配送、产品防伪、生产线自动化、身份证防伪、动物身份识别等。RFID 的应用案例如下。

（1）铁路车号自动识别系统

该系统是国内最早应用 RFID 的系统,也是应用 RFID 范围最广的系统,开发于 20 世纪 90 年代中期。该系统可实时、准确无误地采集机车、车辆运行状态数据,如机车车次、车号、状态、位置、去向和到发时间等信息,实时追踪机车车辆。该系统已遍及全国 7 万多千米铁路,超过 55 万辆机车和车厢安装了无源 RFID 标签。

（2）北京奥运会门票

北京奥运会期间,共发售了 1 600 万张 RFID 门票。这种门票防伪性能良好,观众入场时手持门票通过检票设备即可,省去了人工验票过程。门票使用了国内自主开发的最小的 RFID 芯片,芯片最小面积 $0.3\ mm^2$,厚度最小达到 $50\ \mu m$,可嵌入纸张内。

（3）大兴机场行李系统

大兴机场运用国际先进的 RFID 行李追踪技术,在每一张行李条的夹层,都增加了一块 RFID 芯片。以往印刷在行李条上的信息需要通过光学扫描来获取,而 RFID 通过行李条内嵌芯片识别行李身份信息,不受行李条码位置、质量、光线等条件的影响,识别率达到 99%。RFID 技术与行李再确认系统结合,就可以自动采集行李托运、安检、分拣和行李装车、装机、卸机等节点信息,最终形成和输出行李完整传输链路,实现行李在大兴机场的全流程跟踪。目前,RFID 行李识别技术已在国内部分机场试点应用。在实际行李分拣中,RFID 技术识别率高达 98%,大幅降低了行李错运率。

2.1.3　智能传感技术

1. 智能传感器

由敏感元件、转换元件、基本转换电路三部分组成的传感器称为传统传感器或经典传感器,其特征为把被测对象信息变换成电信号。近年来,微处理器的成就对仪器仪表业的发展起到了巨大的推动作用。随着工业界对传感器的精度、稳定性、可靠性和动态响应要求越来越高,仪表界研制了以微处理器控制的新型传感器系统。

智能传感器(Smart Sensor)是一种具有采集、处理、交换信息能力的传感器,目前多采用把传统的传感器与微处理器结合的方式来制造。伴随着微电子技术的高速发展,数字信号处理(Digital Signal Processing,DSP)、现场可编程门阵列(Field Programmable Gate Array,FPGA)、片上系统(System on Chip,SoC)等技术广泛应用,尤其包括模数转换器(Analog to Digital Converter,ADC)等硬件的片上系统和高速数据处理能力,为智能传感器不断赋予新的内涵和功能,使信号传感器变为信息传感器,在更高层面上体现智能。例如,传感器具有自学习、自组织、自适应和信息融合能力。图 2.1.7 为智能传感器示例。

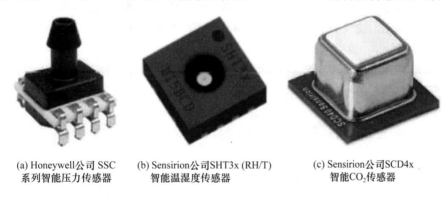

(a) Honeywell公司 SSC
系列智能压力传感器　　　(b) Sensirion公司SHT3x (RH/T)
智能温湿度传感器　　　(c) Sensirion公司SCD4x
智能CO_2传感器

图 2.1.7　智能传感器

智能传感器能够显著减小传感器与主机之间的通信量,并简化主机软件的复杂程度,使得包含多种不同类别的传感器应用系统易于实现;此外,智能传感器常常还能进行自检、诊断和校正。图 2.1.8 为传统传感器与智能传感器的对比。

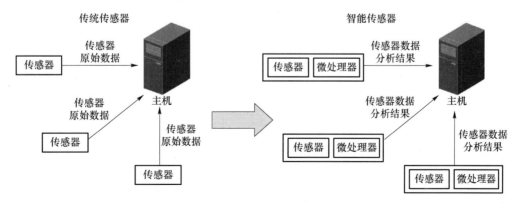

图 2.1.8　传统传感器与智能传感器

2. 网络化智能传感器

智能传感器继承自数字处理器,能完成自识别、自测试、自适应校准、有噪声数据的滤波、发送和接收数据、进行逻辑判决等,可以进行数字输出。然而,众多不兼容的工业网络或现场总线不允许传感器的直接接入,使这些优越性受到限制。

传感器的智能化、网络化发展从早期的模拟传感器(Analog Sensor)网络发展到集成有数模转换技术、数字处理模块的数字传感器,出现了数字化网络接口,如 RS-485。这种传感器具有一定的数据处理能力,但智能化程度较低。在将现场总线(Fieldbus)技术应用于智能传感器之后大大减少了传感器与主控系统的连线,提高了通信带宽,有效降低了系统成本和复杂度。20 世纪 90 年代末,面对相互独立、纷繁复杂的现场总线局面,人们开始制定规范网络化智能传感器接口,使得传感器的系统集成、维护和设计制造更加方便。

标准网络化智能传感器以嵌入式微处理器为核心,集成了传感单元、信号处理单元和网络接口,具备自检、自校、自诊断及网络通信功能,实现信息的采集、处理和传输,真正成为标准统一的新型网络化智能传感器。

有线智能传感器的网络技术主要有 1-Wire 总线、I2C 总线、SPI 总线、MicroWire 总线、USB 总线、CAN 总线等总线技术,以及 RS-422/485、IEEE1451、以太网等。在传感网无线通信方面可以采用的主要有 ZigBee、蓝牙、Wi-Fi 和红外等技术。

3. 传感器板

在一块电路板上集成多个传感器,可以包括光强传感器、温度传感器和磁力传感器等,这样的电路板称为传感器板(Sensor Board)。目前,市场上出现了许多配合传感器网络节点使用的传感器板,其中,以 Crossbow 公司的传感器板影响较大,图 2.1.9(a)和(b)分别是 Crossbow 公司的传感器板和 Calterah 公司的数据采集板。

(a) Crossbow公司的MICAz传感器板　　　　(b) Calterah公司的 Alps/Rhine数据采集板

图 2.1.9　传感器板和数据采集板

2.2　无线传感器网络

无线传感器网络

2.2.1　无线传感器网络概述

传感器网络是一种由传感器节点组成的网络,其中每个传感器节点都具有传感器、微处理器以及通信单元,节点之间通过通信联络组成网络,共同协作来监测各种物理量和事件。目前的传感器网络中以无线传感器网络(Wireless Sensor Network,WSN)发展最为迅速,被列为 21 世纪最有影响力的 21 项技术和改变世界的 10 大技术之一,受到了普遍的重视。它已经被广泛应用到军事侦测、智能家居、环境监测、工业控制、农业种植、交通管理和医疗监护等领域,有着广泛的应用场景和巨大的市场竞争力。它由多个学科高度交叉而成,是一门比较综合的专业课程,涉及微电子技术、微型传感器技术、片上系统技术、嵌入式计算技术、分布式信息处理技术等多个技术领域。无线传感器网络是物联网获取数据的重要手段,极大地提高了人类获取物理世界数据的准确性和灵敏性,在物联网应用体系中的作用越来越重要。

1. 网络结构

典型的 WSN 体系结构如图 2.2.1 所示。其中,感知节点的主要作用为数据采集,网关节点则负责数据融合或数据转发。感知节点被投放于待测区域获取第一手信息,而网关节点储备有较多的能量或者本身可以进行充电,这样就可以将收集到的信息进一步通过以太网、移动网或者卫星与较远的信息平台进行交换或传输。

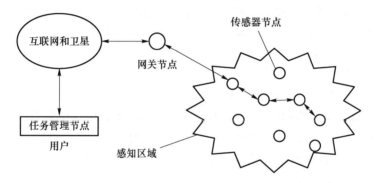

图 2.2.1 典型的 WSN 体系结构

（1）传感器节点

传感器节点一般由微控制器模块、无线通信模块、传感器模块和电源管理模块四个部分组成,如图 2.2.2 所示。

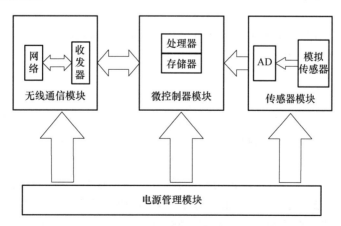

图 2.2.2 传感器节点的结构

- 微控制器模块:目前,许多前端感知节点都使用 ATMEL 公司 AVR 系列的 ATMega128L 处理器,以及 TI 公司生产的 MSP430 系列处理器。而汇聚节点则采用功能强大的处理器,比如,ARM 处理器、8051 内核处理器或 PXA270 等。

- 传感器模块:节点的传感单元由能感受外界特定信息的传感器组成,相当于传感器网络的"眼睛"和"鼻子"。根据传感器感受信息性质的不同,可以把传感器分为物理量传感器、化学量传感器和生物量传感器。根据传感器提供的信号不同,可分为模拟量传感器和数字量传感器。
- 无线通信模块:无线数据可以通过激光、红外线和射频三种介质进行传输。激光与红外线具有能耗低、无须天线和保密性好等优点,但定向传输的特性限制了它们的应用范围,不适合传感器节点的随机布置行为。射频通信具有易于使用和易于集成等优点,使其成为理想的传感器节点通信方式。目前,传感器网络节点多采用射频芯片构建通信模块。缺点是:不易微型化、保密性差。
- 电源管理模块:节点的供电单元通常由电池和直流转直流(DC/DC)电源模块组成,DC/DC 电源模块为传感器节点的用电单元提供稳定的输入电压。电源管理模块能够监视电池的剩余容量,这使得节点清楚当前的能量状态。传感器网络可根据节点的能量状态动态调整网络的拓扑结构,使剩余能量多的节点承担较繁重的任务,剩余能量少的节点则转为低功耗状态,以平衡节点间的能量开销。

(2) 网关节点

通俗地讲,从一个网络向另一个网络发送信息,必须经过一道"关口",这道关口就是网关(Gateway)。网关又称为网间连接器、协议转换器,网关在传输层及以上实现网络互连,是最复杂的网络互联设备,仅用于两个高层协议不同的网络互连。究其本质而言,网关是一种进行功能转换的计算机系统,在使用不同通信协议、数据格式,甚至体系结构完全不同的两种网络之间,实现功能的互通。

传感器网络的网关节点通常是一个嵌入式硬件设备,其硬件部分通常由微处理器单元、存储单元、无线射频收发模块和以太网通信模块等组成。它既可以是一个具有增强功能的传感器节点,有足够的能量供给和更多的内存与计算资源,也可以是没有监测功能仅带有无线通信接口的特殊网关设备。

2. 网络特征

无线传感器网络由大量的传感器节点以自组织多跳的形式构成,实现对网络区域内监测对象的数据采集、处理和传输。WSN 具有以下特点。

(1) 大规模

无线传感器网络大规模的含义包括两层:一层是监测的区域一般比较大,传感器部署在很广的范围内;另一层的含义是部署的传感器节点数量较多,目的是通过部署冗余节点,使网络系统具有很强的容错能力,提高监测的准确性,减少覆盖盲区。

(2) 自组织

通常情况下,传感器节点被随机抛撒部署,节点的位置不能预先精确确定,节点之间的邻居关系也不能预先知道。在使用的过程中,部分传感器节点有可能由于能量耗尽或环境因素失效,也有一些节点后期可能会补充到网络中。这就要求无线传感器网络必须具有不依赖于任何预设的网络设施来自组织网络结构的能力,节点通过分层协议和分布式算法协调各自的行为,节点开机后就可以快速、自动地组成一个独立的网络,确保自动配置和管理,从而适应网络结构的变化。

（3）动态性

无线传感器网络的拓扑结构可能会因为很多原因而发生变化，如能量耗尽、环境因素、节点故障、通信链路质量变化、节点移动或加入等。无线传感器网络受到这些因素的影响，网络拓扑结构发生变化，因此无线传感器网络具有动态性。这种特点要求无线传感器网络必须能够自行组织网络结构、自动配置和管理，以适应动态性的变化。

（4）可靠性

无线传感器网络通常部署在环境恶劣的地方，极易遭到损坏或破坏，而且还常被部署在人类不宜到达的地方，后期更换维护的难度较大。无线传感器网络的节点数目众多，分布的区域较大，这也大大增加了维护的难度。因此，要求无线传感器网络的软硬件都必须具有良好的健壮性和容错性。

（5）应用相关性

不同的传感器网络关心不同的物理量，因此它们的应用系统也多种多样，比一般的网络系统更贴近实际的需求和应用。对于不同的应用背景，无线传感器网络的开发设计各不相同，系统的硬件平台、软件系统和网络协议会有所差别。针对每一个具体的应用来研究传感器网络技术，是传感器网络设计不同于传统网络的一个很重要的特征。

（6）资源受限

由于无线传感器网络的节点数量多，价格低，而且要求节点的体积小、功耗低，因此节点的计算能力、存储能力、通信能力和电源能量等都很有限。无线传感器网络在设计和开发时必须充分考虑到其资源受限的特点。

（7）以数据为中心

传统的互联网是一个以 IP 地址为中心的网络，要想访问互联网中的资源，必须知道存放资源的服务器的 IP 地址。在传感器网络中，大量节点随机部署在监测区域内，用户往往感兴趣的是某一个事件的发生，而不关心这个事件是由哪个传感器监测到的，所以无线传感器网络是以数据为中心的。例如，在实现目标跟踪的无线传感器网络中，用户只关心目标出现的位置和事件，并不关心哪个节点监测到目标。事实上，在目标移动的过程中，必然是不同的节点提供目标的位置消息。

2.2.2 传感器网络协议栈

随着对传感器网络的深入研究，研究人员提出了多个传感器节点上的协议栈。图 2.2.3 所示是一个典型的协议栈，这个协议栈包括物理层、数据链路层、网络层、传输层和应用层，与互联网协议栈的五层协议相对应。另外，协议栈还包括能量管理平台、移动管理平台和任务管理平台。这些管理平台使得传感器节点能够按照能源高效的方式协同工作，在节点移动的传感器网络中转发数据，并支持多任务和资源共享。各层协议和平台的功能如下。

- 物理层提供简单但健壮的信号调制和无线收发技术。
- 数据链路层负责数据成帧、帧检测、媒体访问和差错控制。
- 网络层主要负责路由生成与路由选择。
- 传输层负责数据流的传输控制，是保证通信服务质量的重要部分。
- 应用层包括一系列基于监测任务的应用层软件。
- 能量管理平台管理传感器节点如何使用能源，在各个协议层都需要考虑节省能量。

- 移动管理平台检测并注册传感器节点的移动;维护到汇聚节点的路由,使得传感器节点能够动态跟踪其邻居的位置。
- 任务管理平台在一个给定的区域内平衡和调度监测任务。

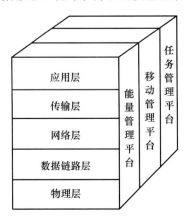

图 2.2.3　传感器网络协议栈

1. 物理层

物理层的主要任务是将比特流转换成适合在无线信道中传输的信号。具体而言,频率选择、载波频率生成、信号检测、调制以及数据加密都是在物理层中实现的。WSN 采用无线通信的方式,这就使其具备了易于部署、无须基础设施以及可实现广播通信的优点。但无线通信的方式也面临着一些挑战,如通信范围的限制、频率偏差以及干扰问题。

WSN 中的无线传输介质可以是无线电、红外线、光波等,通信技术主要采用窄带、扩频和超宽带三种通信方式。大多数 WSN 平台的物理层标准主要采用 IEEE802.15.4 标准。WSN 收发机研究的重点在于权衡发送功率和接收功率。

2. 数据链路层

数据链路层负责数据流的复用技术、数据帧检测技术、介质访问接入技术和差错控制技术,确保了网中点对点和点对多点通信的可靠性。

数据链路层的研究主要集中在 MAC(Media Access Control)协议方面,MAC 协议在传感器网络中必须先创建具有多跳无线通信、自组织能力的基本架构,还需要在节点间公平有效地分享通信资源,包括时间、能量和频率资源。在设计传感器网络的 MAC 协议时,首要考虑因素是节省能量,其次考虑可扩展性、网络效率等方面。传感器网络 MAC 协议为了减少能量的消耗,通常采用“侦听/睡眠”交替的无线信道使用策略,可能需要和邻居节点协调进行周期性的睡眠或唤醒。针对信道的分配方式不同,传感器网络的 MAC 协议可以分为三类。

(1)采用无线信道的时分复用方式,给每个传感器节点分配固定的无线信道使用时段,从而避免节点之间的相互干扰,典型的协议如 DEANA、TRAMA、DMAC(使用数据采集树(Data Gathering Tree))结构。

(2)采用无线信道的随机竞争方式,节点在需要发送数据时随机使用无线信道,重点考虑尽量减少节点间的干扰,典型的协议如 S-MAC(Sensor MAC)、T-MAC(Timeout MAC)。

（3）其他 MAC 协议如通过采用频分复用或码分复用等方式,实现节点间无冲突的无线信道的分配,典型的协议如 SMACS、EAR。

数据链路层另一个重要的功能就是进行差错控制和数据传输。通信网中两个主要的差错控制机制是自动重传请求(Automatic Repeat Request,ARQ)、前向纠错(Forward Error Correction,FEC)和混合自动重传请求(Hybrid Automatic Repeat Request,HARQ)。ARQ 需要额外的传输功耗和系统开销,所以不适用于传感网。然而,当需要保证一定纠错能力时,FEC 的解码复杂度最高。实际上,具有低复杂度的简单差错控制编码和解码是最适用于传感网的解决方案。设计这种机制时,需要对信道特性和实现技术加以考虑。

3. 网络层

传感器网络的无线多跳通信方式要求网络层路由协议应该重点考虑能量效率、以数据为中心、寻址技术等因素。传感器网络的路由选择方案可以分为以下四类。

（1）以数据为中心的路由协议:WSN 路由可能是基于以数据为中心的原则查询的,基于用户的信息要求,路由协议应当找到可能提供所要求信息节点的地址,典型的协议如定向扩散路由协议(Directed Diffusion)、Rumor-routing、TTDD(Two-Tier Data Dissemination)。

（2）基于聚簇的路由协议:采用分层结构,将节点分为簇并且通过簇头来控制簇之间的交互,解决了以数据为中心(Data-Centric)和平面结构(Flat-Architecture)协议所带来的网络能耗分布不均的问题,典型的协议如 LEACH、PEGASIS、TEEN。

（3）基于地理位置的路由协议:地理路由协议利用每个节点的位置信息提供高效可靠和可扩展的路由,一般应用于集成有 GPS 设备的传感器节点,典型的协议如贪心转发(Greedy Forwarding)协议、GPSR(Greedy Perimeter Stateless Routing)、GEM。

（4）基于 QoS 的路由协议:某些应用中服务质量会比功耗更重要,主要考虑数据吞吐量、时延以及抖动等,典型的协议如 SAR、最小代价路径转发(Minimum Cost Path Forwarding)、SPEED。

4. 传输层

传感器节点会受硬件的约束,如有限的能量和内存容量,使得每个传感器节点不能像互联网服务器一样存储大量数据,大量确认消息也会使传感网付出过高的代价。

对于 WSN 中的通信而言,传输层协议需要有两个主要性能:可靠性和拥塞控制性能。有限的资源和高功耗使得无法将端到端的可靠机制运用于 WSN。然而局部的传输可靠性是必需的。此外,传输层协议应该能够减缓因为数据量大而可能造成的拥塞。因为传感器节点在处理、存储和功耗方面的能力是有限的。

已有许多为 WSN 设计的传输层协议解决了这些难题,典型的协议如 RMST、快慢存取(PSFQ)、拥塞检测和避免(CODA)协议、ESRT、GARUDA 等。

5. 应用层

应用层为用户提供了与物理世界交互的必要接口,主要包括应用需求的提出和一些管理功能,信源编码、查询进程和网络管理在此层完成。

2.2.3　无线传感网关键技术

1. 网络拓扑控制

WSN 拓扑控制的问题是在满足网络覆盖度和连通度的前提下,通过功率控制或层次拓扑控制,最小化网络的能量消耗,由此提高路由协议和 MAC 协议的效率,可为数据融合、时间同步和目标定位等很多方面奠定基础,有利于节省节点的能量来延长网络的生存期。所以,拓扑控制是无线传感器网络研究的核心技术之一。

拓扑控制可以分为节点功率控制和层次拓扑结构形成两个方面。

(1)功率控制机制调节网络中每个节点的发射功率,在满足网络连通度的前提下,减少节点的发送功率,均衡节点单跳可达的邻居数目;已经提出了统一功率分配算法 COMPOW、基于节点度数的算法 LINT/LILT 和 LMN/LMA、基于邻近图的近似算法 Cone-based 拓扑控制算法(CBTC)、LMST、RNG、DRNG 和 DLSS。

(2)层次拓扑控制利用成簇机制,让一些节点作为簇头节点,由簇头节点形成一个处理并转发数据的骨干网,其他非骨干网节点可以节省能量;目前提出了 TopDisc(Topology Discovery)成簇算法、虚拟地理网格分簇算法 GAF、自组织成簇算法 LEACH 和 HEED。

2. 时间同步

时间同步是需要协同工作的传感器网络系统的一个关键机制。Internet 上的网络时间协议(Network Time Protocol,NTP)与室外环境的全球定位系统(Global Positioning System,GPS)都不适合应用在链路结构不稳定、布置环境复杂的传感器网络中。目前已提出了多个时间同步机制,其中 RBS、TINY/MINI-SYNC 和 TPSN 被认为是三个基本的同步机制。

(1)RBS 机制是基于接收者-接收者的时钟同步机制:一个节点广播时钟参考分组,广播域内的两个节点分别采用本地时钟记录参考分组的到达时间,通过交换记录时间来实现它们之间的时钟同步。

(2)TINY/MINI-SYNC 机制是简单的轻量级的同步机制:假设节点的时钟漂移遵循线性变化,那么两个节点之间的时间偏移也是线性的,可通过交换时标分组来估计两个节点间的最优匹配偏移量。

(3)TPSN 机制是全网络时间同步的机制:所有节点按照层次结构进行逻辑分级,通过基于发送者-接收者的节点对方式,每个节点能够与上一级的某个节点进行同步,从而实现所有节点都与根节点的时间同步。

3. 节点定位

位置信息是传感器节点采集数据中不可缺少的部分,没有位置信息的检测消息通常毫无意义。传感器在获取自身的位置信息时可能会根据少数位置确定的信标节点,根据定位过程中是否实际测量节点间的距离或角度,把传感器网络中的定位分为基于距离的定位和与距离无关的定位。

基于距离的定位方法首先使用测距技术测量相邻节点间的实际距离或方位,然后使用三角计算、三边计算、多边计算、模式识别、极大似然估计等方法进行定位。测距技术主要有测量无线信号的到达时间(Time of Arrival,TOA)、测量无线电信号强度(Received Signal Strength Indication,RSSI)、测量普通声波与无线电到达的时间差(Time Difference of Arrival,TDOA)、测量无线信号到达角度(Angle of Arrival,AOA)。由于要实际测量节点间的距离或角度,基于距离的定位机制通常定位精度相对较高,所以对节点的硬件提出了很高的要求。

与距离无关的定位方法首先确定多个包含待定位节点的多边形,然后计算这个多边形区域的质心、待定位节点与信标节点之间的估计距离,再利用三边测量法或极大似然估计法计算待定位节点的坐标。主要包括 APIT 算法、质心算法、DV-Hop 算法、Amorphous 算法。由于无须测量节点间的距离或角度,虽然定位误差有所增加,但降低了节点的硬件要求,使得节点成本更适合于大规模传感器网络。

4. 网络安全

无线传感器网络作为任务型的网络,不仅要进行数据的传输,而且要进行数据采集和融合、任务的协同控制等。如何保证任务执行的机密性、数据产生的可靠性、数据融合的高效性及数据传输的安全性,就成为无线传感器网络需要全面考虑的内容。

(1) 密钥管理、身份认证和数据加密:由于资源消耗较大,公钥密码系统无法应用于 WSN。目前主要使用基于密钥预分配的对称加密技术和利用基站管理密钥的非对称加密技术。预分配密钥方法的缺点是无法有效地支持节点的加入,当部分节点被敌方捕获后预分配的密钥也将失效。TinySec 发现 RC5 和 Skipjack 适合于在嵌入式控制芯片上利用软件实现。

(2) 攻击检测与抵御:在许多 WSN 的应用中,传感器节点常常布置在人们易于接近的环境中。因此,容易受到各种恶意的攻击,如干扰服务、节点捕获等。

(3) 安全路由协议:在 WSN 中的路由协议有很多安全弱点,容易受到攻击。敌方可以向 WSN 中注入恶意的路由信息使网络瘫痪。

(4) 隐私问题:WSN 的隐私包括位置隐私、时间隐私和数据隐私。

5. QoS

WSN 的服务质量(Quality of Service,QoS)是其可用性的关键。所以,QoS 管理的理论和技术是一个重要的研究领域。

主要机制有:基于中间件的 QoS 机制,支持多 Sink 的多种 QoS 需求,利用节点的冗余保障网络操作的容错性,并能够以较低的开销为应用提供实时性服务;路由协议的 QoS 问题,提出一个包发送协议,称为多路径多速度路由协议,保证路由的实时性和可靠性。该协议通过设置多包发送速度,提供多级别的实时保证。通过选择多路径,提供各种各样的可靠性保证。

6. 数据融合

传感器网络存在能量约束。减少传输的数据量能够有效地节省能量,因此在从各个传感器节点收集数据的过程中,可利用节点的本地计算和存储能力处理数据的融合,去除冗余信息,从而达到节省能量的目的。由于传感器节点的易失效性,传感器网络也需要数据融合技术对多份数据进行综合,提高信息的准确度。

数据融合技术可以与传感器网络的多个协议层次进行结合。在应用层设计中,可以利用分布式数据库技术,对采集到的数据进行逐步筛选,达到融合的效果;在网络层中,很多路由协议均结合了数据融合机制,以期减少数据传输量;此外,还有研究者提出了独立于其他协议层的数据融合协议层,通过减少 MAC 层的发送冲突和头部开销达到节省能量的目的,同时又不损失时间性能和信息的完整性。数据融合技术已经在目标跟踪、目标自动识别等领域得到了广泛的应用。在传感器网络的设计中,只有面向应用需求设计针对性强的数据融合方法,才能最大限度地获益。

数据融合技术在节省能量、提高信息准确度的同时,要以牺牲其他方面的性能为代价。

首先是延迟的代价,在数据传送过程中寻找易于进行数据融合的路由、进行数据融合操作、为融合而等待其他数据的到来,这三个方面都可能增加网络的平均延迟。其次是稳健性的代价,传感器网络相对于传统网络有更高的节点失效率以及数据丢失率。数据融合可以大幅度降低数据的冗余性,但丢失相同的数据量可能损失更多的信息,因此相对而言也降低了网络的稳健性。

7. 中间件技术

中间件是一种独立的系统软件或服务程序,它应用于客户机、服务器的操作系统,主要作用是管理计算机资源和网络通信,它连接两个独立应用程序或独立系统的软件,使相连接的系统即使具有不同的接口,利用中间件仍然能相互交换信息,如图 2.2.4 所示。基于目的和实现机制,可分为远程过程调用中间件、面向消息的中间件、对象请求代理中间件。

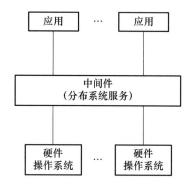

图 2.2.4 中间件技术

在 WSN 中采用中间件技术,可以实现多个系统和多种技术之间的资源共享,最终组成一个资源丰富、功能强大的服务系统。WSN 的中间件组件有:NEST 是一个实时网络协同和控制中间件组件,它把操作系统与应用程序员之间的界面抽象为一个高级界面,能够完成服务的自复制、迁移、分组等操作;中间件组件 MiLAN 实现了以满足应用系统性能要求为目标的网络资源动态管理机制;Mate 是一个建立在 TinyOS 之上的中间件组件,提供了单个传感器节点上的高级程序界面,以通信为中心,支持 WSN 经常性的重编程工作;Agilla中间件系统提高了网络的灵活性,同时还简化了应用的开发,并实现了多个应用共享同一个WSN;中间件系统框架 TinyCUBUS 包含一个数据管理框架、一个交叉层框架和一个配置引擎。数据管理框架允许动态选择和调整系统及数据管理部件。交叉层框架支持数据共享和各部件之间的交互,目的是提供交叉层优化。配置引擎通过考虑节点的拓扑和功能来可靠、高效地分布代码。

8. 数据管理

WSN 可视为一个数据空间或数据库,面向的是以数据为中心的查询。于是,数据库研究者开始采用数据库系统的研究方法来研究 WSN。

目前的研究主要集中在感知数据的存储与索引技术、WSN 数据查询处理技术和数据管理系统上。

(1) 存储与索引技术:在 WSN 内存储感知数据的方法和感知数据索引技术对 WSN 数据查询处理的性能具有重要影响。人们提出了一些新技术和方法。

(2) 数据查询处理技术:WSN 数据查询处理技术的研究主要集中在连续查询和近似查

询的处理方面。

（3）数据管理系统：加利福尼亚大学伯克利分校研究开发了 TinyDB 系统；康奈尔大学研究开发了 Cougar 系统。这些系统都是基于关系模型的数据管理系统，把整个网络定位为一个关系表。这些系统与传感器节点的物理地址密切相关，与 WSN 以数据中心的特征背道而驰，也不适用于拓扑结构变化频繁的 WSN。

9. WSN 节点及其嵌入式软件系统

传感器节点的研究主要包括硬件设计和嵌入式软件系统两个方面。

（1）传感器节点硬件方面：新型传感器的概念、理论和技术；新型感知材料和装置的研究，如化学感知材料和装置、生物感知材料和装置等；以降低能耗为核心，把传感器、计算部件、存储部件、通信部件集成为微型传感器。

（2）嵌入式软件系统方面：成果主要是嵌入式操作系统。加利福尼亚大学伯克利分校研究开发了一个传感器节点操作系统 TinyOS，其有 3 个主要的特点：基于组件的架构、基于事件和任务的并发模式、独立的状态操作。加利福尼亚大学洛杉矶分校研究了传感器节点嵌入式操作系统，其具有支持 WSN 任务重构能力等特点。

2.3　移动群感知网络

移动群感知网络

2.3.1　移动群感知概述

1. 移动群感知

目前，物联网已经进入深度发展阶段，对物理环境、社会环境、网络环境更大规模、更复杂、更全面的感知需求越来越强烈。在过去十多年内，人们主要关注以无线传感网为代表的固定部署感知网络，用来对森林、海洋、火山等自然环境进行监测。然而，这种传统感知模式的网络部署和维护成本很高，且不适宜进行大规模、跨空间的城市感知。

在此背景下，城市和社会感知成为当前信息领域的前沿研究热点。其总体目的在于对大量的数字脚印进行挖掘和理解，从中获取社会情境、交互模式以及大规模人类活动和城市动态规律，并把学习到的智能信息运用到各种创新性服务中。一般而言，城市感知任务具有范围广、规模大、任务重等特点。目前的城市感知系统还主要依赖于预安装的专业传感设施（如摄像头、空气检测装置等），具有覆盖范围受限、投资及维护成本高等问题，使用范围、对象和应用效果受到了很多限制。例如，在一些没有安装摄像头的地方，难以对该地交通情况进行实时监测。

随着嵌入式设备、智能移动终端等的快速发展，集成感知、计算和通信能力的普适智能系统正在被广泛部署，并逐步融入人类的日常生活环境中。一种新的感知模式——移动群感知（Mobile Crowd Sensing，MCS）应运而生，简称群感知。与传统感知技术依赖于专业人员和设备不同，群感知将目光转向大量普通用户，利用其随身携带的智能移动终端，例如，具有多达十几种传感器的智能手机、各种可穿戴设备（如智能手环、智能手表、智能眼镜等）、车载感知设备（如全球定位系统（GPS）、第 2 代车载自动诊断系统（On-Board Diagnostic-Ⅱ，

OBD-Ⅱ）、车载单元（On board Unit，OBU）、车载二氧化碳传感器等）或其他便携式电子设备（如 Intel 的空气质量传感器），形成大规模、随时随地且与人们日常生活密切相关的感知系统。

移动群感知由众包（Crowdsourcing）、参与感知（Participatory Sensing）等相关概念发展而来。众包是美国《连线》杂志 2006 年发明的一个专业术语，用来描述一种新的生产组织形式。具体就是企业/研发机构利用互联网将工作分配出去，利用大量用户的创意和能力解决技术问题。参与感知最早由美国加州大学的研究人员于 2006 年提出，强调通过用户参与的方式进行数据采集。2009 年 2 月，Alex Pentland 教授等人在美国《科学》杂志上撰文阐述"计算社会学"的概念，认为可利用大规模感知数据理解个体、组织和社会，在计算目标上与群体感知不一而同。以上几个相关研究方向都以大量用户的参与或数据作为基础，但分别强调不同的层次和方面。2012 年，清华大学刘云浩教授首次对以上概念进行融合，提出"群智感知计算"的概念，即利用大量普通用户使用的移动设备作为基本感知单元，通过物联网/移动互联网进行有意识或无意识的协作，实现感知任务分发与感知数据收集利用，最终完成大规模、复杂的城市与社会感知任务。

群感知以大量普通用户作为感知源，强调利用大众的广泛分布性、灵活移动性和机会连接性进行感知，并为城市及社会管理提供智能辅助支持。它可应用在很多重要领域，如智能交通、公共安全、社会化推荐、环境监测、城市公共管理等。

2. 群感知的特点

相比于传统的无线传感器网络，人仅仅作为感知数据的最终"消费者"，而群感知网络一个最重要的特点是人将参与数据感知、传输、分析、应用等整个系统的每个过程，既是感知数据的"消费者"，也是感知数据的"生产者"。同时，移动群感知采集的数据不再局限于单一类型，移动设备中的各种传感器都能够发挥作用。例如，路人通过分析手机麦克风采集到的环境声音检测环境噪声；旅行者通过手机摄像头和 GPS 记录旅游日志并分享旅游攻略；晨练者通过加速度传感器监测运动量并结合 GPS 轨迹分享晨练感受；司机或者乘客通过加速度传感器可以采集道路坑洼状况上传给城市管理部门。

群感知网络成为物联网新型的重要感知手段，可利用普适的移动感知设备完成那些仅依靠个体很难实现的大规模、复杂的社会感知任务，可应用于城市环境监测、智能交通、城市管理、公共安全等领域。

3. 群感知网络架构

如图 2.3.1 所示，一个典型的群感知网络通常由感知平台和感知参与者两部分构成。其中，感知平台由位于数据中心的多个群感知服务器组成；感知参与者可以利用智能手机所嵌入的各种传感器、车载感知设备、可穿戴设备或其他便携式电子设备等采集各种感知数据，并通过移动蜂窝网络或短距离无线通信的方式与感知平台进行网络连接，上报感知数据。系统的工作流程可以描述为以下五个步骤。

（1）感知平台将某个感知任务划分为若干个感知子任务，通过开放呼叫的方式向移动用户发布这些任务，并采取某种激励机制吸引用户参与。

（2）用户得知感知任务后，根据自己的情况决定是否参与感知活动。

（3）感知参与者利用所携带移动设备的传感器进行感知，将感知数据进行前端处理，并采用隐私保护手段将数据上报到感知平台。

（4）感知平台对所获得的所有感知数据进行处理和分析，并以此构建环境监测、智能交通、城市管理、公共安全、社交服务等各种群感知应用。

（5）感知平台对用户数据进行评估，并根据所采用的激励机制对感知参与者付出的代价进行适当补偿。

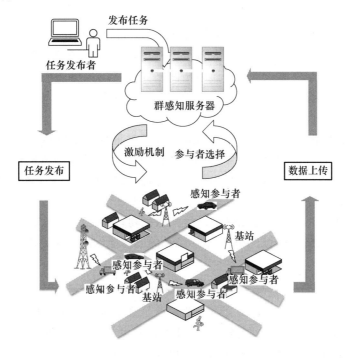

图 2.3.1　群感知网络架构

4. 研究挑战

作为新兴的研究领域，群感知网络在基础理论、实现技术、实际应用三个层面都面临着许多传统传感器网络不曾遇到的挑战，可概括为以下七个方面。

（1）群感知网络共性平台。目前，学术界和工业界已经设计和开发了各种各样的群感知应用，它们通常具有相似或者部分重叠的功能，需要相同的或者相互关联的感知数据，面临着数据收集、资源分配、能量节约、用户激励、安全与隐私等一系列共同的问题与挑战。现阶段这种相互独立的开发模式十分低效，造成了很大的资源浪费。因此，构建群感知网络共性平台是本领域急需解决的基本问题。

（2）群感知数据的前端处理。GPS、加速计、麦克风、摄像头等传感器采集的原始感知数据通常存在很大噪声、不完整或具有冗余，难以直接利用。因此，需要设计有效的前端处理算法，主要包括两类：一类是数据质量增强，包括消除噪声、过滤异常数据、恢复丢失数据、低质图像修复和增强等操作；另一类是情境推断，包括推断用户的交通模式、运动模式、社交场合（如开会、打电话、看电视等）和所处的周围环境（如道路颠簸、噪声级别等）。

（3）群感知数据的高效传输。很多群感知应用需要连续地采集感知数据并传输到数据中心，而基于移动蜂窝网络与互联网进行连接来上报感知数据的传输方式将消耗过多的用户设备电量和数据流量，并对移动蜂窝网络造成很大压力。因此，需要设计能量有效的数据传输方法，例如，基于短距离无线通信方式，利用用户之间相互接触或用户与 Wi-Fi 热点接触的机会来转发数据。

（4）群感知数据的价值挖掘。群感知数据来自不同的用户、不同的传感器，具有多模态、多关联等特征，必须将这些海量数据进行智能的分析和挖掘才能有效地发挥价值，形成从数据到信息再到知识的飞跃。涉及的技术包括大数据存储与处理、数据质量管理、多模态数据挖掘等。

（5）群感知网络的资源优化。克服移动节点在能量、带宽、计算等方面的资源限制是群感知网络实用化的关键。首先，由于用户数量和传感器的可用性都会随着时间而动态变化，难以准确地对能量和带宽需求进行建模和预测来完成特定的感知任务。其次，需要考虑如何从大量的具有不同感知能力的用户中选择一个有效的用户子集，在资源限制条件下合理调度感知和通信资源。

（6）群感知网络的激励机制。群感知应用依赖大量普通用户参与，而用户在参与感知时会消耗自己的设备电量、计算、存储、通信等资源并且承担隐私泄露的威胁，因此必须设计合理的激励机制对用户参与感知所付出的代价进行补偿，才能吸引足够多的用户，从而保证所需的数据收集质量。

（7）群感知网络的安全与隐私保护。感知数据可能泄露用户的隐私和敏感信息，因此必须设计合理的隐私保护机制，在确保用户隐私的同时能够尽可能完成数据收集任务。

2.3.2　感知质量

移动群感知网络的感知质量包含时空覆盖质量和数据质量两个层面，前者关注能否采集到足够多的数据，而后者关注数据是否足够准确和可信。然而，在移动群感知模式下，用户的属性、位置、情境等方面的动态变化性使得我们很难对时空覆盖质量进行度量和保障；而用户感知设备、感知方式、主观认知能力、参与态度等方面的异构性也使得我们很难对感知数据的质量进行相关的度量和保障。本节分别从时空覆盖质量和数据质量保障两个层面讨论感知质量度量与保障的问题以及对应的解决方法，最后介绍了感知质量增强的方法。

1．时空覆盖质量

（1）机会式覆盖模型

在传统的固定部署传感器网络中，通常需要监测区域内的每个点总是被至少一个传感器节点覆盖，并且覆盖质量不会随着时间而改变；在传统的移动传感器网络中，则通常需要监测区域内的每个点在一定时间段内被覆盖，而不是一直被覆盖，即覆盖质量是随着时间而变化的。移动群感知网络中的覆盖不同于传统的传感器网络中的覆盖，它与人移动的机会性密切相关，我们将其称为"机会式覆盖"。

（2）覆盖间隔时间

移动群感知网络的覆盖质量是动态变化的，考虑到感知覆盖的时空变化因素，可以将整个监测区域划分为多个网格单元，将所关注的时间段 T 划分为多个同等大小的采样周期 T_s，如图 2.3.2 所示，当一个新的采样周期到来，并且节点的位置恰好在某个网格单元内时，称该网格单元被覆盖一次。

将每个网格单元被连续覆盖两次的间隔时间作为一个新的度量指标，称为覆盖间隔时间（Inter-cover Time），用来描述每个网格单元被覆盖的机会。覆盖间隔时间直接反映了覆盖质量，间隔时间越短，覆盖质量越好。通过对城市出租车移动轨迹数据集进行分析，发现覆盖间隔时间服从截断的帕累托分布(Truncated Pareto Distribution)。截断的帕累托分布在头部呈现出幂律分布趋势,在尾部则呈现出指数衰退趋势。

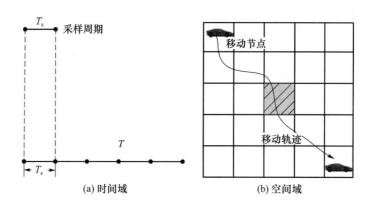

图 2.3.2 离散化的时空感知域示意图

(3)时空覆盖度

也可以从时间和空间角度综合考虑感知节点的覆盖质量。将感知区域划分为多个子网格单元,将时间段划分为多个同等大小的采样周期。针对感知节点移动性较强的场景,可以将感知节点的运动轨迹表示为网格单元的序列,节点每经过一个网格就记为一次覆盖。对大量感知节点的重叠覆盖表征,需要引入时空覆盖度(Spatial Temporal Coverage,STC)的概念:对同一采样时段内的节点覆盖网格取并集,再对所有采样时间段的覆盖网格进行累加。时间空间二维的覆盖度可以更好地指示感知节点对感知区域的覆盖程度。

考虑到同一时刻,同一网格内可能有多个感知节点对其进行覆盖,这些节点采集的数据可能会出现冗余。可以通过设计节点选择的策略,对重叠较多的轨迹进行筛选,提高数据集的有效性。

2. 数据质量保障

在满足一定的覆盖质量的情况下,群感知的感知数据质量还会受很多因素的影响,主要包括:用户所使用的感知设备类型,例如,不同手机的传感器精度不同;用户的数据采集方式,例如,手持手机采集环境噪声比将手机放在口袋里采集环境噪声的数据质量高;用户的主观认知能力,例如,基于移动群感知的图像搜索应用依赖用户对图像的认知能力,而不同用户对同一图像的认知可能是不一样的;用户的参与态度,例如,有些用户会严格按照要求来采集数据,而有些用户会比较随意,甚至有些恶意用户会为了获得感知平台提供的任务报酬或其他原因而上传虚假、伪造的数据。以上因素都会造成感知数据质量参差不齐,使得总体的感知质量难以保障。

针对数据准确性问题,可以使用用户投票与系统评分的方法反映数据质量,发挥集体的智慧来抵御个人数据不准确的影响,从而提高整体数据的准确性。

针对数据质量可信性问题,一种可行的方法是根据用户的行为以及贡献数据的质量,为用户建立信誉系统,评估和记录用户的历史感知数据的可信性,并将其用在未来的系统交互过程中,对于信誉度低的用户感知数据采用的可能性也比较低,同时会采用相应的激励或惩罚措施。

3. 感知质量增强

（1）基于压缩感知的感知质量增强

群感知网络采集到的数据一般可以视为对实际信号的一次有偏采样，可以使用压缩感知这种新兴的信号重建技术，对感知数据在时间、空间维度上存在的大量的覆盖"空隙"进行填充。该技术的创新之处在于它能够实现在远低于奈奎斯特采样率的情况下，对信号进行高质量的重建。压缩感知技术对信号的重建能力恰恰满足移动群感知网络中对"感知盲区"实现数据填充的需求，可以对感知到的数据质量进行增强。以城市环境温度监测为例，可以利用移动群感知网络收集一部分区域的温度数据，这实际上是对城市温度信号的一次有偏采样，之后再借助压缩感知技术重建城市温度信号。但是，实现压缩感知技术需要满足一个理论前提：待感知信号应能在某个域（基）上被稀疏表达（即待感知信号应具有隐含结构）。

（2）基于多源数据相关性的感知质量增强

在大数据时代，丰富的数据收集手段与数据集使我们有充足的数据源去挖掘不同类别数据之间的相关性。例如，城市空气污染物分布情况与城市兴趣点（Point of Interest，POI）数据、交通流量数据密切相关。如果我们有城市区域 A 的空气污染指数，而没有区域 B 的空气污染指数，但我们通过分析发现，区域 A 与 B 的 POI 分布、交通流量状况类似，由此我们可以推断区域 A 与 B 的空气污染指数类似。

2.3.3 感知数据机会式传输

1. 移动机会网络

移动机会网络是一种在通信链路间歇式连通的情况下，利用节点移动所带来的接触机会实现数据传输的自组织网络。图 2.3.2 显示了一个数据包从发送端至接收端的数据转发过程：发送端 A 和接收端 F 在 t_1 时刻分别位于两个不连通的子区域，在它们之间不存在一条完整的路径，因此，A 将数据包转发给节点 B，由于节点 B 同样没到 F 的合适路径，节点 B 携带该数据包并等待合适的转发机会；在时刻 t_2，节点 B 进入节点 E 的通信范围，它将数据转发给节点 E；节点 E 在 t_3 时刻与接收端 F 相遇，完成数据移交。

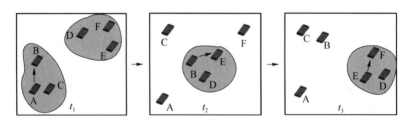

图 2.3.3　移动机会网络数据转发过程示意图

移动机会网络的部分概念来源于早期的间歇式连通网络（Intermittently Connected Network，ICN）和延迟容忍网络（Delay-tolerant Network，DTN）研究。ICN 是为了解决不连通区域之间的数据收集问题而提出的，通过部署往返于不连通区域之间的移动节点来完成数据收集任务；DTN 最初由国际互联网工程任务组（The Internet Engineering Task Force，IETF）的 DTN 工作组提出，其主要技术路线是采用"存储-携带-转发"的路由机制解决深空通信中的长延时、高误码率问题。在这种模式中，当路由表中不存在去往目标节点的下一跳节点时,将消息在当前节点上缓存,并随着当前节点移动以等待合适的转发机会。ICN 和 DTN 的相关研究共同构成了机会组网的理论基础。对比 ICN 和 DTN 着重强调应用的延迟容忍特性,移动机会网络包括的范围更广一些。

2. 移动机会网络体系结构

为了支持在具有长时间的数据传输、间歇式的链路连通、机会式的节点接触等特征的不同子网之间实现互联和通信,移动机会网络在现有的 TCP/IP 协议栈的传输层与应用层之间插入了一个新的协议层——束层(Bundle Layer)。这里的"束"是指多个数据包融合在一起所形成的数据协议单元。束层通过与特定网络类型下的底层协议进行配合,可以使应用程序运行在不同的网络类型之上(如图 2.3.4 所示,这里的 T1/T2/T3 和 N1/N2/N3 分别代表不同的传输层和网络层协议)。在同一个网络内,束层使用该网络本身的协议进行通信;在不同的网络之间,束层通过提供基于保管方式的重传、处理间歇式连通的能力、利用机会式连接的能力、通过标识符后绑定来形成网络地址等功能来实现跨域通信。

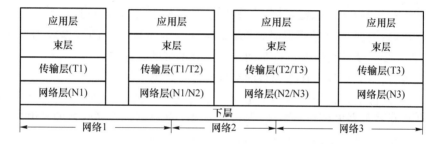

图 2.3.4 束层在 Internet 体系结构中的位置

3. 机会路由算法

机会路由是实现间歇式连通环境中数据收集与内容共享的一项重要支撑技术。本节对机会路由在评价指标、算法分类方面进行详细介绍。

(1)评价指标

- 投递率是指成功接收的数据包个数与发送的数据包个数之间的比值。投递率是衡量路由算法好坏的最重要指标之一。在有限的传输时间内,接收到的数据包越多,投递率就越高。在目前小规模的移动机会网络原型系统中,多数采取洪泛策略传输数据,往往在取得高投递率的同时,伴随着高的数据转发代价。
- 转发代价是指在数据包传输过程中,转发的数据包总量与成功接收的数据包总量之间的比值。由于目前大多数机会路由算法采用多备份的数据转发策略来提高数据包的投递率,转发代价的值通常大于 1。一个路由算法的转发代价越高,意味着它需要占用更多的系统资源,算法的可扩展性就越差。
- 传输延时是指数据包从发送端传输至接收端花费的时间。在移动机会网络中,该指标一般以分钟或小时为单位。传输延时一般与转发代价负相关,低延时通常伴随着高代价,反之亦然。

(2)算法分类

机会路由最初是为了满足稀疏移动的自组织网络环境下的数据通信需求而提出的。2003年,Fall 等人在 SIGCOMM 会议上进一步提出"存储-携带-转发"的数据传输机制来解决由节点的移动性所带来的链路间歇式连通性问题。按照在设计数据转发策略过程中是否需要额外信息的辅助,目前的机会路由算法分为零信息型和信息辅助型两类,如图 2.3.5 所示。

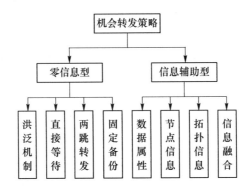

图 2.3.5　机会路由算法分类

零信息型又可以细分为洪泛机制、直接等待、两跳转发、固定备份这 4 类。

- 洪泛机制:当两个节点相遇时,首先交换对方缓存队列中的数据包 ID。在此基础上,进一步判断并交换对方携带而自己没有携带的数据包。
- 直接等待:源节点只有在遇到目的节点时才将数据发送出去。
- 两跳转发:源节点首先将感知数据转发给与之相遇的移动节点,然后由这些移动节点负责将数据转发给目标节点,将数据的多个备份限制在两跳范围之内。
- 固定备份:与洪泛机制和两跳转发机制中不限制数据的备份数不同,通过向网络中扩散一定数量的备份数据达到降低传输延时的目的。当两个节点相遇时,各自将携带的数据备份数目的一半分配给对方。当节点携带的数据备份数为 1 时,则采取直接等待策略。

零信息型转发策略设计思路直观、易于实现,但在转发过程中没有考虑传输的数据、参与转发的节点、网络拓扑等因素对路由算法性能的影响,导致数据传输效率低,在投递率-延时-代价方面并没有达到比较好的平衡(表 2.3.1)。近年来,不少学者围绕信息辅助型转发策略展开研究,这也是当前研究的主流方向。

表 2.3.1　4 种零信息型转发策略的性能分析

性能	传染机制	直接等待	两条转发	固定备份
投递率	高	低	较低	较高
延时	低	高	较高	较低
代价	高	低	较低	较高

信息辅助型转发策略可以划分为基于数据属性、基于节点信息、基于拓扑信息以及信息融合这 4 类。表 2.3.2 总结了各类转发策略的研究内容。

- 基于数据属性的转发策略:结合 3 个路由指标最小化平均延时、最小化最坏情况延时、最大化特定延时,计算每个数据包的效用值。当两个节点相遇时,首先交换效用值最高的数据包,当缓冲区满时,删除效用值最低的数据包。这种转发策略的优点是可以从理论上获得最优的传输性能,缺点是需要一些全局性信息进行辅助(如数据的备份个数),而这种全局性信息在移动机会网络中往往很难事先获得。

- 基于节点信息的转发策略:该类策略主要围绕中继节点与目的节点之间的接触信息(接触信息节点之间的接触时长及接触次数)、节点上下文信息(能量、移动速度、邻居变化情况等)、节点之间的社会关系(节点社会地位、节点的接触频率、平均接触时长、接触的规律性)、节点在网络中的社会地位等来选择下一跳节点。

- 基于拓扑信息的转发策略:网络拓扑在不同时刻的连通情况在不断变化,当网络状况向延迟容忍网络演变时,增加数据包备份个数;当网络状况向传统 mesh 网络演变时,减少数据包备份个数。

- 信息融合的转发策略:首先对节点之间的投递概率进行比较来决定是否转发数据包,当决定转发时,优先考虑存活时间较短的数据包。在大部分情况下,将转发数据限制在两跳范围之内可以取得接近最优算法下的投递性能;同时,数据的多条转发路径之间存在着正相关性。

表 2.3.2 信息辅助型转发策略分类

类别名称	研究内容
数据属性	针对传输数据的优先级、备份数等信息,研究基于数据属性的转发策略
节点信息	针对参与节点社会关系、节点的接触概率等信息,研究基于节点信息的转发策略
拓扑信息	针对网络链路、拓扑的局部变化,研究基于拓扑信息的转发策略
信息融合	综合利用上述信息,研究多类信息协同的转发策略

4. 群感知机会式数据收集

移动群感知网络中的机会式数据收集模式与延迟容忍移动传感网的数据收集模式最为相似。一方面,它们都采用"存储-携带-转发"的机会式转发方法进行数据传输;另一方面,它们都是面向数据收集的应用,都要考虑面向数据的一些要素,包括特定应用的感知质量需求、感知数据的特点、网络构成方式等,而传统的机会式转发方法主要关注的是用户个体感兴趣数据的共享和分发。下面分析移动群感知网络中的机会式数据收集模式所关注的三个要素。

(1)特定应用的感知质量需求:不同类型的数据收集应用通常有不同的感知质量需求,在 2.3.2 节已做了详细介绍。

(2)感知数据的特点:各种感知应用收集到的数据往往是对某种环境现象或者某种场景的描述,数据之间具有很强的内在关联性。例如,感知区域内的某个地点在某个时间的空气质量可以代表其周围一片区域在某个时间段的空气质量,所以我们只需要对一片区域的某个点周期性地采集数据,而不要求该区域的每个点在任何时间都要采集数据,这就体现了环境感知数据的时空相关性特点。传统的机会式转发方法都没有考虑感知数据的时空相关性特点及其对网络传输性能的影响。将机会式转发与数据融合相结合的方法,一方面正是利用感知数据的时空相关性,另一方面则是考虑用户可能仅对感知数据的聚合结果(如温度或噪声的平均值)感兴趣的应用需求。

(3)网络构成方式:传统的机会网络中的节点一般仅起到数据转发的作用,而在面向数据收集的移动群感知网络中,可能会存在静态汇聚节点、动态汇聚节点、一般感知和传输节点等多种类型的节点来协同进行数据收集,将对数据传输的性能产生重要影响。图 2.3.6

给出一个移动群感知网络的机会式数据收集过程的示意图,包含机会式感知和机会式传输两部分。U1～U4 是 4 个普通的移动节点,既能采集兴趣点所在感知范围内的感知数据,也能将感知数据转发给传输范围内的其他移动节点或汇聚节点;U3 接入了一个静态的 Wi-Fi 接入点或车联网场景下的路侧设备(Road Side Unit,RSU),其可以作为一个汇聚节点将数据通过 Wi-Fi 连接直接上传到服务器;U4 接入了一个具备足够电池电量和数据流量配额的特殊移动节点,其也可以作为一个汇聚节点将数据通过蜂窝网络(如 2G/3G/4G)直接上传到服务器。需要注意的是,为了保留电池电量和节省数据流量费用,普通移动节点一般不能直接将数据上传到服务器,但是可以通过"存储-携带-转发"的机会式转发模式将数据间接投递到服务器。

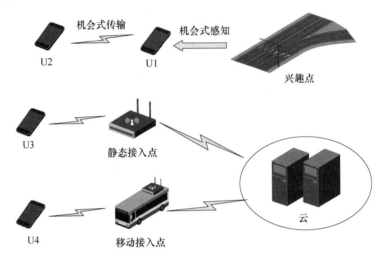

图 2.3.6　群感知机会式数据收集过程示意图

2.4　网络信息感知

网络信息感知

2.4.1　协同感知

1. 协同感知

协同感知是一种感知计算框架,通过汇集以及协同分析不同感知单元的传感数据实现对研究对象的准确和全面的认识。传统的协同感知技术主要解决面向单一感知空间的研究问题,随着物联网、移动计算以及可穿戴技术的革新,数据的跨空间融合趋势推动了协同感知技术向多元空间的演化。协同感知相应的感知对象数据主要存在于三类数据空间:物理空间、信息空间和社会空间。

(1)面向物理空间的协同感知:主要依赖于无线传感器网络,其中感知节点具有不同的感知能力,能够提供同构或者异构的数据信息。同构的信息是指感知数据来自相同类型的传感器节点,异构则说明感知信息汇集自不同类型的传感器。例如,在环境感知中,温度信息是一种同构的数据,需要不同位置相同类型的温度传感器获取。然而,在感知交通信息这类较为复杂的物理空间问题中,则需要获取来自摄像头和磁感线圈等不同类型的传感数据(异构)。

(2)面向信息空间的协同感知:随着社交网络的兴起与发展,以 Twitter、新浪微博和 Facebook 为代表的移动互联网应用广泛流行,为研究人员获取用户在网络信息空间的行为数据提供了新的平台和途径。其中,用户在无意识中使用社交网络服务产生了大量的行为交互"数字脚印"(Digital Footprint)数据,其在一定程度上反映了用户的偏好等行为规律和特征,具有丰富的研究价值。因此,用户的数据成为面向信息空间的协同感知主要的研究内容。具体地,用户的"数字脚印"主要涵盖两类数据:用户的位置轨迹信息以及用户产生的文本内容,协同分析这两类"数字脚印"能够帮助理解个体/群体的行为规律,以用户行为建模和感知社会热点事件两类研究方向为主。

(3)面向社会空间的协同感知:可穿戴感知技术的发展扩展了传统传感器节点的定义和范畴。随着智能手机、手表以及智能眼镜等具有一定感知和计算能力的便携式设备的普及,每一个携带这类设备的用户都可以被视为感知节点,同时结合"参与式感知"(Participant Sensing)的理念,研究人员提出了"移动群智感知"这一感知计算框架用于解决社会空间的协同感知问题。具体地,"移动群智感知"强调每个用户都是潜在感知节点,不同研究问题的感知任务可以分发给用户完成,系统则需要协同处理来自用户采集的数据,实现对问题的求解。

2. 跨空间协同感知

单一空间的数据只反映了研究对象在该空间的数据特征,跨空间融合感知将提供一个全面以及详细的感知对象信息。例如,传感器网络采集的空气污染信息(物理空间)与社交网络中用户关于空气污染的评论内容(信息空间)可以相互补充与增强,从而实现更加细粒度的环境信息感知。具体而言,跨空间的协同感知主要融合来在不同空间的感知数据,挖掘不同空间数据之间的关联关系,从而解决更复杂的感知问题。

跨空间协同感知的通用参考模型框架如图 2.4.1 所示,该框架自底层向上共包含四个层面的内容:跨空间的数据感知、协同分析与处理、混合学习以及应用实现。

具体地,框架中的底层主要表示跨空间的感知数据获取与采集,其包含了来自物理空间、信息空间以及社会空间的感知数据。这一层主要强调了在解决实际问题中,跨空间协同感知首先要获取多个数据空间的信息,从而实现更全面的问题刻画与理解。基于获取的跨空间数据信息,在协同分析与处理层,提出了多个关键的技术模块用于具体问题的求解,其主要包括:数据匿名化处理、海量数据存储、跨空间数据关联、跨空间实体匹配以及人机协同处理。此外,框架的第三层主要涵盖不同类型的数据分析概念与方法,其包括基于个体、群体以及社群智能的数据分析理念,同时也涵盖了面向环境与社会智能的数据分析模块。针对不同的研究问题,需要混合不同类型的数据分析方法,挖掘不同层面的智能。最后,应用实现层涵盖了各类涉及跨空间数据协同感知的研究内容,主要包括以城市计算和移动群智感知等为主的应用场景。

在跨空间协同感知参考框架中,存在多个关键技术挑战,其主要包括人机协同处理、跨空间实体匹配以及跨空间数据关联。

(1)人机协同处理:主要提出了如何高效地将人的智能与机器智能有机结合,实现相辅相成共同促进的作用。具体地,人的智能与机器智能在处理问题中具有不同的优势,例如,人类在特征识别与决策建立中具有机器不可替代的作用,然而机器在处理、存储和计算大规模数据的时候具有人类无法超越的优势。在实际的问题解决中,如何协调这两种不同特征的智能是人机协同计算研究的关键点。在一些研究,将人的智能划分为显式与隐式两种,显式智能主要是指人直接地参与与机器协同处理问题的过程,如利用经验或专家知识干预并优化机器学习的过程,这一过程涉及人机交互的逻辑,包括串行、并行以及交互迭代的人机交互逻辑。隐式智能与机器智能的协同是指人无意识产生的行为数据指导或激发了机器智能对问题研究的深入分析。例如,用户在城市的行为轨迹数据能够帮助机器学习模型识别城市不同的功能区,进一步理解城市的动态特征。

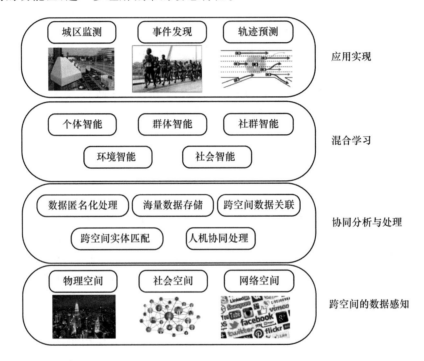

图 2.4.1 跨空间协同感知架构

(2) 跨空间实体匹配:在跨空间协同感知中,同样一个实体,在不同空间具有不同的数据信息,如何识别匹配不同空间的同一实体成为关键的技术挑战。例如,一个用户通常有多个社交网络账号,如何识别并匹配不同社交网络中该用户的账号信息对于跨空间的数据融合具有重要的意义。针对这一问题,有两类技术用于解决跨空间的实体匹配问题:基于网络拓扑结构的实体匹配,以及基于内容相似性的实体匹配。其中,基于网络拓扑结构的匹配方法强调实体在不同空间中与已知对象具有相似的网络拓扑结构关系;基于内容相似性的匹配方法则注重挖掘实体在不同空间中产生数据内容的相似性来进行实体的识别与匹配。

(3) 跨空间数据关联:人在某一空间的活动可能会影响其在其他空间的行为,例如,一个用户在网络上浏览的购物信息将影响他在线下商场购物时的选择和偏好。同样地,一个社会热点事件也将在不同空间产生不同的影响。如何挖掘这类跨空间的数据关联关系成为跨空间协同感知的一项关键技术挑战。

2.4.2　情景感知

1. 情景与情景感知

人能够理解情景、根据情景判断和做出结论,而计算机却不容易获取这些信息。改进计算机,使之能够获取情景,进一步感知情景,丰富人机交互通信以提供更好的计算服务。随着计算技术、通信技术、网络技术和半导体技术的发展,在经历了主机计算和桌面计算的阶段后,计算模式已步入普适计算(Ubiquitous Computing)的时代。普适计算首先由美国学者 Weiser 提出,IBM 亦于 1999 年概括了普适计算的概念,即计算资源普遍存在于环境之中。普适计算中存在的大量数据只有在经过数据处理后才能被用户使用。推荐系统能够建立用户与检索项之间的二元关系,通过分析用户操作习惯,可从海量数据中寻找并推送用户感兴趣的内容,缓解了普适计算信息过载的状况。

情景是指一组由周围环境状态或设置所构成的集合,它或者决定一个应用的行为,或者触发用户感兴趣的应用事件,描述的是一个设备或用户所处的态势和环境。在普适计算环境中使用计算机获取情景,可以称为情景感知(Context Awareness)。如果一个系统能抽取、解释并运用场景信息适配于当前情景所适用的功能,那么它就是情景感知系统。引入情景感知计算的推荐系统被称作情景感知推荐系统(Context-Aware Recommender System,CARS),它不但满足了个性化的需求,而且提高了检索的精度,体现了普适计算随时随地为用户提供定制化信息的核心思想。

情景感知,简单说就是通过传感器及其相关的技术使计算机设备能够"感知"到当前的情境,从而提供个性化的服务。情景感知计算强调以人为本,围绕着用户(人)来考虑情景,反映了从以计算机为中心向以人为中心的转变。

2. 情景获取

众所周知,用户研究和用户体验设计的一个难点在于了解用户使用产品的情境和环境。现在流行的做法是通过实地研究去了解用户情景,这种做法最大的一个问题在于成本过高,且样本量一般较小,如要获取大样本的数据会耗费大量资源。情景感知计算的应用可以通过传感器获得关于用户所处环境的相关信息,从而进一步了解用户的行为动机等,特别是对于移动互联网产品而言,手机的传感器技术对其用户研究具有重大意义。同时,所谓的"主动情景感知技术",即计算机(特别是可移动计算机)可以通过情景感知进行自适应地改变,特别是用户界面的改变,例如,手机铃声根据自适应变更为会议还是户外等模式。

3. 情景感知的应用

情景感知早期的研究多集中在通过探测用户的位置将其应用到感知系统中,其中最具代表性的两项工程是 ParcTab 和 ActiveBadge。在 ActiveBadge 系统中,Roy Want 等人提出使用胸章的位置定位系统,根据这些位置信息将呼入的电话转接到离用户最近的电话机上,这被认为是情景感知最早的应用之一。之后,出现了很多基于用户位置信息的情景感知应用。例如,旅游方面,应用了情景感知技术的导游助手可以根据游客的位置进行景点推荐、路线导游;购物方面,可以根据顾客的位置进行商品推荐等。随着传感器技术的不断发展、传感器的种类不断丰富,获得的情境信息也随之丰富起来,情景感知处理的信息不再局限于用户的位置。Kang Dong-oh 等人建立了家庭网络,利用可穿戴的传感器,如 ECF(Electrocardiogram,心电图)和 SKT(Skintemperature,皮肤温度传感器)等,实时监测用户的身体信息,这些信息通过 ZigBee 发送给服务器,由服务器上的应用软件进行实时监测,甚至根据专家系统及用户的历史信息进行诊断或推理。此外,情景感知被广泛应用于普适办公等。

未来的情景感知将更加智能化,我们的设备会主动与周边的世界进行交互,成为我们与周边世界互动的门户。通过分析用户所处环境、状态甚至情感的信息,运用眼动追踪、触觉反馈等技术看懂和识别身体语言或手势,并更有预见性地做好相应准备。情景感知已是各家公司争夺未来市场的重点,Nuance 等企业都提出了相关概念。

2.4.3 感知大数据

随着互联网、物联网以及社交网络等信息技术的迅速发展,人们已经从基于单一文本的交流方式向更丰富的图像、视频、图形等多样化的信息交互方式转变。随之而来的数据规模的爆炸式增长产生的数据量由原来的 GB、TB 迅速发展到需要用 PB 以上级别进行计量。大数据时代的到来给未来经济和社会的发展带来了前所未有的挑战与机遇。通过大数据分析,可以揭示人类活动的隐含行为模式,甚至是行为意图,能够在人的思想活动和实际行为之间构建关联。数据存储和挖掘技术使得人们直接或非直接产生的大量数据,通过存储和分析生成有价值的洞察成为可能。

物联网是大数据的主要来源之一,随着感知技术和计算环境的成熟,利用城市、道路、野外环境等物联网应用场景中感知的大数据,通过对多源外构数据的整合、分析和挖掘来提取知识和价值,从而解决城市管理、智能交通、环境保护等智慧城市所面临的问题。一般来说,大数据是指无法在可容忍的时间内用传统信息技术和软硬件工具进行感知、获取、管理、处理和服务的数据集合。感知大数据计算的研究主要包括以下内容。

(1)松耦合模式下的协同数据感知。在物联网环境中,一般多种感知模式共存,包括传统的有意识固定部署感知模式、移动群感知模式、非传感器感知模式等,未来物联网应用还将整合来自感知网络、互联网、通信网、社交网等网络的多源数据,这为感知大数据计算带来了新问题。一方面,群感知网络的感知节点数量更大、类型更多、范围更广,感知数据的传输方式更多样,具有形成低成本、全覆盖的城市感知网络的巨大潜力;另一方面,多种固定/移动感知网络、社交网络,不同感知模式之间通常是松耦合的,具体表现为:由于感知节点非专业导致感知数据冗余低质、由于节点组织形式松散导致网络弱连接性等问题。因此,需要研究弱连接感知网络的数据按需获取、多种网络协同感知机制、节点感知数据低质增强等问题。

(2)海量多模数据的计算模式和方法。移动群感知网络为物联网感知大数据带来新的重要特征。一是用户无意识地自主上传感知数据,造成数据的价值参差不齐;二是感知大数据具有多模态特征,其既包含结构化数据,又包含更多的非结构化数据和半结构化数据,难以对不同模态的数据进行统一处理;三是物联网感知数据间有多样的关联关系,难以对不同关联关系进行整合利用。因此,需要解决感知数据价值参差不齐、数据呈现多模态特征、数据间关联关系复杂情况下感知大数据高效计算的问题。感知大数据的这些特点所带来的挑战,使得传统多项式时间算法不再适用。数据的简约计算、分治计算、增量计算等是探讨感知大数据计算方法的新思路。

(3)碎片化信息的价值聚合。复杂物联网应用环境中,感知信息呈现显著的碎片化特征,这些信息微观上是相互独立、碎片化的,对用户来说其价值有限。然而,宏观上这些信息是相互关联的,是对某个特定环境或事物的多侧面描述。因此,需要建立对碎片化信息的深层次融合计算,实现从碎片化信息到群体智慧语义信息的聚合,结合感知场景和感知对象的背景知识,实现对大规模复杂社会事件的快速、全面、完整、正确的认知和把握;需要研究基于碎片化信息的物联网应用场景重建方法,充分利用多种感知网络所采集的交叉感知信息,发现多模态感知信息的时空关联关系,根据用户的特点和个性化需求向用户推荐最感兴趣的场景信息。因此,需要研究的一个难题是:如何通过价值建模、自动解析、价值融合、按需推荐等方法,形成碎片化信息的价值聚合机理,解决感知大数据的价值利用问题。

(4) 感知大数据处理框架。目前,大数据处理平台一般有三类计算模式:离线计算、在线计算和流计算。早期的 MapReduce 计算框架适合大数据的离线批处理,在处理低延迟、高复杂度的数据关系时有一定的局限性。离线计算平台一般采用 Apache 基金会所开发的分布式计算架构 Hadoop,目前流行的流计算平台有 Spark、Storm、Samza 等。物联网产生的感知大数据的特点决定了其对计算平台的要求,既要支持流计算,又要支持在线计算,这就需要研究更合适的大数据处理计算平台来支持感知大数据的高效计算。

本 章 小 结

```
                    ┌─────────────────────────────────────────────┐
                    │ 2.1信息感知与数据采集:本节介绍了传感器技术与数据采集技术的 │
                    │ 发展,包括常见传感器、微机电传感器、智能传感器及传感器平台、 │
                    │ 二维码、RFID标签与读写器等。                        │
                    └─────────────────────────────────────────────┘
                    ┌─────────────────────────────────────────────┐
                    │ 2.2无线传感器网络:无线传感器网络是物联网信息感知的重要手段, │
                    │ 本节概述了其基本结构、传感器网络协议栈与无线传感器网络的关 │
                    │ 键技术研究。                                    │
┌──────────────┐    └─────────────────────────────────────────────┘
│物联网中的信息感知│    ┌─────────────────────────────────────────────┐
└──────────────┘    │ 2.3移动群感知:本节介绍了一种新的感知范式——移动群感知,并 │
                    │ 简述了移动群感知的感知质量保障与机会式数据传输等相关内容。 │
                    └─────────────────────────────────────────────┘
                    ┌─────────────────────────────────────────────┐
                    │ 2.4网络信息感知:物联网的信息感知可以从物理空间跨越到包含社 │
                    │ 会空间、网络空间的多维信息空间。本节介绍了协同感知、情景感 │
                    │ 知、感知大数据等概念与相关技术。                      │
                    └─────────────────────────────────────────────┘
```

思考与习题

2.1 请分析无线传感器网络与互联网的区别与联系。

2.2 请阐述 WSN 节点、自组织网络、动态拓扑的概念,并举例说明。

2.3 AODV 协议是 Ad Hoc 网络中按需生成路由方式的典型协议,如题 2.3 图所示,假设 A 要根据 AODV 路由协议向 G 发送 5 MB 的数据。其中每一跳的距离为 $d=100$ m,传输/接收能耗系数 $E_{elec}=100$ nJ/bit,功率放大参数 $E_{amp}=200$ pJ/bit(放大电路输出功率与距离

的平方 d^2 成正比)。请查阅资料并尝试解决以下问题。

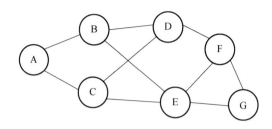

题 2.3 图

(1) 指出 AODV 路由路径(如 A→B→…),并解释说明 AODV 的工作原理(如 RREP…)。

(2) 请说明 AODV 如何处理链路故障。

(3) 在整个传输过程中网络消耗了多少能量?

2.4 请简述移动群感知机会式传输"存储-携带-转发"的基本原理。

2.5 如果要设计一套基于城市公交车辆的移动群感知网络系统,请从网络节点(感知节点、接入节点)的角度分析需要考虑的参数、代价及性能。

第 **3** 章　物联网中的无线通信

通信网络在物联网的通信层担负着极其重要的信息传递、交换和传输的重任,它必须能够可靠、实时地采集覆盖区域中的各种信息并进行处理,处理后的信息可通过有线或无线方式发送给远端。物联网的规模和终端的形式在互联网和通信网络的基础上都将有很大的发展和延伸,而互联网的移动通信、卫星通信等技术都会在物联网的信息通信传输中扮演重要的角色。本章将结合移动通信系统和卫星通信系统等,对在物联网中发挥重要作用的相关技术进行详细的介绍。

3.1　移动通信

移动通信概述

3.1.1　移动通信概述

1. 移动通信概述

随着社会的进步和技术的飞速发展,人们对通信方面的消费水平和需求日益提高。传统的电话方式已无法满足信息化的要求。为此,人们发展了形形色色的移动通信方式,以实现及时沟通和信息交流。随着技术的发展和需求牵引,以手机为代表的移动通信终端的价格急剧下降至可被普通百姓阶层接受的水平,有力地促进了移动通信的普及。现在,手机已成为人们身边的必备品和个人数字助理,并大大改变了人们的生活、学习和工作方式,明显增强了人们的信息获取和感知能力,催生了大街小巷的"低头族"一景;移动通信有力地促进了人们跨区域、跨地域乃至跨全球的信息传输,产生了日益深刻的社会文化影响,地球因此变小,交流更加快捷。可见,移动通信已成为现代通信领域中至关重要的一部分,学习和研究与此相关的移动通信技术与系统已成为通信领域中的重要内容。

移动通信是指通信双方中至少有一方处于运动(或暂时停止运动)状态下进行的通信。例如,固定体(固定无线电台、有线用户等)与移动体(汽车、船舶、飞机或行人等)之间、移动体之间的信息交换,都属于移动通信。这里的信息交换,不仅指双方的通话,还包括数据、电子邮件、传真、图像等方式。

移动通信为人们随时随地、迅速可靠地与通信的另一方进行信息交换提供了可能,适应了现代社会信息交流的迫切需要。因此,随着技术的进步,特别是集成电路技术和计算机技术的发展,移动通信得到了迅速发展,并成为现代通信中不可缺少且发展最快的通信手段之一。移动通信系统包括蜂窝移动通信系统、无绳电话系统、无线寻呼系统、集群移动通信系统、卫星移动通信系统等,其中蜂窝移动通信是当今移动通信发展的主流和热点。移动体之间的通信联系只能靠无线通信;而移动体与固定体之间通信时,除了依靠无线通信技术之外,还依赖于有线通信,如公用电话网(PSTN)、公用数据网(PDN)和综合业务数字网(ISDN)等。

2. 移动通信的特点

与其他通信方式相比,移动通信主要有以下特点。

(1) 无线电频谱资源有限

无线电频谱是一种特殊的、有限的自然资源。尽管电磁波的频谱相当宽,但作为无线通信使用的资源,国际电信联盟定义 3 000 GHz 以下的电磁波频谱为无线电磁波的频谱。由于受到频率使用政策、技术和可使用的无线电设备等方面的限制,国际电信联盟当前只划分了 9 kHz～400 GHz 范围。实际上,目前使用的较高频段只在几十吉赫兹。由于技术水平所限,现有的商用蜂窝移动通信系统一般工作在 10 GHz 以下,所以可用频谱资源是极其有限的。为了满足不断增加的用户需求,一方面要开辟和启用新的频段;另一方面要研究各种新技术和新措施,如窄带化、缩小频带间隔、频率复用等方法,新近又出现了多载波传输技术、多入多出技术、认知无线电技术等。此外,有限频谱的合理分配和严格管理是有效利用频谱资源的前提,这是国际上和各国频谱管理机构和组织的重要职责。

(2) 对移动设备的要求高

移动设备长期处于不固定状态,外界的影响很难预料,如振动、碰撞、日晒雨淋,这就要求移动设备具有很强的适应能力,还要求其性能稳定可靠、携带方便、小型、低功耗及能耐高温、低温等。同时,移动设备还要尽量具有操作方便,适应新业务、新技术的发展等特点,以满足不同人群的要求。

(3) 系统复杂

由于移动设备在整个移动通信服务区内自由、随机运动,需要选用无线信道进行频率和功率控制,以及位置登记、越区切换及漫游等跟踪技术,这就使其信令种类比固定网络要复杂得多。此外,在入网和计费方式上也有特殊要求,所以移动通信系统是比较复杂的。

(4) 移动台受到的干扰严重

移动台所受到的噪声干扰主要来自人为的噪声干扰(如汽车的点火噪声、微波炉噪声等)。对于风、雨、雪等自然噪声,由于频率较低,可忽略其影响。移动通信网中多频段、多电台同时工作,当移动台工作时,往往受到来自其他电台的干扰,主要的干扰有同频干扰、邻道干扰、互调干扰、多址干扰,以及近地无用强信号压制远地有用弱信号的现象等。所以,抗干扰措施在移动通信系统设计中显得尤为重要。

(5) 无线通信信道衰落

由于无线信号在传输过程中会遭遇各种障碍,造成无线电波能量损耗,从而产生信道衰落。一般而言,无线电波衰落可以划分为大尺度衰落和小尺度衰落,大尺度衰落包括路径损耗和阴影衰落两种,路径损耗指在基站和移动台之间的传播环境中引入的损耗量,它仅与传输路径有关,路径越长,路径损耗越大。阴影衰落是指无线电波在传播路径上遇到建筑物等障碍的阻挡,会在障碍物的后面形成电波阴影区,造成接收信号场强中值的缓慢变化。而小尺度衰落主要是由于多径效应和多普勒效应造成的,多径效应是指电波传播过程中会有各种各样的反射、散射和绕射,具有不同的传播时延,导致到达移动台的信号是多路电波合成,进而引起接收信号的衰落失真。多普勒效应是指基站和移动台的相对运动导致多径成分产生不同的多普勒频移,从而引起随机频率调制。

3. 移动通信发展简史

移动通信从 1898 年马可尼所完成的无线通信试验开始就产生了。而现代移动通信技术的发展是从 20 世纪 20 年代开始的,其代表——蜂窝移动通信大致经历了 7 个阶段。

第 1 阶段从 20 世纪 20 年代至 40 年代,为早期发展阶段。在此期间,首先在短波几个频段(2 MHz)上开发出专用移动通信系统,其代表是美国底特律市警察使用的车载无线电系统。这个阶段可以认为是现代移动通信的起步阶段,特点是专用系统,工作频率较低。

第 2 阶段从 20 世纪 40 年代中期至 60 年代初期。在此期间,公用移动通信业务开始问世。1946 年,根据美国联邦通信委员会(FCC)的计划,贝尔电话实验室在圣路易斯城建立了世界上第一个公用汽车电话网,称为"城市系统"。这个系统的频率范围是 35～40 MHz,采用 FM 调制。随后,德国(1950 年)、法国(1956 年)、英国(1959 年)等相继研制了公用移动电话系统。美国贝尔实验室解决了人工交换系统的接续问题。这一阶段的特点是从专用移动通信网向公用移动通信网过渡,接续方式为人工,网络的容量较小。

第 3 阶段从 20 世纪 60 年代中期至 70 年代中期。在此期间,美国推出了改进型移动电话系统(IMTS),采用大区制、中小容量,实现了无线频道自动选择并能够自动接续到公用电话网。德国也推出了具有相同技术水平的 B 网。可以说,这一阶段是移动通信系统的改进与完善阶段,其特点是采用大区制、中小容量,实现了自动选频与自动接续。

第 4 阶段从 20 世纪 70 年代中期至 80 年代中期。这是移动通信蓬勃发展的时期。1978 年年底,美国贝尔实验室成功研制出先进移动电话系统(AMPS),建成了蜂窝移动通信网,大大提高了系统容量。1979 年,日本推出 800 MHz 汽车电话系统(HAMTS),在东京、大阪、神户等地投入商用。1985 年,英国开发出全接入通信系统(TACS),首先在伦敦投入使用,以后覆盖了全国。同时,加拿大推出移动电话系统(MTS)。瑞典等北欧四国于 1980 年开发出 NMT-450 移动通信网,并投入使用。这一阶段的特点是蜂窝移动通信网实用化,并在世界各地迅速发展,形成了所谓的第一代移动通信系统。

第 5 阶段从 20 世纪 80 年代中期开始。以 AMPS 和 TACS 为代表的第一代蜂窝移动通信网是模拟系统。模拟蜂窝网虽然取得了很大成功,但也暴露了一些问题。例如,频谱利用率低,移动通信设备复杂,费用较高,业务种类受到限制,以及通话易被窃听等,最主要的问题是其容量已不能满足日益增长的移动用户需求。解决这些问题的方法是开发新一代数字蜂窝系统,即第二代移动通信系统。数字无线传输的频谱利用率高,可大大提高系统容量。另外,数字网能提供语音、数据等多种业务,并与 ISDN 兼容。第二代移动通信以 GSM 和窄带 CDMA(N-CDMA)两大移动通信系统为代表。事实上,在 20 世纪 70 年代末期,当模拟蜂窝系统还处于开发阶段时,一些发达国家就着手研究数字蜂窝系统。到 20 世纪 80 年代中期,为了打破国界,实现漫游通话,欧洲首先推出了泛欧数字移动通信网(GSM)体系。GSM 系统于 1991 年 7 月开始投入商用,并很快在世界范围内获得了广泛认可,成为具有现代网络特征的通用数字蜂窝系统。由于美国的第一代模拟蜂窝系统尚能满足当时的市场需求,所以美国数字蜂窝系统的实现晚于欧洲。为了扩大容量,实现与模拟系统的兼容,1991 年,美国推出了第一套数字蜂窝系统(UCDC,又称 D-AMPS),UCDC 标准是美国电子工业协会(EIA)的数字蜂窝暂行标准,即 IS-54,它提供的容量是 AMPS 的 3 倍。1995 年美国电信工业协会(TIA)正式颁布了窄带 CDMA(N-CDMA)标准,即 IS-95A 标准。IS-95A系统是美国第二套数字蜂窝系统。随着 IS-95A 的进一步发展,TIA 于 1998 年制定了新的标准 IS-95B。另外,还有 1993 年日本推出的采用 TDMA 多址方式的太平洋数字蜂窝(PDC)系统。

第 6 阶段从 20 世纪 90 年代中期开始到 21 世纪初。伴随着对第三代移动通信(3G)的大量研究,1996 年年底国际电联(International Telecommunication Union,ITU)确定了第三代移动通信系统的基本框架。2001 年,多个国家相继开通了 3G 商用网,标志着第三代移动通信时代的到来。欧洲的电信业巨头们则称其为 UMTS(通用移动通信系统)。3G 系统能够将语音通信和多媒体通信相结合,其增值服务包括图像、音乐、网页浏览、视频会议以及其他一些信息服务,其主流标准有北美和韩国的 CDMA2000、欧洲国家和日本的 WCDMA、中国的 TD-SCDMA。3G 系统与现有的 2G 系统不同,3G 系统采用 CDMA 技术和分组交换技术,而不是 2G 系统通常采用的 TDMA 技术和电路交换技术。与 2G 系统相比,3G 支持更多的用户,实现更高的传输速率(例如,室内低速移动场景下数据传输速率达 2 Mbit/s)。与此同时,IEEE 组织推出的宽带无线接入技术也从固定向移动化发展,形成了与移动通信技术竞争的局面。为应对"宽带接入移动化"的挑战,同时为了满足新型业务需求,2004 年年底第三代合作伙伴项目(3rd Generation Partnership Project,3GPP)组织启动了长期演进(Long Term Evolution,LTE)的标准化工作。

第 7 阶段从 21 世纪 10 年代中期开始。在推动 3G 系统产业化和规模商用化的同时,LTE 项目持续演进,具体的版本时间表如图 3.1.1 所示。2005 年 10 月,国际电联正式将B3G/4G(后三代/第四代)移动通信统一命名为 IMT-Advanced(International Mobile Telecommunication-Advanced),即第四代移动通信。IMT-Advanced 技术需要实现更高的数据传输速率和更大的系统容量,能够提供基于分组传输的先进移动业务,显著提升 QoS的高质量多媒体应用能力,满足多种环境下用户和业务的需求,支持从低到高的移动性应用和很宽的数据速率,在低速移动、热点覆盖场景下数据速率达 1 Gbit/s 以上,在高速移动和广域覆盖场景下达 100 Mbit/s。2008 年 3 月,国际电联开始征集 IMT-Advanced 无线接入技术标准,3GPP 和 IEEE 等国际标准化组织分别提出了 LTE-A(LTE-Advanced 的简写)和 IEEE 802.16m,其中 LTE-A 包括 FDD 和 TDD 两部分;2012 年 1 月 20 日,国际电联会议正式审议通过将 LTE-A 和 IEEE 802.16m 技术规范作为国际标准,我国主导的TD-LTE-A 同时成为国际标准,标志着我国在移动通信标准领域再次走到世界前列,是我国通信历史上又一个里程碑式的重要成果。

3.1.2　第 5 代移动通信技术

4G 已商用多年,技术渐渐成熟。尽管 4G 提供了更宽的带宽、更广的覆盖率和更高的传输容量,并在移动数据业务和多媒体应用等方面的性能和灵活性得到明显改善,然而随着移动智能终端的大规模流行和移动互联网业务的强劲推动,加之物联网应用需求的激增,以

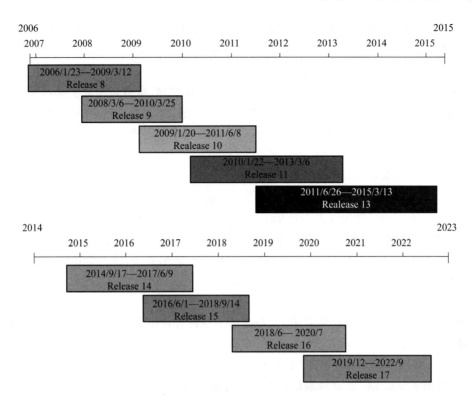

图 3.1.1　3GPP Release 版本时间表

"高速率、低时延、低功耗、海量连接"为标志的需求与日俱增。有权威机构曾预测,到 2020 年左右,全球移动通信网比 2010 年将有 1 000 倍左右的容量增加,100 倍左右的终端或节点连续增长,以及 100 倍左右的能效提升。此外,随着物联网、车联网、移动医疗、工业自动化、智慧城市等新兴领域出现,用户终端类型、业务类型及通信场景将呈现复杂多样的特点。因此,在 4G 开始走向商用之时,5G 的研究也列上了人们的议事日程。许多政府和组织纷纷启动 5G 研究,例如,2012 年 11 月欧盟启动了 5G 研究项目 METIS,同年 10 月 5G 创新中心在英国成立;2013 年 2 月中国成立了 5G 的推进组 IMT-2020,同年 6 月韩国成立了 5G 技术论坛;2015 年 3 月 3GPP 启动了未来新业务需求研究、5G 工作计划讨论等。

1. 5G 的关键能力

相对已有的移动通信系统,5G 移动通信更加关注用户的需求,并为用户带来新体验。下面讨论 5G 在各个通信指标上的具体要求,需要注意的是不同应用场景对每个指标的侧重不同,因此并非所有的指标需要同时满足要求。例如,高速的视频流对于传输延时和传输可靠性的要求就相对低一些,但对于智能汽车等一些公共安全应用来说,其对于传输延时和传输可靠性要求较高,但对于速率指标要求较低。

(1) 单位面积数据吞吐量显著提升

无线数据的爆炸式增长趋势导致数据速率指标首当其冲。相比于 4G,5G 的系统容量要提高 1 000 倍,边缘用户的速率达每秒百兆比特,用户的峰值速率达每秒千兆比特,单位面积的吞吐能力特别是忙时吞吐能力需要达到每平方千米数十万兆比特以上。

(2) 支持海量设备连接

随着物联网的快速发展,业界曾预计到 2020 年接入移动通信网络中的器件数目达到

500 亿～1 000 亿。这就要求单位覆盖面积内支持的器件数目极大增长,在一些场景下每平方千米通过 5G 移动网络连接的器件数目达到 100 万,相对 4G 增长 100 倍。

(3) 更低的时延和更高的可靠性

为了给用户提供随时在线的体验,并满足诸如工业控制、紧急通信等更多高价值场景需求,时延必须进一步降低。相对 4G,时延缩短 5～10 倍,并提供真正的永远在线体验。此外,一些关系人的生命、重大财产安全的业务,要求端到端可靠性提升到接近 100%。

(4) 能耗

绿色低碳是未来技术发展的重要需求,端到端的节能设计使网络综合的能耗效率提高 100 倍,达到 1 000 倍容量提升的同时保持能耗与现有网络相当。

此外,5G 还需要支持每小时 500 km 以上的移动性,提高网络部署和运营的效率,将频谱效率提升 10 倍以上。针对以上技术需求,许多国家和组织进行了大量研究。当前,ITU 已确定了 8 个关键能力指标,分别是峰值速率、用户体验速率、区域流量能力、网络能效、连接密度、时延、移动性、频谱效率。

2. 5G 中的新技术

为了支持 5G 的多样化应用需求,人们提出了各种各样的新技术,其中在物理层技术领域,Massive MIMO、同时同频全双工、新型多址、新型调制编码等技术已成为业界关注的焦点;而在网络层技术领域,超密集网络、D2D 和软件定义网络等技术已取得广泛共识。图 3.1.2 列出了支持 5G 关键性能指标的相应关键技术。

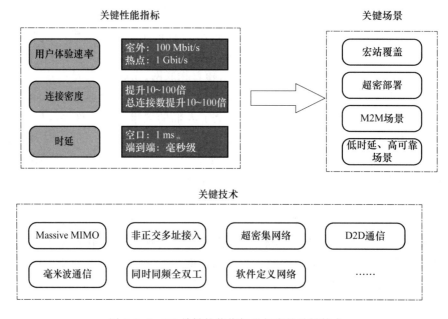

图 3.1.2　5G 关键性能指标及相应的关键技术

(1) Massive MIMO 技术

Massive MIMO(又称为 Large-Scale MIMO)技术在现有 MIMO 技术基础上通过大规模增加发送端天线数目,以形成数十个独立的空间数据流,进而达到数倍提升多用户系统的频谱效率的目的。

与传统的 MIMO 相比,Massive MIMO 的不同之处主要在于,天线趋于很多(无穷)时,信道之间趋于正交。系统的很多性能都只与大尺度相关,与小尺度无关。基站几百根天线的导频设计要耗费大量的时频资源,所以基于导频的信道估计方式不可取。TDD 可以利用信道的互易性进行信道估计,不需要导频进行信道估计。另外,在继承传统的 MIMO 技术的基础上,利用空间分集 Massive MIMO 在能量效率、安全、稳健性,以及频谱利用率上都有显著的提升。

(2)非正交多址接入技术

已有的研究表明,非正交多址(Non-Orthogonal Multiple Access,NOMA)技术不仅能进一步增加频谱效率,也是逼近多用户信道容量上界的有效手段。从系统设计角度看,它们通过时域、频域、空域/码域的非正交设计,在相同的资源上可为更多的用户服务,进而有力地提升系统容量和用户接入能力。

NOMA 的基本思路是在发送端采用功率复用,对不同的用户分配不同的功率;在接收端采用逐级删除干扰策略,即在接收信号中对用户逐个进行判决,解出该用户的信号,并将该用户信号产生的多址干扰从接收信号中删除,并对剩下的用户再进行解调,如此循环反复,直至消除所有多址干扰,实现多个用户信号的分离。

(3)超密集网络技术

超密集网络(Ultra-Dense Network,UDN)是一种网络形态,它通过部署更加"密集化"的无线接入点等基础设施,以获得更高频率的复用效率,进而在局部热点地区实现成百倍系统容量的提升。UDN 采用大功率宏小区(Microcell)为网络提供基本覆盖,并在宏小区的覆盖区域内密集部署微微小区(Picocell)、毫微微小区(Femtocell)、中继(Relay)节点等低功率小小区,来获得更高的频率复用效率,增强热点区域覆盖能力。

超密集网络导致基站微型化成为必然选择,小基站大量部署使得网络节点离终端更近。小基站发送功率较低,覆盖距离达数十米,通过数字用户线与蜂窝核心网络相连,能有效降低网络部署和运营的开销。小基站部署具有成本低、网络容量增益大,便于实现无缝切换和智能卸载等优点。

3. 5G 的应用场景

5G 移动通信发展的主要驱动力是未来移动互联网和物联网业务。5G 将满足人们在居住、工作和交通等方面各种趋于多样化的业务需求,即便在密集住宅区、办公室、体育场、露天集会、地铁、高速公路、高铁等具有超高流量密度、超高连接数密度、超高移动性特征的场景,也可以为用户提供超高清视频、虚拟现实、云桌面等业务体验。与此同时,5G 还将渗透到各种行业领域,与工业设施、医疗器械、交通工具等深度融合,实现真正的"万物互联"。

不同应用场景面临的性能挑战有所不同,从移动互联网和物联网主要场景、业务需求及挑战出发,连续广域覆盖、热点高容量、低功耗大连接和低时延高可靠等四个 5G 应用场景备受关注。连续广域覆盖和热点高容量场景主要满足 2020 年及未来的移动互联网业务需求,也是传统的 4G 主要技术场景。

(1)连续广域覆盖场景:是移动通信最基本的覆盖方式,其主要挑战在于如何随时随地为用户提供每秒百兆比特的用户体验速率。

(2)热点高容量场景:主要面向局部热点区域,每秒千兆比特的用户体验速率、每秒万兆比特的峰值速率是该场景面临的主要挑战。低功耗大连接和低时延高可靠场景主要面向物联网业务,是 5G 新拓展的场景。

（3）低功耗大连接场景：主要面向智慧城市、环境监测、智能农业、森林防火等以传感和数据采集为目标的应用场景，具有小数据包、低功耗、海量连接等特点。这类终端分布范围广、数量众多，不仅要求网络满足超高连接密度的指标要求，而且还要保证终端的超低功耗和超低成本。

（4）低时延高可靠场景：主要面向车联网、工业控制等垂直行业的特殊应用需求，这类应用对时延和可靠性具有极高的指标要求，需要为用户提供毫秒级的端到端时延和近乎100％的可靠性保证。

4. 6G 愿景与挑战

当前 5G 的目标是渗透到社会的各个领域，以用户为中心构建全方位的信息生态系统。但受限于标准化时间及相关技术发展的成熟度，在信息交互的空间深度和广度上还有很多不足：当前通信对象集中在陆地地表数千米高度的有限空间范围内；虽然考虑了物联需求，但距离真正无所不在的万物互联还有距离。尤其是随着人类活动范围的快速扩张，众多技术领域的快速进步，对更加广泛多样的信息交互提出了更高的需求。

5G 愿景"信息随心至，万物触手及"，强调信息交互、万物可连接，而且连接对象集中在陆地 10 km 高度的有限空间范围内。5G 虽然在 Rel-16 版本开始研究并标准化非陆地通信网络（Non-Terrestrial Network，NTN）技术特性，但 NTN 架构涉及的卫星通信网络与蜂窝网络标准及技术体系依然是彼此独立的，需要通过专门的网关设备连接交互，其通信能力和效率很难满足十年后的"泛在连接"需求。为满足未来"泛在连接"需求，新一代 6G 需要引入空天地海一体化网络，该网络将是一个有机整体，也即需要统一的标准协议架构和技术体系，真正实现空天地海一体化的"泛在连接"。另外，5G 海量连接特性（mMTC）强调连接数量，而不要求实时性；超可靠低时延特性（uRLLC）强调可靠性与实时性，但对连接数量和吞吐量没有需求，是以降低频谱效率和连接数量为代价实现的。而 6G 的"万物随心"愿景则同时需要海量连接、可靠性、实时性和吞吐量需求，这些对通信网络是全新的巨大挑战。因此，虽然 6G 愿景涵盖的基本概念中部分在 5G 已有涉及，但 6G 愿景提出了更高的目标，以满足未来全新的场景需求。

3.2 卫星通信

卫星通信

3.2.1 卫星通信概述

卫星通信系统是指利用人造地球卫星作为中继站转发或发射无线电波，实现两个或多个地球站之间或地球站与航天器之间通信的一种通信系统。卫星通信的概念最早由阿瑟·克拉克在 1945 年提出，1965 年美国"晨鸟"通信卫星成功发射，卫星通信技术正式进入实用阶段。早期的卫星通信系统基本实现数据通信、广播业务、电话业务等基本通信需求，在航海通信、应急通信、军事通信、偏远地区网络覆盖等应用领域发挥了不可替代的作用。随着以高频段（Ku、Ka 等）、大容量、高通量为特点的宽带通信技术的成熟，通过通信卫星实现互联网接入已经成为可能。

对卫星通信来说，由于作为中继站的卫星处于外层空间，从通信的分类上应当属于宇宙无线电通信的范畴。宇宙无线电通信是指以宇宙运动体为对象的无线电通信,简称为宇宙通信或空间通信。宇宙通信一般有4种形式。

(1)空间站之间的通信。

(2)地球站与空间站之间的通信。

(3)航天器与地球站之间利用空间站转发的通信。

(4)通过空间站的转发来进行的地球站相互间的通信。

在这里,空间站是指设在地球大气层之外的宇宙运动体(如人造通信卫星、宇宙飞船等)或其他天体(如月球、行星等)上的通信站;地球站是指设置在地球表面(包括海洋上、地面上和大气层中)用以进行空间通信的设施。通常把第(3)种、第(4)种通信形式归为卫星通信,所以卫星通信是宇宙通信的形式之一。随着空间技术及通信技术的发展,卫星通信、宇宙通信、深空通信(地球站与外太空通信站之间的通信,一般通信距离在 3×10^5 km 以上)等之间的界限越来越模糊,很多地方甚至把第(1)种、第(2)种通信形式及深空通信也认为是卫星通信,如星间链路、卫星中继链路等。

卫星通信是在地面微波中继通信和空间电子技术的基础上发展起来的,所使用的射频在微波波段,因而属于微波通信的范畴。与其他通信方式相比,卫星通信具有覆盖面积广、通信容量大、传播距离远、受地理条件限制较小、性能稳定等优点。卫星独特的广播特性使其组网灵活、易于实现多址连接,可以作为陆地移动通信的扩展、延伸、补充及备用,因此,对缺乏地面基础设施的偏远地区用户(如航空用户、航海用户),以及对网络实时性要求较高的用户具有很大的吸引力。由于卫星通信具有以上优点,因此它自诞生之日起便得到迅猛发展,成为当今通信领域中最为重要的一种通信方式。

3.2.2　卫星通信系统的组成与特点

1. 卫星通信系统的组成

卫星通信系统由于传输的业务不同,组成也不完全相同。一般来说,卫星通信系统主要由空间段和地面段两大部分组成,如图 3.2.1 所示。

(1)空间段

空间段的组成是以通信卫星为主体,结合用于卫星控制与监测的地面设备(卫星控制中心,SCC)及其跟踪、遥测和指令站(Tracking,Telemetry and Command,TT&C),以及能源装置等。

通信卫星的主要作用是对接收到的信号进行中继放大与转发,该过程由转发器(微波收信机、发信机)和天线完成。一颗卫星通常包括一个或多个转发器,每个转发器可接收转发的多个地球站信号。

(2)地面段

地面段是由多个通信地球站组成的,通信地球站由天线馈线设备、发射设备、接收设备、终端设备等组成。

① 天线馈线设备

天线是一种定向辐射和接收电磁波的装置。它的主要作用有两个:一是将发射机输出的信号发送给卫星;二是接收卫星发送的电磁波并传送给接收设备。

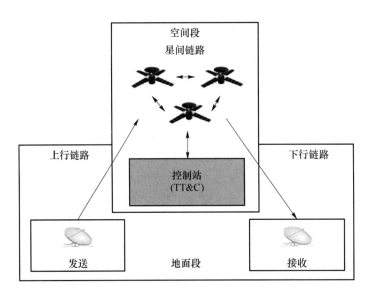

图 3.2.1　卫星通信系统的基本组成

② 发射设备

发射设备将终端输出的中频信号转化为射频信号,并进行功率放大,输出功率可由几瓦到数千瓦。

大型地球站由于业务量较大,通常采用速调管功率放大器,输出功率可达 3 000 W,中型地球站使用行波管放大器,输出功率为 100~400 W,小型地球站采用固态砷化镓场效应管放大器(又称固态功放),输出功率为 0.25~125 W。

③ 接收设备

接收设备的主要作用是对接收到的微弱卫星转发信号进行低噪声放大,并变频到中频信号,供终端设备进行解调及其他处理。

④ 终端设备

对于发送支路,信道终端的基本任务是对来自用户设备(电话、电话交换机、计算机、传真机等)的信号加以处理,使之变成适合卫星信道传输的信号形式;对于接收支路,则进行与发送支路相反的处理,将接收设备送来的信号恢复成用户的信号。对用户信号的处理可包括模拟信号数字化、信源编码解码、信道编码译码、中频信号的调制解调等。

为了保证系统的正常运行,卫星通信系统还必须配置跟踪遥测指令系统和监测管理系统。监测管理系统的任务是在业务开通前对通信卫星和地球站进行各项通信参数的测定;业务开通后,对卫星和地球站的各项通信参数进行监视和管理。卫星跟踪遥测指令系统的任务是对卫星进行准确和可靠的跟踪测量,控制卫星准确进入定点位置;卫星正常运行后,还要对它进行轨道修正、位置保持和姿态保持等控制。

由于监测管理系统和卫星跟踪遥测指令系统并不关心具体的通信业务,因此习惯上将由各类地球站和通信卫星组成的通信网络称为卫星通信系统,系统中有一个站称为中心站(中央站或主站),其他站则称为远端站(用户站、外围站或小站)。具体站型可以包括机载站、手持站、便携站、车载站等。

2. 与地面通信相比的主要优点

(1) 覆盖范围广

卫星覆盖区域大,并且在该范围内的通信不受地理条件或通信对象的限制。随着卫星成功进入轨道,相当于在全国乃至全球铺设了一张可以覆盖到任何角落的无形链路。卫星每个波束的覆盖半径可由 100 km 到 1 000 km,对静止轨道卫星来说,通常使用 3 颗卫星即可实现全球的无缝覆盖。

(2)通信距离远

卫星通信距离远,且通信费用与通信距离无关,例如,静止轨道卫星的通信距离可达 36 000 km,建站费用与运营费用不会根据信关站之间的距离或两站之间地理条件的恶劣程度决定。该特点比地面微波中继、电缆、光缆、短波通信等有明显优势。

(3)信道质量高

卫星通信的电波主要在大气层以外的宇宙空间传输,宇宙空间接近真空状态,因此可视为均匀介质,电波传输较稳定。在进入大气层之后,同样受地形、地物、天气的影响较小,且不易受自然或人为干扰以及通信距离变化的限制。

(4)通信链路灵活

地面微波通信需要对地势情况进行考量,避开高空遮挡,并考虑实际搭建基站的问题,在高空、海洋、沙漠地带均无法实现通信。而卫星通信可以很好地解决地面通信受限的问题,具有较大灵活性。

(5)通信方式多样

卫星通信不仅能作为大型地球站之间的远距离通信干线,并且可以为车载、船载、机载、地面小型终端以及个人移动终端提供通信,能够根据需要迅速建立同各个方向的通信联络,在短时间内将通信网延伸至新的区域,帮助设施遭到破坏的地区迅速恢复通信。

(6)具有多址连接能力

通常微波接力、散射、地下电缆等都是干线或点对点通信,而卫星通信系统则类似于一个多发射台的广播系统。每个有发射机的地球站都是一座广播发射台,在卫星天线波长的覆盖区域内,无论什么地方,都可以接收到所有的广播。而我们可以通过接收机选出所需要的一个或几个发射台的信号。这种能同时实现多方向、多地点通信的能力,称为多址连接。这个特点是卫星通信系统的突出优点。

3. 与地面通信相比的缺点

(1)信号传播延迟大

卫星距离地球上万千米,例如,静止轨道卫星距离地面大约 36 000 km,这使得从地球站发射信号经过卫星转发到另一个地球站或终端时,单程传播时间约为 0.27 s,双向通信时,一问一答往返时延在 0.54 s 左右。这种特点使通信双方感觉不自然,更重要的是会令某些地面通信技术无法正常使用。这是卫星通信最明显的缺点。

(2)卫星功率受限

卫星通信与地面通信系统不同,卫星系统性能的高低与卫星的制造水平有着紧密的联系,整星功率的大小是限制卫星通信水平的重要因素。高功率会带来高能耗,高能耗又会带来高热量,以致大量的热能在太空中无法散去,最终使卫星寿命大幅缩短。

(3)卫星通信需要有高可靠、长寿命的通信卫星

实现卫星通信必须有高可靠、长寿命的通信卫星,由于一个通信卫星内要装几万个电子元件和机械零件,为了提高通信卫星的可靠性和寿命,必须选用宇航级的元器件,并作大量的寿命和可靠性试验。目前低轨通信卫星的寿命一般在 5 年左右,同步通信卫星的寿命一

般在 15 年左右。

4. 卫星通信使用的频段

在卫星通信中,工作频段的选择会直接影响整个卫星通信系统的通信容量、质量、可靠性、卫星转发器与地球站的发射功率、天线口径大小、设备复杂程度以及成本高低等。工作频段选择主要考虑以下因素。

(1)电磁波可穿越电离层。

(2)电磁波传输损耗较小。

(3)天线系统引入的外部噪声较小。

(4)可用频带较宽。

(5)与其他通信系统干扰较小。

综上考虑,卫星通信的频段应选在微波频段(300 MHz～300 GHz),该频段根据波长长短分为分米频段(又称特高频 UHF,频率为 0.3～3 GHz,波长为 100～10 cm)、厘米频段(又称超高频 SHF,频率为 3～30 GHz,波长为 10～1 cm)、毫米频段(又称极高频 EHF,频率为 30～300 GHz,波长为 1 cm～1 mm)。表 3.2.1 所示为对微波频段的进一步划分。

表 3.2.1　微波频段

微波频段	频段范围/GHz	微波频段	频段范围/GHz	微波频段	频段范围/GHz
L	1～2	K	18～26	E	60～90
S	2～4	Ka	26～40	W	75～110
C	4～8	Q	33～50	D	110～170
X	8～12	U	40～60	G	140～220
Ku	12～18	V	50～75	Y	220～235

卫星通信使用的频段主要是 C 和 Ku 频段,随着卫星通信技术的飞速发展,业务量增加,C 和 Ku 频段使用过于拥挤,所以需要开发新的频段。早在 20 世纪 70 年代末、80 年代初,美国、加拿大、日本以及欧洲一些国家就已开始进行 Ka 频段的开发工作,由于 Ka 频段雨衰比 Ku 频段更大,对器件和工艺的要求更高,一直发展缓慢。随着 C 和 Ku 频段的卫星轨位资源日趋枯竭,频率带宽日趋紧张受限,特别是硬件制造水平的提高,近 10 年来 Ka 频段的发展迅猛。在 Ka 频段开发完成后,部分技术先进的国家开始向更高频段,如 Q、V 频段发展。

3.2.3　卫星通信的发展现状与发展趋势

1. 卫星通信的发展现状

作为卫星物联网的雏形,基于卫星通信系统实现数据采集、系统监控、跟踪定位、报文传递等方面的应用,按照卫星轨道高度可分为低轨、中轨和高轨系统。

(1)高轨道卫星移动通信系统

高轨道卫星移动通信又叫地球静止轨道通信卫星,它的优点是只需 3 颗卫星就可覆盖除两极以外的全球区域,现已成为全球洲际及远程通信的重要工具。对于区域移动卫星通信系统,采用静止轨道一般只需要一颗卫星,建设成本较低,因此应用广泛。典型代表是国际移动卫星系统(Inmarsat)、亚洲蜂窝卫星(Asian Cellular Satellite,ACeS)系统、舒拉亚卫星系统(Thuraya)和天通一号卫星移动通信系统。

- 国际移动卫星系统(Inmarsat)。Inmarsat 原为国际海事卫星系统,它是由国际移动卫星公司经营的全球卫星移动通信系统。自 1982 年开始运营以来,该系统卫星已发展到第 4 代,且其第 5 代也已在开发之中。现在国际移动卫星公司已发展成为世界上唯一能为海、陆、空各行业用户提供全球化、全天候、全方位公众通信和遇险安全通信服务的企业。目前 Inmarsat 利用全球 11 颗 GEO 卫星组成的 3 个星座在全球范围提供卫星移动通信服务。

- 亚洲蜂窝卫星(ACeS)系统。ACeS 系统是由印度尼西亚等国家建立起来的区域性个人卫星移动通信系统,覆盖东亚、东南亚和南亚地区,它的覆盖面积超过 $2.848 \times 10^7 \ \mathrm{km}^2$,覆盖区国家总人口数约 30 亿。ACeS 系统能够向地面上固定式、移动式、便携式和手持式等各类用户终端提供双模(卫星-GSM900)的话音、传真、低速数据、互联网服务及区域性漫游等业务。

(2) 中轨道卫星移动通信系统

中轨道卫星移动通信系统高度约为 10 000 km,中轨道卫星移动通信系统中最广为人知的是 Odyssey 系统和 ICO 系统,另外,欧空局也曾设计了一个 MAGSS-14 系统,但由于一些商业原因,直到目前仍未成功运行。新的 O3b 中轨道卫星通信系统主要提供卫星宽带接入服务。

- 奥德赛(Odyssey)系统。Odyssey 系统是由 TRW 公司推出的中轨道卫星移动通信系统。Odyssey 系统可以作为现存陆地蜂窝移动通信系统的补充和扩展,支持动态、可靠、自动、用户透明的服务。系统最主要的用户终端是手持机,系统可以提供各种业务,包括语音、传真、数据、寻呼、报文、定位等。

- ICO 系统。ICO 全球卫星移动通信系统与现有地面固定和移动通信网相连,构建了一个完整的天地结合的系统,利用多模手机或其他终端实现随时随地通信。

(3) 低轨道卫星移动通信系统

由于低轨卫星移动通信系统的轨道很低,一般为 600~2 000 km,具有信号路径衰耗小、信号时延短、卫星研制周期短、费用低、可做到真正的全球覆盖等优点。因此,自 20 世纪 90 年代以来,低轨道卫星移动通信系统广受关注。典型的低轨道卫星移动通信系统包括 Iridium、Globalstar、Orbcomm、Starlink 等。

- Iridium 系统。Iridium(铱)系统是由 66 颗低轨道卫星组成的低轨道卫星全球移动通信系统,1998 年 11 月开始商业运营,2000 年 3 月破产,2001 年新的铱卫星公司成立,并重新提供通信服务。该系统全球覆盖包含两极地区,星上转发器采用先进的处理和交换技术,多点波束天线,且有星际链路,是最先进的低轨道卫星通信系统;其星间链路和馈线链路为 Ka 频段,用户链路为 L 频段,它提供电话、传真、数据和寻呼等业务。

- Starlink 系统。Elon Musk 的 SpaceX 计划利用自己的猎鹰 9 号可回收火箭,建立一个由超过 1 万颗低轨通信卫星组成的互联网星座,为全球客户提供高速宽带互联网服务。2018 年 3 月和 11 月,美国联邦通信委员会(FCC)先后批准 SpaceX 公司提交的互联网卫星发射计划。第一批卫星包括 4 425 颗低轨卫星,轨道高度分布于

550/1 110/1 130/1 275/1 325 km 5 个不同高度上,2019 年 12 月 FCC 批准 SpaceX 将之前的 24 个 550 km 轨道面增加至 72 个,每一轨道面的卫星数量从 66 颗降至 22 颗,550 km 高度核心星座数量降低至 1 584 颗;第二批卫星为轨道高度在 334～346 km 之间的 7 518 颗卫星,下行频率为 37.5～42 GHz,上行频率为 47.2～51.4 GHz。Starlink 系统将主要被用于为全球个人用户、商业用户、机构用户、政府和专业用户提供各种宽带和通信服务,部署 1 600 颗卫星就能提供覆盖全球的宽带服务,系统建成后能为全球消费者和商业用户提供高带宽(最高每用户 1 Gbit/s)、低延时的宽带服务。

国内目前主要有"鸿雁"和"虹云"等卫星通信系统。鸿雁全球卫星星座通信系统是中国航天科技集团公司计划 2020 年建成的项目,而自 2018 年成功发射了首发星之后,目前国家相关部门正在进行统筹规划,原计划将出现重大变化。该系统将由 300 颗低轨道小卫星及全球数据业务处理中心组成,具有全天候、全时段及在复杂地形条件下的实时双向通信能力,可为用户提供全球实时数据通信和综合信息服务。

作为复合型、宽领域的星座系统,鸿雁星座集成了数据采集、数据交换、ABS-B、AIS、移动广播、导航增强等多项卫星应用功能,特别适合于海洋海事、交通运输、气象环境、石油和天然气、农林业、电力等需要对目标进行远距离采集、监测的物联网应用行业。对于个人用户来说,鸿雁星座的双向数据交互功能可以保证这些用户在无国内地面网络覆盖的区域,如科考、登山、探险等活动的通信需求,同时可以为应急救援提供有力保障。

虹云工程是中国航天科工五大商业航天工程之一,脱胎于中国航天科工的"福星计划",计划发射 156 颗卫星,它们在距离地面 1 000 km 的轨道上组网运行,构建一个星载宽带全球移动互联网络,实现网络无差别的全球覆盖。

按照规划,整个虹云工程被分解为"1＋4＋156"三步。第一步计划在 2018 年前,发射第一颗技术验证星,实现单星关键技术验证;第二步到"十三五"末,发射 4 颗业务试验星,组建一个小星座,让用户进行初步业务体验;第三步到"十四五"末,实现全部 156 颗卫星组网运行,完成业务星座构建。2019 年 11 月 22 日,据央视新闻报道,中国首个天基互联网系统"虹云工程"已于 2020 年投入示范应用。

2. 卫星通信的发展趋势

(1) 多种功能融合

目前,卫星移动通信系统的主要业务内容是面向全球或区域范围内用户提供话音、数据、短消息等移动通信服务。下一步,通过融合导航增强、多样化遥感等多种技术手段,扩展卫星移动通信系统的服务功能,将能实现通、导、遥的信息一体化。这样卫星移动通信系统终端在支持卫星移动通信的同时,还可以提供导航增强、航空监视和热点信息广播等服务。因此,下一代的卫星移动通信系统必将扩展它的业务范围,实现多种功能的融合发展。

(2) 卫星激光通信

由于激光具备方向性强、单色性好、光功率集中、相干性强等特点,下一代的卫星通信还可以开辟全新的通信频道,向着利用激光束作为通信链路的方向发展。用激光进行卫星间通信,使得卫星激光通信能够具有传输速率高、可利用频带宽、安全性(可靠性)高、保密性强以及终端设备体积小、质量轻、功耗低等优点。通过发展小卫星星座间激光星间链路,可以解决现有通信容量有限的问题,以支持大型节点的高速数据或国际干线间的超大容量信息传输。

（3）海地空天一体化通信

在传统地面移动网络的基础上，发展与深海远洋通信（水下通信）和卫星移动通信（非陆地通信）的深度融合，扩展现有各类通信手段的覆盖广度和深度，实现海地空天一体化通信的目标。海地空天一体化网络是以地面网络为基础、以空间网络为延伸，覆盖海洋、陆地、太空、空中等自然空间，为海基（海洋水下、远洋船只、悬浮岛屿等通信网络）、陆基（地面蜂窝网络）、天基（卫星通信网络）、空基（飞机、无人机等通信网络）等各类用户的活动提供信息传输的基础设施，将具备泛在覆盖、地面网络依赖程度低、网络弹性更高等特点，为用户的信息传递提供不受时间、不受空间限制的海地空天四位一体的融合服务。

（4）卫星通信与 5G 融合

5G 网络的部署给了卫星通信新的发展机会，作为实现 5G 网络万物互联愿景中不可或缺的重要一环，卫星通信利用高、中、低轨组网可以实现区域乃至全球覆盖。地面 5G 网络与卫星移动通信系统相融互通，取长补短，地面 5G 网络具备的灵活高效的应用服务模式、巨大的用户群体、完善的产业链等巨大优势得以充分发挥，满足用户无处不在的多种业务需求，共同构建空天一体化、全球无缝覆盖的综合通信网。地面 5G 网络与卫星移动通信系统融合后，可以通过卫星移动通信系统将地面 5G 网络延伸到原先无法到达的山区、海岛以及飞机、舰船上，为不同类型用户提供经济可靠的多样化网络服务。卫星移动通信系统还可以大幅度增强 5G 系统在移动平台的服务支撑能力，可以为物联网设备以及汽车、火车、轮船、飞机等移动平台提供连续不间断的网络连接。利用卫星优越的广播/多播能力，还可以拓展地面 5G 网络的业务服务范围，为网络边缘及用户终端提供更加高效的数据分发服务。

3.3　短距离无线通信

短距离无线通信

一般意义上，只要能够满足通信双方以无线方式传输信息，通信距离限制在较短的范围内（一般在几十米、100 m 或 200 m 之内），发射功率较低（一般小于 100 mW），可以自由地连接各种电子电气设备、计算机外部设备等，实现信息共享和多业务的无线传输技术，都可以称为短距离无线通信。

作为新一代信息技术的重要组成部分，物联网是一种按事先约定的协议，把任何物品与互联网相连接，进行信息交换和通信，以实现对物品的智能化识别、定位、跟踪、监控和管理等功能的通信网络。其以互联网为其核心和基础，并以各种短距离无线通信技术作为延伸和扩展。短距离无线通信技术具有以下特征。

（1）低成本（客观要求）：由于各种通信终端的产销量都很大，要提供终端间的直通能力，没有足够低的成本是很难推广的。

（2）低功耗（独有特点）：由于传播距离近，通信双方之间几乎无障碍物，发射功率普遍都很低。

（3）对等通信（重要特征）：短距离无线通信技术无须网络设备进行中转，因此空中接口设计和高层协议都相对比较简单，无线资源的管理通常采用竞争的方式（如载波侦听）。此特征有别于基于网络基础设施的无线通信技术。

目前使用较广泛的短距离无线通信技术包括蓝牙、ZigBee、射频识别(RFID)、近场通信(NFC)、Wi-Fi 等。这些短距离无线通信技术各自遵守的协议、采用技术不同,使其适用场景,以及在传输速度、距离等方面的要求也各不相同。

3.3.1 Wi-Fi 技术

Wi-Fi 是一种可以将个人计算机、手持设备(如 PDA、手机)等终端以无线方式互相连接的无线局域网技术。Wi-Fi 规定了物理层(PHY)和媒体接入层(MAC),并依赖 TCP/IP 作为网络层。随着技术的发展,以及 IEEE 802.11b、IEEE 802.11a、IEEE 802.11g 及 IEEE 802.11n 等标准的相继出现,现在 IEEE 802.11 这个标准已被统称作 Wi-Fi。

1. Wi-Fi 的技术特点

(1)室内覆盖范围较大,整个建筑物中都能使用。基于蓝牙的无线电波覆盖范围非常小,半径只有 50 ft 左右,约合 15 m,而 Wi-Fi 的半径则可达 300 ft 左右,约合 100 m,不仅办公室能够被完全覆盖,甚至在整个大的建筑物中也可使用。

(2)无线传输速度较快,符合个人和社会信息化的需求。尽管 Wi-Fi 技术的无线传输质量不高,数据安全性能也较差,但是其传输速度非常快,可以达到 54 Mbit/s,能够很好地满足人们的日常需求。

(3)组网和设备部署简易。只需要在机场、车站、咖啡店、图书馆等人员较密集的地方设置无线接入的"热点",并通过高速线路将互联网接入上述场所。由于"热点"所发射出的电波可以到达距接入点半径数十米至百米的区域,用户只要携带支持 WLAN 的笔记本或其他手持设备进入该区域,即可高速接入互联网。

(4)无须布线,不受布线条件的限制,灵活性强。Wi-Fi 最主要的优势就在于不需要布线,可以不受布线条件的限制,因此非常适合移动办公用户的需要,目前它已经从传统的医疗保健、库存控制和管理服务等特殊行业向更多行业拓展开去,开始进入家庭以及教育机构等领域。

2. IEEE 802.11 技术标准

Wi-Fi 是 Wi-Fi 联盟制造商的商标,可作为产品的品牌认证,是一个建立于 IEEE 802.11 标准的无线局域网络(WLAN)设备。IEEE 802.11 工作于 2.4 GHz 频段,理论值的最高速率为 2 Mbit/s,但随着网络的发展,特别是 IP 语音、视频数据流等高带宽网络的频繁应用,IEEE 802.11b、IEEE 802.11a 以及 IEEE 802.11g 等标准相继出现。

(1) IEEE 802.11b

1999 年 9 月,IEEE 802.11b 被正式批准,该标准规定 WLAN 工作频段为 2.4~2.483 5 GHz,数据传输速率达到 11 Mbit/s,传输距离控制在 50~150 ft。该标准是对 IEEE 802.11 的一个补充,采用补偿编码键控调制方式,采用点对点模式和基本模式两种运作模式,在数据传输速率方面可以根据实际情况在 11 Mbit/s、5.5 Mbit/s、2 Mbit/s、1 Mbit/s 的不同速率间自动切换,它改变了 WLAN 设计状况,扩大了 WLAN 的应用领域。

(2) IEEE 802.11a

1999 年,IEEE 802.11a 标准制定完成,该标准规定 WLAN 的工作频段在 5.15~8.825 GHz,数据传输速率达到 54 Mbit/s、72 Mbit/s(Turbo),传输距离控制在 10~100 m。该标准也是 IEEE 802.11 的一个补充,扩充了标准的物理层,采用正交频分复用(OFDM)的独特扩频技术,采用 QFSK 调制方式,可提供 25 Mbit/s 的无线 ATM 接口和 10 Mbit/s 的以太网无线帧结构接口,支持多种业务如语音、数据和图像等,一个扇区可以接入多个用户,每个用户可带多个用户终端。

（3）IEEE 802.11g

2003 年,IEEE 推出 IEEE 802.11g 认证标准,该标准工作频段为 2.4 GHz,该标准提出拥有 IEEE 802.11a 的传输速率,安全性较 IEEE 802.11b 好,采用两种调制方式,含 802.11a 中采用的 OFDM 与 IEEE 802.11b 中采用的 CCK,可以与 802.11a 和 802.11b 兼容。

（4）IEEE 802.11n

2009 年,IEEE 推出 IEEE 802.11n 认证标准,该标准可以工作在 2.4 GHz 和 5 GHz 两个频段,提供最大 600 Mbit/s 的数据传输速率,速率的提升主要得益于将 MIMO（多入多出）与 OFDM（正交频分复用）技术相结合而应用的 MIMO OFDM 技术,提高了无线传输质量,传输距离也大大增加,可以稳定地提高网络吞吐量。

（5）IEEE 802.11ac/ax

IEEE 802.11ac 是 802.11n 的继承者,工作在 5.8 GHz,用于中短距离无线通信。2013 年,IEEE 推出 IEEE 802.11ax 认证标准,802.11ax 是在 802.11ac 以后无线局域网协议本身的进一步扩展,可以当作 ac 以后的一个直系版本。其初始的命名代号为 HEW（High Efficiency WLAN）。802.11ax 的设计场景初始关注的就是密集环境,换言之,其初始设计思想就会和传统的 802.11 存在一定的区别。而且 802.11ax 的设计也并没有在当前 802.11ac 的 160 MHz 带宽上新增更大的带宽（其实也是因为在 2.4 GHz 和 5 GHz 频谱资源下,无法找到更大带宽的信道）。所以协议初始命名代号 HEW 中的 Efficiency（效率）也是希望更加有效地使用当前的频段资源,从而提供更高的实际网络速率。我们可以简单总结 802.11ax 的特点如下。

① 协议兼容性:802.11ax 要求与以往的 802.11a/b/h/n/ac 都进行兼容,这也证明了其是第二款能同时工作在 2.4 GHz 和 5 GHz 频段下的协议（802.11ac 仅工作在 5 GHz 频段）。故在其数据帧结构和 MAC 接入协议上,都需要兼容设计,以便于传统协议兼容。

② 更好的节能性,用以增加移动设备的续航能力。

③ 更高的传输速率以及覆盖范围:在 802.11ax 中,更高的速率分别体现在 PHY 层和 MAC 层的改进上,其具体改进如下。

- 提供更高阶的编码组合（MCS10 和 MCS11）。其中主要是 QAM-1024 的引入,在 802.11ac 中,最高阶是 256QAM。
- 引入上行 MU-MIMO。在 802.11ac 中,协议只规定了下行的 MU-MIMO。上行还是单个节点独立传输的,而在 802.11ax 中,上下行都需要支持 MU-MIMO。
- 引入 OFDMA 技术。802.11ax 设计中参考了 LTE 中 OFDMA 的使用,可以让多个用户通过不同子载波资源同时接入信道,提高信道的利用率。不过因为 802.11 是一个分布式接入的场景,所以 802.11ax 中的 OFDMA 实际是比 LTE 中复杂度要低一些。

（6）IEEE 802.11ad/ay

802.11ad 主要用于实现家庭内部无线高清音视频信号的传输,为家庭多媒体应用带来更完备的高清视频解决方案。802.11ad 抛弃了拥挤的 2.4 GHz 和 5 GHz 频段,而是使用高

频载波的 60 GHz 频谱。由于 60 GHz 频谱在大多数国家有大段的频率可供使用,因此
802.11ad 可以在 MIMO 技术的支持下实现多信道的同时传输,而每个信道的传输带宽都将
超过 1 Gbit/s。新的 802.11ad 标准(通常称为 WiGig)将使用许多与 802.11ac 相同的技术
实现最高 7 Gbit/s 的数据传输速度。然而,802.11ad 使用了完全不同的频道,因此会将
WLAN 的总可用频谱提升一个数量级。802.11ay 是 802.11ad 的后续升级版,同样工作在
超高速且干扰率低的 60 GHz 频段,同时解决了 802.11ad 几乎无法穿墙的问题,传输距离高
达 300~500 m,覆盖频宽高达 8.64 GHz,2.0 版本目标速率高达 176 Gbit/s(即 22 GB/s)。

3.3.2 蓝牙技术

1. 蓝牙技术简介

蓝牙(Bluetooth)技术实际上是一种短距离无线通信技术。利用蓝牙技术,能够有效地
简化掌上电脑、笔记本计算机和手机等移动通信终端设备之间的通信,也能够成功地简化以
上这些设备与 Internet 之间的通信,从而使这些现代通信设备与 Internet 之间的数据传输
变得更加迅速高效,为无线通信拓宽道路。通俗地说,就是蓝牙技术使得一些轻便易携带的
现代移动通信设备和终端设备不必借助电缆就能实现无线上网。蓝牙的实际应用范围还可
以拓展到各种家电产品、消费电子产品和汽车等信息家电,组成一个巨大的无线通信网络。

蓝牙协议的标准版本为 IEEE 802.15.1,基于蓝牙规范 V1.1 实现,后者已构建到现行
的很多蓝牙设备中。新版 IEEE 802.15.1a 基本等同于蓝牙规范 V1.2 标准,具备一定的
QoS 特性,并完整保持向后兼容性。IEEE 802.15.1a 的 PHY 层中采用先进的扩频跳频技
术,提供 10 Mbit/s 的数据速率。另外,在 MAC 层中改进了与 802.11 系统的共存性,并提
供增强的语音处理能力、更快速的建立连接能力、增强的服务品质以及提高蓝牙无线连接安
全性的匿名模式。

2010 年 7 月,蓝牙技术联盟(Bluetooth SIG)宣布正式采纳蓝牙 4.0 核心规范,并启动
对应的认证计划。蓝牙 4.0 实际上是个三位一体的蓝牙技术,它将三种规格(分别是传统蓝
牙、低功耗蓝牙和高速蓝牙技术)合而为一,这三个规格可以组合或者单独使用。蓝牙 4.0
的标志性特色是 2009 年年底宣布的低功耗蓝牙无线技术规范。蓝牙 4.0 最重要的特性是
功耗低,极低的运行和待机功耗可以使一粒纽扣电池连续工作数年之久。此外,低成本和跨
厂商互操作性、3 ms 低延迟、100 m 以上的超长传输距离、AES-128 加密等诸多特色,使其可
以用于计步器、心律监视器、智能仪表、传感器物联网等众多领域,大大扩展了蓝牙技术的应
用范围。蓝牙 4.0 依旧向下兼容,包含经典蓝牙技术规范和最高速度 24 Mbit/s 的蓝牙高
速技术规范。

2. 蓝牙技术特点

蓝牙是一种短距离无线通信的技术规范,它起初的目标是取代现有的计算机外设、掌上
电脑和移动电话等各种数字设备上的有线电缆连接。蓝牙规范在制定之初,就建立了统一
全球的目标,其规范向全球公开,工作频段为全球统一开放的 2.4 GHz ISM 频段。从目前
的应用来看,由于蓝牙在小体积和低功耗方面的突出表现,它几乎可以被集成到任何数字设
备之中,特别是那些对数据传输速率要求不高的移动设备和便携设备。蓝牙技术标准制定

的目标如下。

（1）全球范围适用

蓝牙工作在2.4 GHz的ISM频段，全球大多数国家ISM频段的范围是2.4～2.483 5 GHz，使用该频段无须向各国的无线电资源管理部门申请许可证。

（2）可同时传输语音和数据

蓝牙采用电路交换和分组交换技术，支持异步数据信道、三路语音信道或异步数据和同步语音同时传输的信道。其中每个语音信道为64 kbit/s，语音信号的调制采用脉冲编码调制（Pulse Code Modulation，PCM）或连续可变斜率增量调制（Continuous Variable Slope Delta，CVSD）。对于数据信道，如果采用非对称数据传输，则单向最大传输速率为721 kbit/s，反向为57.6 kbit/s；如果采用对称数据传输，则速率最高为342.6 kbit/s。蓝牙定义了两种链路类型：异步无连接（AsynChronous Connectionless，ACL）链路和面向同步连接（Synchronous Connection-Oriented，SCO）链路。ACL链路支持对称或非对称、分组交换和多点连接，主要用来传输数据；SCO链路支持对称、电路交换和点到点的连接，主要用来传输语音。

（3）可以建立临时性的对等连接

蓝牙设备根据其在网络中的角色，可以分为主设备（Master）和从设备（Slave）。蓝牙设备建立连接时，主动发起连接请求的为主设备，响应方为从设备。当几个蓝牙设备连接成一个微微网（Piconet）时，其中只有一个主设备，其余的均为从设备。微微网是蓝牙最基本的一种网络，由一个主设备和一个从设备所组成的点对点的通信是最简单的微微网。

（4）具有很好的抗干扰能力

工作在ISM频段的无线电设备有很多种，如家用微波炉、无线局域网（Wireless Local Area Network，WLAN）和HomeRF等技术产品，蓝牙为了很好地抵消来自这些设备的干扰，采取了跳频（Frequency Hopping）方式来扩展频谱（Spread Spectrum），将2.402～2.48 GHz的频段分成79个频点，每两个相邻频点间隔1 MHz。数据分组在某个频点发送之后，再跳到另一个频点发送，而对于频点的选择顺序则是伪随机的，每秒频率改变1 600次，每个频率持续625 μs。

（5）开放的接口标准

SIG为了推广蓝牙技术的使用，将蓝牙的技术标准全部公开，全世界范围内的任何单位和个人都可以进行蓝牙产品的开发，只要最终通过SIG的蓝牙产品兼容性测试，就可以推向市场。这样一来，SIG就可以通过提供技术服务和出售芯片等业务获利，同时大量的蓝牙应用程序也可以得到大规模推广。

3. 蓝牙技术应用

蓝牙无线技术的应用大体上可以划分为替代线缆（Cable Replacement）、互联网桥（Internet Bridge）和临时组网（Ad Hoc Network）3个领域。

（1）替代线缆

1994年，爱立信公司就将其作为替代设备之间线缆的一项短距离无线技术。与其他短距离无线技术不同，蓝牙从一开始就定位于结合语音和数据应用的基本传输技术。最简单的一种应用就是点对点（Point to Point）的替代线缆，如耳机和移动电话、笔记本计算机和移动电话、PC和PDA（数据同步）、数码相机和PDA以及蓝牙电子笔和电话之间的无线连接。

围绕替代线缆再复杂一点的应用就是多个设备或外设在一个简单的个域网(PAN)内建立通信连接,如在台式计算机、鼠标、键盘、打印机、PDA 和移动电话之间建立无线连接。为了支持这种应用,蓝牙还定义了"微网"(Piconet)的概念,同一个 PAN 内至多有 8 个数据设备,即 1 个主设备和 7 个从设备共存。

(2) 互联网桥

蓝牙标准还更进一步地定义了"网络接入点"(Network Access Point)的概念,它允许一台设备通过此网络接入点来访问网络资源,如访问 LAN、Intranet、Internet 和基于 LAN 的文件服务和打印设备。而且这种网络资源不仅仅可以提供数据业务服务,还可以提供无线的语音业务服务,从而可以实现蓝牙终端和无线耳机之间的移动语音通信。接入点和微型网的结合,可以极大地扩充网络基础设施,丰富网络资源,从而最终实现不同类型和功能的多种设备依托此种网络结构共享语音和数据业务服务。

建立这样一个安全和灵活的蓝牙网络需要以下 3 部分软件和硬件设施:一是蓝牙接入点(Bluetooth Access Point,BAP),它们可以安装在提供蓝牙网络服务的公共、个人或商业性建筑物上,目前大多数接入点只能在 LAN 和蓝牙设备之间提供数据业务服务,而少数高档次的系统可以提供无线语音连接;二是本地网络服务器(Local Network Server),此设备是蓝牙网络的核心,它提供基本的共享式网络服务,如接入 Internet、Intranet 和连接基于 PBX 的语音系统等;三是网络管理软件(Network Management Software),此软件也是网络的核心,集中式管理的形式能够提供诸如网络会员管理、业务浏览、本地业务服务、语音呼叫路由、漫游和计费等功能。蓝牙无线网络结构如图 3.3.1 所示。

(3) 临时组网

上述"网络接入点"是基于基础设施网络(Infrastructured Network)的,即网络中存在固定的、有线连接的网关。蓝牙标准还定义了基于无基础设施网络(Infrastructure-less Network)的"散射网"(Scatternet)的概念,意在建立完全对等(P2P)的 Ad Hoc Network。所谓的 Ad Hoc Network 是一个临时组建的网络,其中没有固定的路由设备,网络中所有的节点都可以自由移动,并以任意方式动态连接(随时都有节点加入或离开),网络中的一些节点客串路由器来发现和维持与网络其他节点间的路由。Ad Hoc Network 应用于紧急搜索和救援行动中、会议和大会进行中及参加人员希望快速共享信息的场合。

3.3.3 ZigBee 技术

1. ZigBee 技术简介

在蓝牙技术的使用过程中,人们发现蓝牙技术尽管有许多优点,但仍存在许多缺陷。对工业、家庭自动化控制和遥测遥控领域而言,蓝牙技术显得太复杂、功耗大、距离近、组网规模太小等。在上述应用中,系统所传输的数据量小、传输速率低,系统所使用的终端设备通常为采用电池供电的嵌入式系统,因此,这些系统必须要求传输设备具有成本低、功耗小的特点。应此要求,2000 年 12 月 IEEE 成立了 IEEE 802.15.4 工作组,该小组制定的 IEEE 802.15.4 标准是一种经济、高效、低数据速率(小于 250 kbit/s)、工作在 2.4 GHz 和 868/928 MHz 的无线通信技术,用于个域网和对等网状网络。

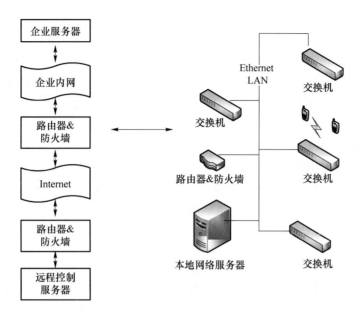

图 3.3.1 蓝牙无线网络结构

ZigBee 正是基于 IEEE 802.15.4 无线标准研制开发的。ZigBee 是一种新兴的短距离、低复杂度、低功耗、低数据速率、低成本的无线网络技术,是一种介于无线标记技术和蓝牙之间的技术提案,主要用于近距离无线连接。它依据 IEEE 802.15.4 标准,在数千个微小的传感器之间相互协调实现通信。这些传感器只需要很少的能量,以接力的方式通过无线电波将数据从一个网络节点传到另一个节点,所以它们的通信效率非常高。

2. ZigBee 技术特点

(1) 低功耗、低成本

在低功耗待机状态下,两节五号干电池可以使用 6~24 个月,甚至更长,从而免去了充电或者频繁更换电池的麻烦。这是 ZigBee 的突出优势,特别适用于无线传感器网络。相比较而言,蓝牙能工作数周,Wi-Fi 可工作数小时。而且 ZigBee 免协议专利费。每块芯片的价格低于 1 美元。

(2) 数据传输速率低

ZigBee 工作在 20~250 kbit/s 的较低速率,它分别提供 250 kbit/s(2.4 GHz)、40 kbit/s(915 MHz)和 20 kbit/s(868 MHz)的原始数据吞吐率,满足低速率传输数据的应用需求。

(3) 低时延

ZigBee 的响应速度快,一般从休眠转入工作状态只需要 15 ms,节点接入网络只需30 ms,节点连接进入网络只需 30 ms,进一步节省了电能。相比较而言,蓝牙需要 3~10 s,Wi-Fi 需要 3 s。

(4) 大容量、安全性高

ZigBee 可采用星状、片状和网状网络结构,由一个主节点管理若干子节点。每个ZigBee 网络最多可支持 255 个设备,也就是说,每个 ZigBee 设备可以与另外 254 台设备相连接;同时主节点还可由上一层网络节点管理,最多可组成 65 000 个节点的大网,而且ZigBee 提供了数据完整性检查和鉴权能力,采用 AES-128 加密算法,同时可以灵活确定其安全属性。

当然,ZigBee 最显著的技术特性是它的低功耗和低成本。由于采用较低的数据传输速率、较低的工作频段和容量更小的 Stack,并且将设备的 ZigBee 模块在未投入使用的情况定义为低功耗的休眠状态,ZigBee 模块的整体功耗非常低。据称,根据现有的 ZigBee 技术规格制造的产品,在绝大多数目标应用场合下仅靠 2 节标准 5 号电池就可以持续工作 6 个月至两年。另外,ZigBee 模块是集成度很高的单芯片,成本非常低。

3. ZigBee 技术应用

ZigBee 支持小范围的基于无线通信的控制和自动化等领域,ZigBee 联盟预测的主要应用领域包括工业控制、传感器的无线数据采集和监控、物流管理、消费性电子装置、汽车自动化、家庭和楼宇自动化、遥测遥控、农业自动化、医用装置控制、计算机外设、玩具和游戏机等。

(1)在家庭和楼宇自动化领域

家庭自动化系统和楼宇自动化领域作为电子技术的集成得到迅速发展。易于进入、简单明了和廉价的安装成本等成了驱动自动化家居和建筑物开发与应用无线技术的主要原因。未来的家庭将会有 50～150 个支持 ZigBee 的模块被安装在电视、灯泡、遥控器、儿童玩具、游戏机、门禁系统、空调系统、烟火检测器、抄表系统、无线报警、安保系统、HVAC、厨房器械和其他家电产品中,通过 ZigBee 收集各种信息传送到中央控制装置,或通过遥控达到远程控制的目的,促使家居生活向自动化、网络化与智能化发展,以有效增加人们居住环境的方便性与舒适度。数字家庭应用比较偏向于老年看护、防盗防窃以及节能控制等方面。

(2)在医学领域

借助于各种传感器和 ZigBee 网络,准确而且实时地监测病人的血压、体温和心跳速度等信息,从而减少医生查房的工作负担,有助于医生作出快速反应,特别是对重病和病危患者的监护和治疗。带有微型纽扣电池的自动化、无线控制的小型医疗器械将能够深入患者体内完成手术,从而在一定程度上减轻患者开刀的痛苦。

(3)在汽车领域

在汽车领域主要使用传递信息的通用传感器。由于很多传感器只能内置在飞转的车轮或者发动机中,这不仅要求采用无线技术,而且要求内置的无线通信装置使用的电池寿命长,最好超过或等于轮胎本身的寿命;同时还应该克服嘈杂的环境和金属结构对电磁波的屏蔽效应。例如,汽车车轮或者发动机内安装的传感器可以借助 ZigBee 网络把监测数据及时地传送给司机,从而能够及早发现问题,降低事故发生的可能性。但是汽车中使用的 ZigBee 设备需要克服以上一些问题。

3.3.4　RFID 与 NFC 技术

1. RFID 技术简介

RFID 技术又称电子标签、无线射频识别,是一种非接触式自动识别通信技术。目前存在 3 个主要的 RFID 技术标准体系,即国际标准化组织(ISO)和国际电工委员会(IEC)组成的联合工作组的技术标准、美国统一代码协会(UCC)和国际物品编码协会(EAN)共同成立的电子产品码全球协会 EPC Global 的技术标准、日本泛在 ID 中心 UIC 的技术标准。这 3 个标准相互之间并不兼容,主要差别在通信方式、防冲突协议和数据格式这 3 个方面,在技术上差距其实并不大,本书将只对 EPC Global 做进一步介绍。

EPC Global 以建立"物联网"为使命,与众多成员企业共同制定一个统一、开放的技术标准。EPC Global 在全球拥有上百家成员,其中包括沃尔玛、英国 Tesco 等 100 多家欧美零售流通企业和 IBM、微软、飞利浦等提供技术研究支持的公司。其已在加拿大、日本、中国等国建立了分支机构,专门负责 EPC 码段在这些国家的分配与管理、EPC 相关技术标准的制定等工作。

EPC Global RFID 标准主要包括:①EPC 标签数据规范(PHY);②空中接口协议(又名标签协议,在这里属于高层协议);③读写器数据协议;④低层读写器协议;⑤读写器管理协议;⑥应用层事件标准;⑦EPCIS(EPC Information Services)捕获接口协议;⑧EPCIS 询问接口协议;⑨EPCIS 发现接口协议;⑩标签数据转换框架;⑪用户验证接口协议;⑫物理标记语言(PML)。

EPC Global RFID 体系框架是 RFID 应用系统的一种抽象模型,它包括 3 种主要活动:EPC 物理对象交换、EPC 基础设施和 EPC 数据交换。EPC Global RFID 体系框架主要由 3 个实体单元组成:RFID 标签(Tag)、RFID 标签读写器(Reader)及后端数据库(Backend Database)。

RFID 的基本构成如图 3.3.2 所示。

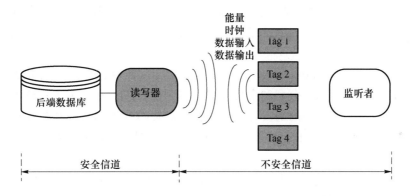

图 3.3.2 RFID 的基本构成

其中,标签是带有天线的芯片,具有存储与计算功能。每个标签具有唯一的电子编码,可附着或植入手机、护照等实物中。其主要分为主动标签和被动标签两种。主动标签自带电池,读写距离较大,体积也较大,成本较高;而被动标签由读写器无线供电,一般可做到免维护,成本很低,使用寿命长,但读写距离较近。

读写器实际上是一个带有天线的无线发射与接收设备,负责读取/写入电子标签上的数据,起到连接电子标签与后天系统的基础作用。由于读写器与标签的无线功率差别很大,读写器到标签之间信道的通信范围远大于标签到读写器之间信道的通信范围。

后端数据库是一个数据库系统,负责信息收集、过滤、处理、传送和利用,并提供信息共享机制。

RFID 的基本工作原理如下:读写器发射电磁波;当电子标签进入此电磁波辐射范围内时,电子标签被激活,并且将存储的标志信息以电磁波的方式传送给读写器。读写器解调接收信号,并送往后端数据库;后端数据库判断该标签的合法性,针对不同的设定进行相应的处理和控制,发出指令信号控制执行机构的动作;执行机构按照计算机的指令动作。

RFID 以无线方式实现双向通信,与传统的自动识别技术(如条形码、磁卡、IC 卡等)相比,RFID 的优势及特点主要表现在以下方面。

(1)快速扫描:条形码一次只能扫描一个,而 RFID 读写器可以同时辨识数个 RFID 标签。

(2)体积小、形状多样:RFID 在读取上并不受尺寸大小与形状的限制,不需要为了读取精度而配备适合大小的纸张和印刷品质。此外,RFID 标签更可向小型化和多样形态发展,以应用于不同产品。

(3)抗污染能力和耐久性:传统条形码的载体是纸张,因此容易受到污染,也特别容易受到折损;而 RFID 卷标是将数据存在芯片中,对水、油和化学药品等物质具有很强的抵抗力。RFID 在黑暗或强光环境下,也可以读取数据。

(4)可重复使用:传统的条形码印刷上去之后就无法更改,而 RFID 标签为电子数据,可以重复地新增、修改和删除。

(5)穿透性好:在被覆盖的情况下,RFID 能穿透纸张等非金属或非透明的材质,并能进行穿透性通信。

(6)数据的记忆容量大:数据容量会随着记忆规格的发展而扩大。

(7)安全性:RFID 承载的是电子式信息,其数据内容可经密码保护,使其内容不易被伪造及更改。

2. NFC 技术简介

NFC(Near Field Communication)是在 RFID 与互联技术融合的基础上演变而来的近距离无线通信技术,由飞利浦公司和索尼公司共同开发,并于 2004 年 4 月被批准为国际标准。它利用 13.56 MHz 频率的电波,让移动设备、消费类电子产品等和智能控件工具间进行 20 cm 内的无线通信。由于近场通信具有天然的安全性,因此 NFC 技术被认为在手机支付等领域具有很大的应用前景。

在技术上,NFC 同 RFID 一样,信息都是通过频谱中无线频率部分的电磁感应耦合方式传递。与其他近距离通信技术相比,NFC 自身具有鲜明的特点,主要体现在以下几个方面。

(1)距离近、能耗低、安全性高:NFC 采取了独特的信号衰减技术,通信距离不超过 20 cm;由于其传输距离较近,能耗相对较低。与其他连接方式相比,NFC 是一种私密通信方式,加上其距离近、射频范围小的特点,其通信更加安全。

(2)与现有非接触智能卡技术兼容:NFC 标准目前已经成为得到越来越多厂商支持的正式标准,很多非接触智能卡都能够与 NFC 技术相兼容。

(3)传输速率较低:NFC 标准规定了数据传输速率具备三种传输速率,最高的仅为 424 kbit/s。

(4)处理速度快:从 NFC 移动设备侦测、身份确认到数据存取只需要 0.1 s 的时间即可完成。

(5)具有主被动通信模式切换功能:手机内信息既能够被读卡器读取,手机本身也能作为读卡器,还能实现两个手机间的近距离通信。

NFC 作为一种短距离通信的技术,它的目标并非是完全取代蓝牙、Wi-Fi 等其他无线技术,而是在不同的场合、不同的领域起到相互补充的作用。与蓝牙相比,NFC 面向近距离交易,适用于交换财务信息或敏感的个人信息等重要数据;蓝牙能够弥补 NFC 通信距离不足的缺点,适用于较长距离数据通信。因此,NFC 和蓝牙互为补充,共同存在。

NFC 采用了双向的识别和连接,NFC 手机具有三种功能模式:NFC 手机作为识读设备(读写器模式)、NFC 手机作为被读设备(卡模拟模式)、NFC 手机之间的点对点通信应用(点对点模式),如表 3.3.3 所示。

表 3.3.1 NFC 的三种应用模式(以手机应用为例)

功能模式	说明	图解
读写器模式	在该模式下,具备读写功能的 NFC 手机从 Tag 中采集数据,然后根据应用的要求进行处理。有些可以直接在本地完成,而有些则需要通过与网络交互才能完成	本地应用处理 应用处理系统 网络应用处理 PLMN 具备Tag标签的物品 具备识读功能的NFC手机
卡模拟模式	在该模式中,NFC 读写器从具备 Tag 功能的 NFC 手机中采集数据,然后通过无线发射功能将数据送到应用处理系统中进行处理	PLMN 应用处理系统1 应用处理系统2 具备识读功能的NFC手机 NFC识读器 有线网络
点对点模式	在该模式中,NFC 手机之间可以进行数据的交换,后续的关联应用既可以是本地应用,也可以是网络应用	网络应用 PLMN 应用处理系统 本地应用 NFC手机 NFC手机

毫米波与太赫兹通信

3.4 毫米波与太赫兹通信

随着无线通信的快速发展,频率在 30 GHz 以下的无线电波已经得到了广泛应用。各种信息终端的大量涌现,使得无线数据速率每 18 个月就翻一番,无线通信系统呈现出超高数据速率的爆炸性增长趋势。虽然 5G 接入的峰值速率为 1～20 Gbit/s,但仍不能满足未来无线通信中日益增长的数据流量要求。例如,虚拟现实(VR)设备的最小数据速率将达到 10 Gbit/s。要达到更高的数据传输速率,根据香农定理,在当前常规频段带宽受限条件下,可以通过提高信噪比以达到更高的信息传输速率。但如果要实现数据传输速率为 100 Gbit/s 甚至 1 Tbit/s,改进仍然是不切实际或者代价巨大的。为了更好地解决这一问题,需要探索新的频段。

目前,即将普及的 5G 是为满足万物互联时代的移动无线通信需求而开发研究的新一代移动通信系统。对比于上一代移动通信,5G 通信系统突出展示了更高的速率、更大的容量,以及更低的时延。更具体地说,当前的毫米波标准(IEEE 802.11ad)可以支持高达 6.7 Gbit/s 的速率,并且其扩展(IEEE 802.11ay)预计将具有 40 Gbit/s 以上的数据速率。

在微波毫米波领域,300 MHz～26.5 GHz 定义为微波频段,26.5～300 GHz 定义为毫米波频段。之所以以 26.5 GHz 作为分界点,是由于毫米波 Ka 波段的定义为 26.5～40 GHz 所致。300～3 000 GHz 定义为亚毫米波频段,微波领域一般认为 300(0.3 THz)～10 000 GHz(10 THz)为太赫兹(THz)频段。在光学和物理学界,定义 100～10 000 GHz,即 0.1～10 THz 为太赫兹频段。尽管不同领域对于毫米波和太赫兹频段的定义有所差异,但对研究和应用没有实质性的影响。

3.4.1 毫米波通信

毫米波技术的研究历史已超过百年,可追溯到 19 世纪末。但很长时间以来,毫米波技术主要应用于军事、射电天文等领域。近年来,随着 5G 的发展,毫米波成为 5G 核心技术之一。5G 分低频段(Sub-6GHz)和高频段(毫米波),低频段目标是支持数 Gbit/s 的高速通信,而毫米波频段支持数十 Gbit/s 的高速通信。在 3G、4G 网络中,毫米波技术,例如 40 GHz 频段和 80 GHz 频段(E-Band)的点对点高速传输系统,已广泛应用于网络回传和前传。现在,随着微电子技术越来越成熟,毫米波集成电路和毫米波固体器件的成本和功耗越来越低,毫米波通信的实用化成为可能。与传统通信相比,毫米波通信主要有以下优缺点。

1. 毫米波通信的优势

(1) 极宽的带宽。通常认为毫米波频率范围为 26.5～300 GHz,带宽高达 273.5 GHz,超过从直流到微波全部带宽的 10 倍。科学实验表明,当毫米波在空间传播时,由于受大气的影响,有的频率衰减小,有的频率则衰减大。因为水汽和氧分子的吸收作用,在 60 GHz、120 GHz、180 GHz 频率附近传输衰减出现极大值,称为"衰减峰",相比之下,在 35 GHz、95 GHz、140 GHz、220 GHz 频率附近传输衰减较小,称为"大气窗口"。但即使考虑大气吸收,在大气中传播时只能使用四个主要窗口,但这四个窗口的总带宽可达 135 GHz,这在频率资源紧张的今天无疑极具吸引力。

（2）极窄的波束。在相同天线尺寸下毫米波的波束要比微波的波束窄得多。例如一个 12 cm 的天线，在 9.4 GHz 时波束宽度为 18°，而 94 GHz 时波束宽度仅为 1.8°。因此，毫米波通信的能量利用更为集中，传输的质量更高，其误码率甚至可与光缆相媲美。

（3）安全保密性好。毫米波通信的这个优点来自两个方面：①由于毫米波在大气中传播的衰减大，点对点的直通距离很短，超过这个距离信号就会变得十分微弱，这就增加了敌方进行窃听和干扰的难度；②毫米波的波束很窄，且副瓣低，进一步降低了其被截获的概率。

2. 毫米波通信需要克服的难题

（1）传播损耗大。假设天线的电尺寸保持不变，随着传输频率的提高，天线的尺寸将逐渐降低，自由空间的传播损耗与频率的二次方成正比关系。因此，当传播频率从 3 GHz 增大到 30 GHz 时，传播路径损耗将额外增加 20 dB。

（2）绕射能力差。与微波相比，毫米波以直射波的方式在空间进行传播，镜面反射效应严重，而衍射和散射效果较差，容易受到障碍物的阻挡而发生通信中断。最近的测试结果表明，毫米波在自由空间中传播每 10 m 的损耗值为 20 dB，但当存在障碍物遮挡时，每 10 m 的传播损耗值将达到 55～80 dB。

（3）雨衰效应严重。与微波相比，毫米波信号在恶劣的气候条件下，尤其是降雨时的衰减要大很多，严重影响传播效果。研究表明，毫米波信号降雨时衰减的大小与降雨的瞬时强度、雨滴形状和距离长短密切相关。通常情况下，降雨的瞬时强度越大，雨滴越大，距离越远，所引起的衰减也就越严重。

（4）定向通信。毫米波链路本质上是定向的。与低频信号相比，相同的天线面板可以配置的天线数量会更多，然后，通过控制每个天线元件发送的信号的相位，天线阵列可以将其波束转向任何地方，并在该方向上实现高增益，而在所有其他方向上提供非常低的增益。这就意味着，要能够高效地传输数据，信号源和目标节点之间必须先确定好传播的方向，这一点对 MAC 层的设备发现机制的设计带来挑战，也会对网络的初始化过程造成困难。

3. 毫米波应用

（1）毫米波雷达

毫米波雷达具有频带宽、波长短、波束窄、体积小、功耗低和穿透性强等特点。相比于激光红外探测，其穿透性强的特点可以保证雷达能够工作在雾、雨、雪以及沙尘环境中，受天气的影响较小。相比于微波波段的雷达，利用毫米波波长短的特点可以有效减小系统体积和重量，并提高分辨率。这些特点使得毫米波雷达在汽车防撞、直升机避障、云探测、导弹导引等方面具有重要的应用。

微波毫米波汽车防撞雷达主要集中在 24 GHz 和 77 GHz 频段上，是未来智能驾驶或自动驾驶的核心技术之一。在直升机毫米波防撞雷达的研究上，人们特别关注毫米波雷达对电力线等的探测效果。

（2）毫米波成像

利用毫米波在穿透性、安全性等方面的优点，毫米波成像可有效地对被检测物体成像，在国家安全、机场安检、大气遥感等方面得到了广泛应用，根据成像机理分为被动式成像和主动式成像。毫米波被动式成像是通过探测被测物自身的辐射能量，并分辨不同物质辐射强度的差异来实现成像。被动式成像从机理上看是一种安全的成像方式，不会对环境造成电磁干扰，但对信号本身的强度以及接收机的灵敏度要求较高。毫米波主动式成像主要是通过毫米波源发射一定强度的毫米波信号,并接收被测物的反射波,检测被测目标与环境的差异,然后进行反演成像。主动式成像系统可以对包括塑料等非金属物体进行检测,其受环境影响较小,获得的信息量大,可以有效地进行三维成像。常用的主动式成像系统主要包括焦平面成像以及合成孔径成像。

3.4.2 太赫兹通信

太赫兹(Terahertz,THz)波通常是指频率在 0.1～10 THz(波长在 0.03～3 mm)波段的电磁波,它的长波段与毫米波(亚毫米波)相重合,其发展主要依靠电子学科学技术,而它的短波段与红外线(远红外)相重合,其发展主要依靠光子学科学技术,所以太赫兹波是宏观电子学与微观光子学研究的交叉领域,对于电子学与光子学研究的相互借鉴和相互融合具有重要的科学意义和极大的研究价值。

1. 太赫兹辐射的独特性质

太赫兹电磁辐射具有很多独特的性质,正是这些特性赋予了太赫兹辐射广泛的应用前景。相对于高频电磁波,太赫兹辐射的一些基本特征如下。

(1)高透性。太赫兹对许多介电材料和非极性物质具有良好的穿透性,可对不透明物体进行透视成像,是 X 射线成像和超声波成像技术的有效互补,可用于安检或质检过程中的无损检测。另外,太赫兹在浓烟、沙尘环境中传输损耗很小,是火灾救护、沙漠救援、战场寻敌等复杂环境中成像的理想光源。

(2)低能性。太赫兹光子能量为 4.1 meV,只是 X 射线光子能量的 $1/108～1/107$,该值低于各种化学键的键能。太赫兹辐射不会导致光致电离而破坏被检物质,非常适用于针对人体或其他生物样品的活体检查。另外,水对太赫兹辐射有极强的吸收,所以该辐射不会穿透人体的皮肤,对人体是很安全的。由此,太赫兹辐射是皮肤癌、龋齿洞等医学检测的理想工具。

(3)指纹谱性。太赫兹波段包含了丰富的物理和化学信息。大多极性分子和生物大分子的振-转能级跃迁都处在太赫兹波段,所以根据这些指纹谱,太赫兹光谱成像技术能够分辨物体的形貌、鉴别物体的组分、分析物体的物理化学性质,为缉毒、反恐、排爆等提供相关的理论依据和探测技术。

2. 太赫兹应用

(1)无线移动通信

高频毫米波、太赫兹频段有望在不久的将来实现每秒几十吉比特甚至每秒太比特的数据速率。从无线通信的发展趋势来看,高频毫米波、太赫兹无线通信系统具有良好的应用前景。目前,中兴通讯 26 GHz 毫米波基站有源天线单元(AAU)产品已经全面支持上述场景;但到了更高的毫米波、太赫兹波段,由于传输损耗及水汽影响和当前器件输出功率发展的限制,高频毫米波、太赫兹无线通信的发展需要经过先提升速率后提升覆盖距离的过程。最先可能广泛应用于室内应用场景,包括室内蜂窝网络、无线局域网(WLAN)、无线个域网(WPAN)。对于 WPAN 系统有望实现手机、笔记本计算机、耳机等桌面设备的特定应用。对于室内蜂窝网和 WLAN 系统,我们认为可以在高/地铁站、机场、办公场所等人流密集的开阔型室内场所部署。与采用低频段室内覆盖不同,高频毫米波、太赫兹天线能够用窄波束同时向不同方向的多用户传输信息。超高的数据速率和超低延时技术将支持用户在室内体验高品质的视频服务。尤其目前虚拟现实(VR)技术的发展受到低数据速率无线通信的严重限制,毫米波、太赫兹带宽应用于无线通信系统后,无线 VR 技术将带来比有线 VR 系统更好的用户体验,将推动各种现实(XR)技术进一步快速发展。

(2)空间通信网络

随着通信技术的演进,无所不在的网络是未来网络的重要特征,其中一个重要途径是对空间通信网络的发展以及地面网络的融合。为了满足空间通信网络的发展需求,新的频谱需要提供极高的数据速率传输。毫米波、太赫兹信号的高大气衰减大大缩短了地面通信系统的通信距离和传输速率;但与地面上的毫米波、太赫兹通信相反,在无大气环境中的空间应用则可不受大气衰减的影响,这对毫米波、太赫兹波段的空间通信是非常重要的。基于毫米波、太赫兹的卫星通信可用于星地间骨干链路、星间骨干链路、星-浮空平台间链路、星-飞行器间链路、飞行器/浮空平台与地面间链路,实现大容量信息传输。此外,还有一个太赫兹的特殊应用例子:当高速飞行器飞进大气层后,由于激波产生高温使空气电离,并形成一个等离子体鞘包裹在飞行器外部。通常等离子体鞘频率在 60～70 GHz,传统的测量和通信方法难以穿透等离子体鞘层。然而,太赫兹波频率远高于等离子体鞘层频率,可以穿透等离子体鞘层对飞行器进行通信和测量。

本 章 小 结

物联网的无线信号处理

3.1移动通信:本节简要介绍了移动通信的发展历程及特点,总结了下一代移动通信的主要技术以及6G的愿景和挑战。

3.2卫星通信:本节首先对卫星通信作了简要概述,其次就其系统组成和特点展开阐述,对比了地面通信的优缺点,最后对卫星通信的发展现状和发展趋势进行了梳理。

3.3短距离无线通信:本节针对现有的几种短距离无线通信技术,如Wi-Fi、蓝牙、ZigBee等作了相关介绍,梳理了各类短距离无线通信技术的特点和应用范围。

3.4毫米波与太赫兹通信:本节针对毫米波通信和太赫兹通信技术分别展开了阐述,就其频段划分、技术特点和应用前景作了介绍。

思考与习题

3.1 请分析移动通信与无线通信的差异。

3.2 请简要论述不同高度轨道通信卫星工作的特性。

3.3 关于 ISI 均衡技术。

(1) 考虑一个室内无线系统，支持低成本、低功耗设备的低速率数据，如物联网。考虑到低成本、低功耗电子产品通常具有非线性功率放大器，你会选择均衡化或 OFDM 作为你的 ISI 均衡技术吗？为什么？

(2) 考虑一个具有 8 个 AWGN 子信道的 OFDM 系统，总系统带宽为 10 MHz。每个子信道的发射功率为 10 mW，每个子信道的信噪比为 $\gamma_i = \frac{10}{i}(i=1,\cdots,8)$。对于 80 mW 的总发射功率，比较在所有子信道上平均分配总发射功率和在每个信道上倒置增益以使每个信道具有相同的接收信噪比时的系统容量。

3.4 考虑如题 3.4 图所示的多用户系统。每个发射机通过半双工中继向接收机发送信号，因此不能同时发送和接收。相反，它从发射机接收的时间为 τ，从接收机发送的时间为 $1-\tau$。接收机与发射机的距离足够远，故而无法检测到 $TX_i(i=1,2)$ 所发射的信号，因此只能检测到来自中继的信号。每个链接（从发射机到中继或中继到接收机）有一个静态的信噪比（没有衰落，只有高斯白噪声信道情况下），每个链接假设使用整个系统带宽 $B = 10$ MHz。TX_i 发送给接收方 RX_i 的端到端总速率用 $C_{e2e}(i)$ 表示。

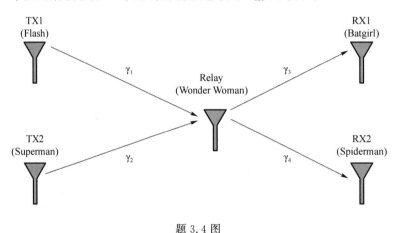

题 3.4 图

(1) 假设系统采用分时共享上行（TX-中继）通道，将时间分数 τ_u 分配给用户 1，将 $1-\tau_u$ 分配给用户 2。类似地，它使用时间分割来共享下行链路（中继-RX）通道，将时间片段 τ_D 分配给用户 1，将 $1-\tau_D$ 分配给用户 2。对于 $\gamma_i = 10$ dB$(i=1,2,3,4)$，为什么我们必须设 $\tau_u = \tau_D = 5$? 为了使两个用户同时获得的端到端速率最大化，为什么要设置为：$C_{e2e}(1) = C_{e2e}(2)$?

(2) 在(1)的前提下，假设 $\gamma_1 = 10$ dB，$\gamma_2 = 15$ dB，$\gamma_3 = 10$ dB，$\gamma_4 = 15$ dB，$\tau = 5$。求最大等端到端速率点 $C_{e2e}(1) = C_{e2e}(2)$，以及达到这一点的 τ_u 和 τ_D 的值。

3.5 请简要阐述 RFID 和 NFC 系统的工作原理。

3.6 请简要阐述太赫兹通信实现的两种技术路线。

第 **4** 章 智能信息处理技术

随着人工智能的不断发展,智能信息处理技术引起了广泛的关注,如何应用神经网络、机器学习等前沿智能技术处理物联网中的海量异构信息成为研究人员关注的重点。本章从信息处理的定义与目标出发,介绍了物联网中的信息交互过程,由此引申出具体的智能信息处理技术。本章重点讲述人工神经网络及其衍生出的 BP 神经网络、贝叶斯神经网络,同时梳理人工智能与机器学习的发展历程和基础算法,着重介绍近些年受到广泛关注的深度学习、增强学习技术。在此基础上,进一步介绍粗糙集理论和信息融合技术,并阐述两者的应用前景。本章是全书的重点章节之一,所述理论与技术具备一定的前沿性,基本涵盖了智能信息处理技术的研究重点。

4.1 信息处理技术概述

4.1.1 信息处理技术与物联网

1. 信息处理技术的定义

信息处理技术指的是信息处理的方式、方法和手段,根据应用场景可以划分如下。

(1) 计算机信息处理技术

计算机信息处理技术就是集信息获取、传输、检测、处理、分析、使用等于一体的技术,主要由传感技术、通信技术、计算机技术、微电子技术、网络技术等构成,其主要目的是对计算机中的信息进行存储和管理。

(2) 物联网信息处理技术

物联网信息处理技术就是对物联网信息进行存储、检索以及智能化分析利用的技术,主要包括分布式协同处理、云计算、群集智能等技术,其主要目的是更好地应用信息,以达到态势评估和决策支持的目标。例如,交通物联网的信息处理是在采集和分析大量数据的基础上,挖掘对百姓出行和交通管理有用的信息;进一步建立信息存储和发布机制,把宏观的路网信息提供给管理决策人员,把局部道路通行情况发布给公众,把某具体路段的事故信息推送给附近行驶的车辆。

2. 信息处理技术的发展过程

有信息就有信息处理,人类很早就掌握了信息的记录、存储和传输手段,原始社会的"结绳记事"就是指以麻绳和筹码作为信息载体,记录和存储简单信息。文字的创造、造纸术和印刷术的发明是信息处理的第一次巨大飞跃,计算机的出现和普遍使用则是信息处理的第二次巨大飞

信息处理技术
的发展过程

跃。长期以来,人们一直在改善和提高信息处理的技术,其发展过程大致可划分为四个时期。

(1) 手工处理时期

手工处理时期是用人工方式来收集信息,用书写记录来存储信息,用经验和简单手工运算来处理信息,用携带存储介质来传递信息。信息处理人员从事简单而烦琐的重复性工作。信息不能及时有效地传递给使用者,许多十分重要的信息来不及处理。

(2) 机械处理时期

随着科学技术的发展,逐步出现了机械式和电动式的处理工具,如算盘、出纳机、手摇计算机等,这些工具在一定程度上减轻了计算者的负担。此后,又出现了一些较复杂的电动机械装置,可把数据在卡片上穿孔并进行成批处理和自动打印结果。同时,电报、电话的广泛应用也极大地改善了信息的传输手段,机械式处理比手工处理提高了效率,但没有本质的进步。

(3) 计算机处理时期

随着计算机系统在处理能力、存储能力、打印能力和通信能力等方面的提高,特别是计算机软件技术的发展,计算机的使用越来越方便,从而为计算机在信息管理上的应用创造了极好的物质条件。这一信息处理时期经历了单项处理、综合处理两个阶段,目前已发展到系统处理的阶段。使用计算机处理信息不仅使得各种事务处理实现了自动化,大量人员从烦琐的事务性劳动中解放出来,提高了效率,节省了行政费用,而且能够及时地为信息处理过程中的预测和决策提供可靠的依据,极大地提高了信息的价值。

(4) 智能处理时期

现阶段信息处理技术呈现出与人工智能进一步结合的趋势,逐渐向智能化方向发展,从信息的载体到信息处理的各个环节,广泛地模拟人的智能来处理各种信息。主要表现为人工神经网络、机器学习、粗糙集理论等智能处理算法与信息处理技术的结合越来越密切。

3. 物联网智能信息处理的目标与需求

物联网的核心功能是智能信息处理,通过对收集的信息进行传输、处理和有效挖掘,交付给特定用户,以满足用户的需求。物联网技术的最终目的是信息交互,物联网中信息的交互是为了实现相关信息的共享以及交换,在一个网络系统中众多异构节点参与的数据传输、信息共享、交换的过程。在此过程中,人是物联网中信息交互的主体,所有的物联网信息交互的目的都是为人服务。而在大数据时代,数据信息爆炸式地增长,如何利用这些多源数据是信息融合技术的关键所在。信息融合的目标是充分利用不同时间与空间的多传感器数据资源,如传感器、数据库、知识库和人类本身获取有关信息,在一定准则下对信息进行分析、综合和使用,进而实现相应的决策和估计,使系统获得比它的组成部分更充分的信息。

4.1.2 信息处理的关键环节

物联网信息具有多源异构、海量性、关联性、实时性、高冗余度的特点,这些特点决定了物联网信息处理不同于传统的信息处理,现根据信息处理流程加以阐述。

1. 信息收集

信息处理的前提与关键就是信息收集,传统和新兴的信息处理技术的第一步就是将需要处理的数据信息收集起来,而在这一步最关键的是降低收集成本,并且提高收集工作的效率。传统的计算机信息处理技术往往会收集许多无效的信息,在收集的过程中不仅浪费了时间,同时也无法保证信息收集的有效性。为了解决这一问题,就需要改进信息处理技术,保证其在数据收集的过程中,能够通过提取关键词,有效整理和收集有用的信息。这样不仅能够节约收集数据信息的时间,使得数据处理分类的时间有效减少,而且还可以在后台建立不同的数据库,在后台打包收集的数据信息,分类后将其存储到不同的数据库当中,让日后的使用更加方便(图 4.1.1)。将这类分类收集、打包、存放的技术引入计算机信息处理技术当中,能够进一步节约时间成本和硬件成本,具有较好的应用价值。

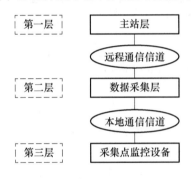

图 4.1.1 某用电信息收集系统

2. 信息分类和筛选

物联网通过对收集到的海量数据进行有效的分类和筛选来提高系统的整体效率。目前主要采取的信息分类策略是聚类算法。聚类过程是将一组物理的或者抽象的数据对象根据相互之间的相似度来划分成若干簇的过程。在这个过程中,一组相似的数据对象构成一个簇。聚类算法是根据收集到的信息来搜索和确定该信息所包含的价值意义。目前广泛应用的聚类算法包括 K 均值算法、高斯分布测试算法和 G 均值算法。

3. 信息存储

目前物联网信息的存储主要有集中式存储和分布式存储两种方式。

在集中式信息管理系统中,各传感器按照一定的采样规则,将所采集的数据上传到数据中心进行统一的存储管理,数据的查询和处理可以直接在数据中心完成。由于数据中心具有比较强大的存储与计算能力,这种方式可以支持各种复杂的、密集型的查询,更加适合物联网的相关应用环境。集中式信息管理技术目前又主要分为云计算和并行数据库两种。

云计算是指通过网络"云"将巨大的数据计算处理程序分解成无数个小程序,然后通过多部服务器组成的系统处理和分析这些小程序,从而得到结果并返回给用户。云计算管理系统主要属于"键-值"数据库,如 Bigtable、Dybama、HBase、PNUTS 和 HIVE 等。这类数据库能够高效地处理基于主关键字的查询,但不能有效地支持物联网数据的时空关系表示与存储、时空逻辑条件查询以及属性约束条件查询等。云计算储存技术的主要流程如图 4.1.2 所示。

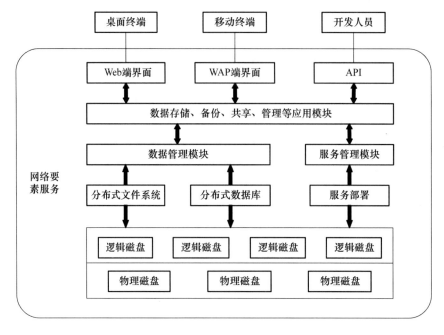

图 4.1.2　云计算储存技术的主要流程

并行数据库通过将多个关系数据库组织成数据库集群来支持海量结构化数据的处理。但这种方法在处理关键字查询时的性能要远低于"键-值"数据库,无法根据传感器的标识快速地检索到所需要的数据。分布式存储的应用得益于分布式数据库的产生。分布式数据库通过对物理上分散的各节点信息在逻辑层面上进行重新划分,从而实现局部自治和全局共享。分布式数据库的算法包括关联规则挖掘算法、精简频繁模式集和关联规则的安全挖掘算法以及事物流的动态可串行调度算法等。同时,数据库技术可以与网络通信技术、人工智能技术、面向对象程序设计技术、并行计算技术相互渗透与结合,使其在物联网的应用中具有极大的优势。

4. 信息传输

计算机中的数据信息之间具有一定的关联性,其能够根据任务的不同需求,在进行信息处理的过程中与用户进行一定的交互,这样就产生了信息传输。在大数据时代,互联网具有一定的开放性,而互联网的开放性往往导致网络存在比较严重的安全隐患。由于数据的传输处于公开信道,如果没有严密的安全加密工作,则在公开信道上就会出现攻击者窃取用户信息的现象。然而信道属于公共平台,不能加密所有的信道,只有加密数据信息,才能让数据信息的安全性得到一定的保证。在现代社会中数字签名技术具有一定的安全性和可靠性,所以为了有效提高数据的安全性,就需要在信息安全技术中积极引入更加科学和先进的计算机信息处理技术。数字签名技术主要是让用户设定能够象征自己身份的信息作为密钥,信息的发送者需要签名所要发送的信息,而接收者则需要对其进行验证,并使用自己的密钥对消息进行解密,整个工作过程如图 4.1.3 所示。

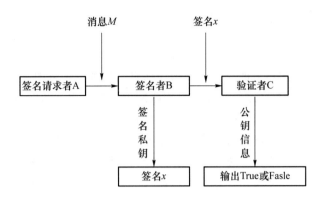

图 4.1.3 信息传输过程

在计算机信息处理技术中积极融入数字签名技术能够大大提高数据的安全性,而且因为数字签名技术的运算量相对较小,所以不仅能够保证数据的安全性,还不会降低信息处理的效率。

5. 信息安全

信息安全技术对于确保信息的安全性是尤为关键的,数据信息处理要保证两个方面,即有效性和安全性。但是在实际使用的过程中,有多方面因素的影响,导致在大数据时代下,计算机信息处理技术面临着较多的问题和挑战。数据信息的安全非常重要,因此信息安全处理技术是大数据时代下计算机信息处理技术中的关键技术。在大数据社会中,大数据带来的优势让人们的生活更加便捷,但是数据信息在传输过程中同样也面临着较大的挑战。目前信息的安全和隐私一直是各国关注的焦点,相关企业应该积极引进专业性人才,研发出更加科学的计算机信息处理安全技术,让计算机信息处理安全技术跟上时代发展的步伐,这样才能让大数据时代下计算机信息处理的安全性得到保证。并且由于大数据时代的发展较为迅速,为了满足计算机信息处理的相关需求,就需要跟踪和检测信息处理过程中的重要数据信息。一方面要让信息数据传输的有效性得到保证;另一方面也要让信息数据传输的安全性得到保证。在跟踪数据信息的过程中,能够对存在的风险因素及时处理,并对其开展具有针对性的研究和分析,不断提高计算机信息处理的安全性。例如,利用条码技术保证信息处理的安全,如图 4.1.4 所示。

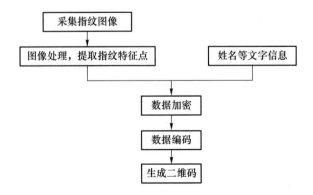

图 4.1.4 条码技术对信息安全的技术处理

6. 信息交互

通过上述环节,物联网技术已经实现了相关信息感知的全面化,数据和信息传输的安全、可靠化以及相关处理功能的智能化。获取信息的最终目的是使用信息,物联网技术从根本上来说就是实现数据和信息的交互。现阶段信息交互的应用范围已经不再拘泥于人与物之间的交互,更实现了物与物之间的交互。物联网中信息的交互是在一个网络系统中,众多异构节点参与的数据传输、信息共享、信息交换的过程,信息交互的目的是实现相关信息的共享以及信息的交换。在物联网的信息交互过程中,人是物联网中信息交互的主体,所有的物联网信息交互目的都是为人服务,因此准确理解人的行为是物联网技术中比较重要的环节。人与设备之间的交互除了人以传统的按键方式去表达目的外,物联网更应智能地理解人的行为,如语音、手势等,这就是人机智能交互。

7. 信息融合

信息融合是一个对从单个和多个信息源获取的数据和信息进行关联、相关和综合,以提高信息的利用效率的信息处理过程。该过程是对信息的一个持续精练过程,同时也是信息处理不断自我修正的一个过程,以获得结果的改善。信息融合的模型主要有功能型模型、数据型模型和混合模型三种,信息融合的算法主要包括加权平均法、卡尔曼滤波法、多贝叶斯估计法、证据推理法等。信息融合拥有很多优点:提高系统的可靠性和稳健性;扩展时间上和空间上的观测范围;提高信息的精确程度和置信水平;提高对目标物的检测和识别性能;降低对系统的冗余投资。因为具有以上优点,所以信息融合技术广泛应用于信息获取与处理领域,是当前信息领域的一个十分活跃的研究热点。

4.1.3 信息处理技术的发展前景与挑战

1. 信息处理技术的发展前景

(1) 发展机遇

随着科学技术和信息技术的发展越来越深入,信息处理技术在大数据时代背景下面临着更高的要求,也拥有许多发展机遇。

① 数据挖掘和应用创造出更多产业价值

数据挖掘是对每个数据进行分析,从而寻找数据当中存在的潜在规律。数据挖掘由准备、寻找规律和表示规律三个部分组成。数据挖掘能够提升决策的有效性和科学性。很多企业在收集数据以后,经常面临着缺乏信息的窘境。这是由于在准备数据的阶段遇到了问题,很多企业的数据库只能录入数据、查询数据和统计数据,这些功能和操作都属于基础要求,不能够从海量的数据当中提取出有用的信息,并在实际中进行应用。如果能够有效分析数据库中的数据,获取一些隐藏的信息,如潜在用户群体的兴趣、爱好等,然后通过特定人员来进行有效的定值,做出决策,就能够保证企业的核心优势。例如,在用浏览器检索的过程中,输入关键字后,就会跳出词组等选项,这些选项就是浏览器通过对网民的行为数据进行记录并且分析给出的,提升了检索的速度和效率。

② 云计算和物联网结合日益密切

物联网虽然是新兴的产业,但是是比较核心和重要的产业。在大数据时代背景下,以物联网为基础诞生出许多新型应用,如一卡通、电子钱包等,这都是对大数据和云服务的充分利用。当前,云服务是必然趋势,通过聚集相关数据,在云平台上交换相关数据,以此来满足用户的实际需求。同时云计算的服务能力在不断地提升,进一步促进了云计算的不断发展。

（2）发展方向

大数据的数据规模十分庞大,数据内容也比较复杂,基于这些特点,不同数据之间相互进行关联,也会提升数据处理的困难程度。当前的计算机信息处理技术不具有大规模处理复杂数据的能力,因此需要全新的数据服务网络,同时也需要注重其安全性。信息处理技术有以下发展方向。

① 计算机网络向云计算网络发展

云计算网络的发展需要计算机网络作为前提条件,计算机的发展与其硬件的优化和升级密切相关,常规的计算机硬件与当前的数据处理需求并不相符,存在的问题比较多。在当前大数据背景下,与网络发展相比,计算机硬件的发展速度比较落后。另外,传统的计算机网络技术中的硬件基础是静态的,不能及时反映出网络和应用发展的不足之处。而云计算网络要求数据传输是开放的,部分数据是可以被共享的,因而网络软件的编程性和回应性十分灵活,这是其天生的优势。云计算技术计算、处理数据的能力更加优秀,能够对数据信息及时进行反馈。

② 计算机安全信息技术升级

在大数据时代下,数据系统能够通过网络彼此连接在一起,个人的数据存储通过网络可以进行共享。网络平台自身具有开放性,人们可以根据自己的实际需求得到所需的信息。在大数据时代,一些不法分子也可以分析数据,从而窃取他人信息或者一些商业性的机密,因此计算机安全信息技术是未来发展的重要内容,其安全性不是通过某个特定的数据安全软件来进行管理,而是需要管理好数据,以此来提升数据的安全性。基于此,传统的计算机要研究全新的安全技术软件,搭建全新的安全体系,才能够让计算机安全信息技术得到进一步的发展。

2. 信息处理技术的发展挑战

（1）信息安全难以保障

网络的普及也使信息的安全问题得到了广泛的关注,无论是企业的信息还是个人的信息,其安全性至关重要。在进行网络活动时,要对信息的真假进行甄别,避免个人隐私被泄露,否则信息就会被一些犯罪分子所利用,从而造成损失。因此,国家应该完善相关法律条例,相关机构应该大力发展安全技术,个人要提升防范意识,保护好个人信息。

（2）缺乏专业人才

在大数据时代,技术人才和管理人才都比较欠缺。大数据时代对于技术型人才的需求很大,但是培养人才需要周期。另外,管理型人才也十分重要,领导者在新的时代背景下要紧随时代的潮流,积极转变自身的思维方式,学习利用数据进行思考和管理。当今社会日新月异,利用经验主义进行管理有其局限性甚至会适得其反。管理者们要不断地进行学习,学会利用大数据,但这也需要一定的时间才能够实现。

（3）数据价值难以评估

拥有大数据并不是大数据时代赋予社会的意义,其目的是能够从数据当中筛选出符合自身管理、决策、评价需求的数据并将其在实际中进行应用。大数据自身具有复杂性和多样性,这虽然是其优势,但是如果数据大量生产,会造成数据的堆积,增加处理的难度。企业和政府的数据量都比较庞大,但是质量参差不齐,存在许多虚假信息,如何对这些数据进行分析和筛选是重中之重。这是一项十分浩大的工程,客观难度比较大。

4.2 物联网中的信息交互技术

当今的时代是一个信息的时代,人们通过信息来了解需要了解的一切,信息甚至决定了未来经济的发展。人们对信息的需求前所未有的高涨,正是应这样的需求,才出现了计算机技术、互联网技术以及现在已经得到普及的移动通信网络技术,这三种技术都是为了简单、快捷地传输人们所需要的各种数据和信息,当然还具有许多新的功能和作用。这些技术的开发使得应时代发展的信息技术得到了进一步的拓展,技术更加完善,功能也更加齐全。现在随着社会的发展以及技术的进步,信息技术又得到了进一步的发展,出现了物联网技术。物联网技术可以说是信息产业的又一次飞跃式发展,它的独特优势也逐步显现出来,其应用也越来越广泛。

4.2.1 物联网信息交互的特点

如果说计算机信息技术和互联网技术是信息产业的飞跃式进步,那么物联网技术就是在此基础上的一次重大进步。物联网的信息感知功能可以说是物联网的一个最基本的功能。在物联网感知技术的基础上,进一步发展了物联网的交互功能,使得物联网得到了进一步的发展和完善,更加方便和丰富了人们的生活。

物联网技术是计算机技术以及互联网技术和移动通信技术的又一次拓展和完善,是信息技术又一次适应社会发展的产物。具体来说,物联网技术的主要功能就是进行数据和信息的传输以及通信,在此基础上其延伸出来的具体功能主要有识别、定位、监控以及管理等。物联网技术发挥这些功能是依靠数据和信息传输的相关设备来实现的。物联网技术的强大之处不仅仅在于物联网功能的强大,还体现在物联网技术可以实现任何一个物品与物联网之间的连接,通过这个连接能够进一步发挥出上述的一切功能。

当前,物联网技术已经实现了相关信息感知的全面化,数据和信息传输的安全化、可靠化以及相关处理功能的智能化。物联网技术从根本上来说就是实现数据和信息的交互,但是其应用范围已经不再局限于人与物之间的交互,更实现了物与物之间的交互功能。除此之外,我们可以看出物联网技术的感知技术是物联网技术的基础,其重要性不言而喻。传统信息技术的可靠性和效率都有很大的限制,而物联网技术就可以很好地解决这些问题。数据和信息的传输是信息技术的基础和根本。

前面提到的信息感知技术和本章的信息交互技术在物联网中是至关重要且密不可分的,其特点如下。

1. 敏感域

物联网的敏感域特点可以减小区域内自然干预和其他人为干扰的影响,在一定程度上提高物联网的敏感度,确保物联网能够快速识别涉及的对象,并准确获得相关的物品信息。

2. 敏感度

物联网敏感度的问题一直以来都困扰着物联网信息感知技术的发展。不同的计算机网络使用的语言既不互通,也未实现互联,这就会导致物联网出现敏感度缺失问题,从而影响物联网对物品相关信息的识别和感知。

3. 保真度

物联网保真度涉及区域内信息数据的准确性、统一性、完全性和一致性等。物联网保真度主要就是信息保真度,信息保真度是保障信息感知再传输能力和信息交换共享能力的基础,也是保障物联网人机交互可以有效实现的关键。

4.2.2　信息交互技术

物联网的信息交互是物联网技术的最终目的,通过物联网的感知技术可以收集信息,并可以对收集到的信息进行处理。物联网中的信息交

信息交互技术

互是在一个网络系统中,众多异构节点参与的数据传输、信息共享、交换的过程,为了达到相关信息的共享以及交换的工作。在物联网的信息交互过程中,人是物联网中信息交互的主体,所有的物联网信息交互的目的是为人服务,准确理解人的行为是物联网技术中比较重要的环节。人与设备之间的交互除了人以按键的方式去表达目的外,物联网更应智能理解人的形为,如语音、手势等,这被称为人机智能交互。除此之外,还有设备与设备之间的信息交互。目前对于物联网的信息交互还没有成熟的理论体系,这里先介绍人机智能交互技术的发展情况,再针对设备类对象的交互提出基本模型(图4.2.1)。

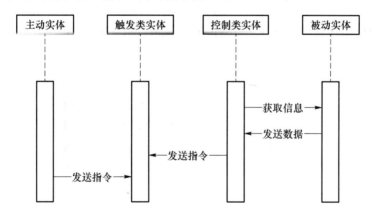

图4.2.1　设备类对象信息交互基本模型

1. 人机智能交互技术

在人机智能交互技术领域中,人们研究最多的是多交互与自适应交互两个方面。《基于 LEACH 的节能高效路由算法的研究》中提出的 Carnegie Mellon University 交互实验室开展的名为"INTERACT"的研究项目利用多通道技术(指通过人的表情、唇语、视线跟踪、语音、手势等多个方面信息的处理)来增强人机交互的能力。麻省理工学院的多媒体实验室在名为"GANDALF"的项目研究中,通过智能体技术与多通道技术的结合,实现了人机更为和谐的交互效果。在 GALAXY 项目中,研究读音交互技术,并成功地将这一技术应用于产品。微软公司着重于研究三维虚拟交互技术、语音识别技术和手势识别技术,而 IBM 公司在研究人机交互过程中,增加了人的审美、价值等作为交互系统设计考虑的因素。

在自适应交互的研究中,有基于模型和用户特点的研究,还有基于任务的研究。基于用户特点的自适应交互可以根据用户的选择,分析用户的特点,在呈现选择时偏向靠近用户特

点的结果。

2. 设备类对象的交互

设备类对象的交互指机器设备之间的交互,可以根据交互对象分为下面三类。

(1)控制类对象

控制类对象一般指计算机这样的控制层对象。这类对象将传输来的信息进行分析、处理进而生成对应的指令,将指令发送给执行对象。

(2)感知类对象

感知类对象指物联网中所有能够感知环境的实体,分为主动发送数据的实体、被动读取数据的实体、主/被动混合实体。主动发送数据的实体除了能够主动感知环境信息,还能将感知数据主动发送到目标设备;被动读取数据的实体可以接收指令、读取指令,将感知数据通过读取接口传送。主/被动混合实体则既可以发送数据,也可以被读取。

(3)触发类对象

触发类对象是指能够接收指令并且根据指令执行动作的设备。

控制类实体从被动实体中发送获取信息的指令,收到被动实体的数据后向触发类实体发送指令,以达到改变环境的目的;触发类实体也可以直接接收主动实体发出的指令做出动作。

另外,物联网中的信息交互除了按照以上方法进行分类外,还可以从网络、内容和用户之间的合作出发进行分类。

(1)网络与内容交互

从网络平台自身的视角而言,其是一个能够有效地将各类数据和信息之间进行存储的空间,同时不同数据内容的传递和输送也需要在该平台的支撑下才能得以实现。由此可见,网络平台与数据信息内容两者是一种交互的关系,能够充分满足网络用户个性、多样化的需求。交互具有一种能够充分将感知到的数据信息与已经存储的基础组织信息进行交互融合的作用,然后将存储在网络平台中的数据运用全新的规划方式进行重新整合,最终提升信息的传递速率。

(2)用户与内容交互

网络用户在进行物联网的相关操作时,可以充分利用数据传输与信息查询这两种方式有效匹配不同用户的交互信息。例如,用户在进行某一具体信息的操作时,内容中的关键词会在已经保存的记录中开展相应的匹配查找和筛选,首先进行模糊查找,然后根据模糊查找划定的范围进行信息的具体时间、地点及内容的查找,最后为用户呈现出最终的交互内容。

(3)网络与用户交互

在信息交互技术的应用过程中,主要是用户与网络两者之间的交互,但是交互的范围相对比较小,即限定在了用户个人的数据和信息的加强交互过程上,同时该交互过程也是物联网应用比较困难的一个环节。和网络与物之间的交互技术相比较,网络与用户之间的交互技术相对比较成熟,其主要是利用网络所提供的数据及口令进行相关的操作,实现用户与网络之间在信息获取方面的有效对接。

4.2.3 信息交互的发展

1. 信息交互技术的挑战

（1）实际需求不断增大

如今，许多领域都在积极探索物联网信息感知和交互技术的应用效果，对信息感知和交互的需求也在不断增大。这就要求物联网的信息感知和交互技术要与物联网自身的普遍联系及感知特性高度一致。然而，我国信息感知与交互技术的推广应用受网络环境、网络资源等影响，物联网在应用信息感知与交互技术时还存在着规模较小、能力不突出的问题，这从我国物联网的节点数量发展现状就能直观看出。此外，网络节点感知能力也比较单一，只能感知少量的标准信息。大规模的物联网信息感知和交互技术会涉及能量的有效问题、负载均衡问题等，我国大规模的网络信息感知和交互研究还处于初期的仿真试验阶段，会因为信息感知和交互需求的不断增大而面临严峻的挑战。

（2）多媒体感知网络带来的信息交互问题

如今，无线感知的网络所能获取到的目标数据仅能包含很少的信息，且在利用相关信息时会存在难度大、灵活性差等问题，这将在一定程度上制约了物联网的信息感知与交互效果。多媒体形式的感知网络可以有效弥补传统无线感知的网络采集环境，提高目标数据的可用信息量。多媒体形式的感知网络具有丰富的内容，且可以全面感知信息数据。多媒体信息的高维化发展对感知网络的建设和发展提出了新的要求及标准。多媒体形式的感知网络需要解决数据传输可靠性问题、网络路由维护问题以及网络覆盖的管控等新的技术问题，应加大对新型网络感知系统及相关技术的研发力度。此外，多媒体形式的感知网络也要提高信息处理的有效性、合理性，针对多媒体信息编码格式、帧率和分辨率上存在的实际差异，应提升数据压缩、存储、识别和融合等信息处理的技术效果。

（3）资源开销和安全问题

物联网发展到今天，国内外的研究成果日益丰富，但在信息感知和交互方面，由于物联网本身的限制等原因，仍面临着诸如缺乏理性标准和系统结构标准、缺乏适用于并行处理的融合算法等挑战。

首先是资源开销问题。在信息感知和信息交互的过程中，多节点的物联网能量有限且很难补充，因此在进行信息感知和交互时的资源开销不可小觑。例如，在一些需要传输音频、视频的物联网中，在信息感知和信息交互过程中产生的能耗比数据传输的能耗还要大。对于能耗问题，研究能量有效和能量平衡的数据感知方法是一方面，另一方面还要研究高效的信息交互方法。

其次，更重要的就是数据融合和信息交互过程中的安全问题。物联网中的节点数据无人值守，暴露在恶劣的网络环境下，如果位置信息等隐私被获取，在信息交互过程中就会使得融合节点不能区分正常数据和恶意数据，这样不但影响来自下游的数据，还将影响发送到汇聚节点的数据。因此，信息交互技术和数据融合方法中的安全性是十分重要的。

2. 信息交互应用实例

（1）智能家居技术应用

随着物联网技术的不断发展，此项技术目前已经逐渐应用到了多个领域中，并相继取得了比较不错的应用成果，其中有关于家居装修方面的应用最为突出。具体而言，在国民经济水平的提升过程中,人们对于物质层面的需求也越来越高,逐渐向智能化的方向发展。家是人们精神和身体放松的重要场所,在该环境中营造一些舒适、温馨的感觉,不仅有助于人们缓解一天的工作压力,而且对个人的精神熏陶也具有重要的帮助作用。

智能家居通过物联网技术将家中的各种设备(如音视频设备、照明系统、窗帘控制、空调控制、安防系统、数字影院系统、影音服务器、影柜系统、网络家电等)连接到一起(图4.2.2),提供家电控制、照明控制、电话远程控制、室内外遥控、防盗报警、环境监测、暖通控制、红外转发以及可编程定时控制等多种功能和手段。与普通家居相比,智能家居不仅具有传统的居住功能,而且兼具网络通信、设备自动化等功能,实现全方位的信息交互,甚至为各种能源费用节约资金。在这一基础上,相关的物联网技术研究人员进行了比较深入的研究和实践,经过对大量实践经验的有效总结,目前应用效果评价最高的就是无线控制空调、灯具、计算机、用电开关等,这些应用在短时间内受到了人们的认可,应用范围也在逐渐拓展。

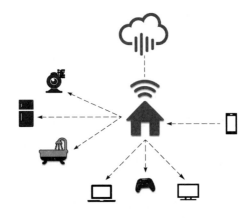

图4.2.2 物联网中的智能家居

(2) VR技术应用

"VR"是"Virtual Reality"的缩写,主要指的是虚拟现实。VR概念出现于20世纪90年代末期,是在美国一家交互式系统项目工作组的一项报告中提出的。随着现代科学技术的不断发展进步,该项科技目前已经逐渐融入社会各项实践和生产制造工作中。最为常见的就是AR/VR眼镜(图4.2.3)等硬件设备,在我国的部分商场内已经出现了一些应用VR交互技术进行付费体验的休闲娱乐项目,并已经受到人们的认可。同时,该类VR硬件设备的出现对于实现科技化的人机互动具有很好的促进作用,并在具体的实验过程中取得了十分良好的实验效果。在物联网技术的发展和提升过程中,VR技术在物联网中的应用主要是作为物联网发展的接口进行技术接入,具体而言,人们在应用VR各类硬件设备时,能够通过该设备进行互联网销售商品或是其他资源的有效编辑和浏览,提升了信息处理的工作效率。与此同时,发展同样迅猛的还有两大技术:增强现实和混合现实。增强现实(Augmented Reality,AR)是一种将真实世界信息和虚拟世界信息"无缝"集成的新技术,它随时随地增强现实的功能也得到了巨大发展。混合现实(Mixed Reality,MR)则涵盖了增强现实和虚拟现实的功能,指的是合并现实和虚拟世界而产生的新的可视化环境。在新的可视化环境里物理和数字对象共存,并实时互动。可以说,MR是在前两者基础上发展起来的混合技术形式,是一种既继承了两者的优点,同时也摒除了两者大部分缺点的新兴技术。

图 4.2.3　AR/VR 眼镜

（3）物联网社群技术应用

在物联网技术的不断发展过程中,由该项技术衍生的相关产业也得到了有效的发展,为了促进社会经济的有效发展,政府部门也为其提供了一定的财政资金支持。物联网在技术发展进程和实际进程中逐渐形成了对指定网络、物和网络用户之间的一种全方位的立体交互发展趋势。此种发展趋势的形成,在一定程度上为物联网社群技术的研发奠定了坚实的基础,此项技术的研发不仅对国民的日常生活产生影响,同时也为社会生产的形式变化产生了一定的促进作用。另外,该物联网社群技术的应用对于社会的发展也形成两种不同的影响效果:一种是比较正面的影响,即在技术的应用过程中为人们的工作、沟通效率提升产生了正面的促进作用;另一种是比较负面的影响,即部分应用技术的过渡、快速发展,使得人们的正常生活与生产经济发展无法与技术发展的速度相匹配,导致物联网产业的进步受到限制,继而暴露出更多的不足。

4.3　基于人工智能的信息处理技术

4.3.1　人工智能

1. 人工智能概述

人工智能（Artificial Intelligence，AI）是计算机科学的一个分支,被称为世界三大尖端技术之一。人工智能通过研究人类智能活动的规律,让计算机通过人工设定的系统去模拟人类智能,进而具备和人类智能相似的思考能力,从而能够完成以往只有人类才能完成的工作。人工智能利用机器计算迅速与准确的特点,达到提高工作效率的目的。

2. 人工智能的发展历史

2014 年英美合作的电影《模仿游戏》讲述了英国数学家艾伦·图灵 60 年前在二战期间

设计电子计算机,破译纳粹德国军事密码的真实故事。不过影片的名字与图灵在电影中的事迹并没有直接关系,而是来自当时英国流行的一款游戏。游戏中一男一女分别躲在幕后,参加游戏的人向他们两个人不断提问题,他们通过无法识别笔迹的笔答方式来回答,提问题的人根据回答来判断这两个人的性别。1950 年图灵在《计算机与智能》一文中借用这个游戏作为判断计算机是否具有人类智能的标准,也就是把一个人和一台计算机放在幕后,让测试人员通过提问来判断哪一个是计算机,如果判断错误的话,就认为计算机通过了图灵测试,具有人的智能。后来人工智能学者将图灵这篇论文中描述的计算机称为图灵机,这一测试方式称为图灵测试(注:图灵本人曾经预测随着足够多内存的出现,50 年内计算机能够达到图灵机的标准)。

人工智能的历史要追溯到 1956 年的一场学术研讨会上,在 1950 年图灵提出图灵测试之后,一些人开始对"智能"产生了兴趣,但他们对智能的概念仍然较为模糊。在这次会议中,麦卡锡首次提出了人工智能的概念,这也标志着人工智能的研究正式开始。

20 世纪 50—70 年代被誉为人工智能的黄金年代。在此期间,科学家首次研发出了名为 Shakey 的人工智能机器人。1966 年,世界上第一个聊天机器人 ELIZA 诞生。1968 年,计算机鼠标出现,使人机交互模式上升到了一个新的高度。但 20 世纪 70—80 年代,人工智能的发展进入了低谷时期。而直到 20 世纪 80 年代后期,人工智能才渐渐繁荣复苏,尤其是 1997 年 IBM"深蓝"超级计算机的出现,震惊了全球,也引发了人们对人工智能的又一次关注。"深蓝"超级计算机以 3.5∶2.5 的比分击败了当时的国际象棋世界冠军,这也标志着人工智能的发展达到了新的高度。2011 年,IBM 公司开发出了能使用自然语言回答问题的 Watson 系统,并在问答竞赛中打败了两个人类冠军。2014 年,计算机首次通过图灵测试,这标志着人工智能上升到了新的台阶,已逐步接近人类的智慧。2016 年,Google 开发的 AlphaGo 击败了中日韩各大围棋高手,轰动了整个世界,从而使得人们对人工智能市场的关注迅速上升。

4.3.2 人工神经网络

1. 人工神经网络概述

人工神经网络

人工神经网络(Artificial Neural Network,ANN)是人工智能中的一个重要算法,也是 20 世纪 80 年代以来人工智能领域兴起的研究热点。它从信息处理角度对生物神经网络进行抽象,从而建立简单模型,并按不同的连接方式组成不同的网络。近年来,人工神经网络的研究工作不断深入,已经取得了很大的进展,其在模式识别、智能机器人、自动控制、预测估计、生物、医学、经济等领域已成功地解决了诸多实际问题,表现出了良好的智能特性。

2. 生物神经网络

生物神经网络是由中枢神经系统(脑和脊髓)及周围神经系统(感觉、运动、交感等)所构成的错综复杂的神经网络,其中最重要的是脑神经系统,基本单元是神经元细胞。神经元是一种高度特化的细胞,其具有在大面积区域内快速传播信号的能力。

(1)组成结构

神经元按照形态分为四个组成部分:细胞体、树突、轴突和突触前末梢,如图 4.3.1 所示。高度专业化的神经元用于响应化学和其他输入产生电信号,并将信号传递给其他细胞。其中,树突部分负责接收其他神经元的输入信号并传递到细胞体,细胞体把从其他多个神经元传递进来的输入信号进行合并加工,轴突部分则将输出信号携带到其他细胞。树突复杂的分支结构使得神经元能够利用突触连接,从其他神经元接收信号。

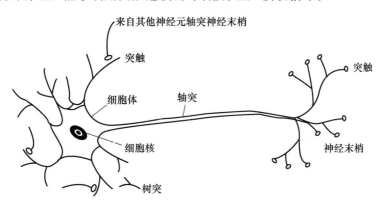

图 4.3.1　生物神经网络结构图

（2）工作状态

神经元包含两种常规工作状态:兴奋与抑制。当传入的神经信号使细胞膜电位升高且超过阈值时,细胞会进入兴奋状态,并将神经信号通过输出端继续传递给其他神经元;当传入的神经信号使细胞膜电位下降且低于阈值时,细胞进入抑制状态,此时没有神经信号输出。

（3）具备能力

神经元具备时空整合以及学习与遗忘两种能力。时空整合能力主要指:①神经元对不同时间通过同一突触传入的信息具有时间整合功能;②神经元对同一时间通过不同突触传入的信息具有空间整合功能。由于神经元结构的可塑性,突触的传递作用可增强和减弱,因此神经元具有学习与遗忘的功能。

（4）固有特征

从信息系统研究的观点出发,对于人脑这个智能信息处理系统,有如下一些固有特征:①并行分布处理的工作模式;②神经系统的可塑性和自组织性;③信息处理与信息存储二为一;④信息处理的系统性;⑤能接收和处理模糊的、模拟的、随机的信息;⑥求满意解而不是精确解;⑦系统的恰当退化和冗余备份(稳健性和容错性)。

3. 人工神经元

人类对中枢神经系统的研究结果直接启发了人类对人工神经网络的研究。人工神经元是人工神经网络的基本处理单元,是考虑时空加权、阈值作用两种特性对生物神经元进行的模拟。其最基本的单输入神经元结构如图 4.3.2 所示。

在图 4.3.2 中,u 为神经元的输入,w 为连接权值,b 为偏置项,θ 为神经元的阈值,x 为神经元的净输入,$f(x)$ 为激活函数,y 为神经元的输出。神经元学习的过程是通过不断调整权值 w 与偏置 b 的具体数值,以便满足某种期望与需要的过程。同时,激活函数 $f(x)$ 具有多种类型,可根据实际需要进行选择。下面我们介绍几种常见的激活函数。

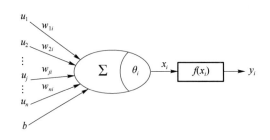

图 4.3.2   单输入神经元结构图

(1) 硬极限激活函数

如图 4.3.3 所示,函数自变量小于 0 时,该函数输出为 0;函数自变量大于等于 0 时,函数输出为 1。此类函数可用于解决硬分类问题,直接把输入分为两类。

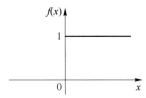

图 4.3.3   硬极限激活函数

(2) 线性激活函数

如图 4.3.4 所示,该函数输出与输入值保持一致。

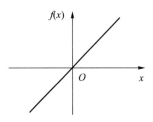

图 4.3.4   线性激活函数

(3) 对数-S 形(Sigmoid)激活函数

如图 4.3.5 所示,Sigmoid 函数是一个有界的、可微的实函数,它是为所有实输入值定义的,并且在每个点上都有一个非负的导数。它把可能在较大范围内变化的输入值挤压到 $(0,1)$ 输出值范围内,因此有时也称为"挤压函数"(Squashing Function)。由于此函数是可微的,因此其被大量应用于 BP 多层神经网络中。但是,其缺点在于:Sigmoid 函数在变量取绝对值为非常大的正值或负值时会出现饱和现象,这意味着函数会变得很平坦,并且对输入的微小改变会变得不敏感;在反向传播时,若梯度接近于 0,权重基本不会更新,很容易就会出现梯度消失的情况,从而无法完成深层网络的训练;幂运算复杂度高且耗时;输出不是 0 均值,这会导致后层神经元的输入是非 0 均值的信号,从而对梯度产生影响。

以上三种激活函数为神经网络中最基本的三种激活函数,而其他的激活函数一般为上述类型的变种,常见的激活函数还包括以下几种。

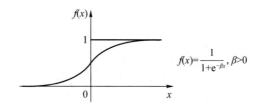

图 4.3.5 对数-S 形激活函数

（4）tanh 激活函数

如图 4.3.6 所示，tanh 是 Sigmoid 的变形，但 tanh 函数是 0 均值的，因此在实际应用中，tanh 会比 Sigmoid 效果更好，但是梯度消失问题和幂运算复杂问题依然存在。

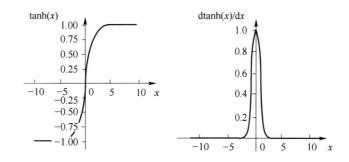

图 4.3.6 tanh 激活函数

（5）ReLU 激活函数

如图 4.3.7 所示，ReLU 是目前最常用的激活函数，其函数表达式为 $ReLU = \max(0, x)$。其优点在于：与 Sigmoid 相比，很少有梯度消失问题，同时计算过程较为简单。但同时，该函数也存在一定的缺点：该函数具有非 0 均值；该函数不是全区间可导的；ReLU 在训练时很"脆弱"，这是因为在 $x < 0$ 时，其梯度为 0。这就意味着，该神经元及之后的神经元梯度永远为 0，不再对任何数据有所响应，导致相应的参数永远不会被更新。

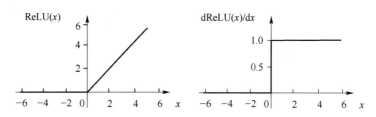

图 4.3.7 ReLU 激活函数

4. 人工神经网络模型

（1）神经网络的结构

如图 4.3.8 所示，若干个神经元通过相互连接形成一个神经网络，这个神经网络的拓扑结构称为神经网络的互联模式。神经元模型、数量及互连模式确定了神经网络的结构，而神经网络的结构又决定了其信息处理的能力。

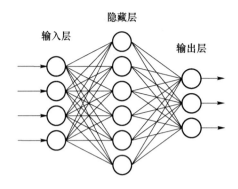

图 4.3.8　人工神经网络的基本结构

根据神经网络的不同拓扑结构,神经网络可分成两大类,如表 4.3.1 所示。

表 4.3.1　神经网络的分类(按拓扑结构)

分类	说明	图解
层次型神经网络	普通前向网络;神经元分层排列,顺序连接;每层的神经元只接收前一层神经元的输入	
	层内互连前向网络:在同一层中的神经元相互有连接;可以实现同一层内神经元之间的横向抑制或兴奋机制	
	带反馈的层次网络:每一个输入节点都有可能接收来自外部的输入和来自输出神经元的反馈;只在输出层到输入层存在反馈	
互连型神经网络	任意两个神经元之间都可能有相互连接的关系,神经网络处在一种不断改变状态的动态过程中	

由神经网络的连接结构及功能特点可知,层次型神经网络主要用于函数映射,互连型神经网络主要用作各种联想存储器或用于求解最优化问题。

（2）神经网络的工作过程

神经网络包括学习期和工作期两种过程。学习期是指连接权值按照一定的学习规则进行自动调整,其目标是使性能函数达到最小;而在工作期,各神经元的连接权值固定,根据网络的输入信号来计算网络的输出结果。神经网络的输出性能主要取决于神经元的模型结构、神经网络的拓扑结构和神经网络的学习算法。

5．BP 神经网络

（1）BP 神经网络的学习机制

BP 学习训练算法是多层人工神经网络中逆推学习算法中的一种。采用 BP 算法的人工神经网络被称为 BP 神经网络,其最主要的特点就是按照误差逆向传播法进行网络的学习与训练,是目前最广泛应用的神经网络。与其他人工神经网络相同,BP 网络也可以不断学习与存储大量的输入、输出映射关系,不需要具体的数学方程来进行此种映射关系的描述。其学习规则多采用最速下降法,利用误差反向传播对网络的权值与阈值进行不断的调整,使网络具有最小的误差平方和。

图 4.3.9 所示为 BP 神经网络的拓扑结构。可以看出,该神经网络除输入层、输出层外,还有一个或多个隐藏层。与此同时,各层之间的神经元全部互连,但是各层内的神经元无连接,并且神经网络不存在反馈。

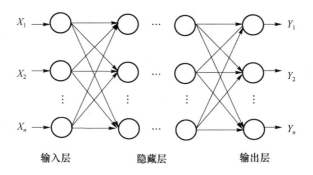

图 4.3.9 BP 神经网络的拓扑结构

BP 算法主要由数据流的正向计算和误差值的反向传递两个进程构成。在正向计算时,数据流的传播方向为输入层到隐藏层、隐藏层到输出层,各层神经元的输出只对下一层神经元有影响。如果在输出层得不到理想的输出,则会进行误差值的反向传递进程,即误差值沿原来的通路返回,用以改变权值向量。这两个进程会不断地交替进行,在权值向量空间中,其不断执行误差函数的梯度下降方式,并采用动态迭代方式进行权值向量的搜索,最终使网络的总误差达到最小值,从而完成信息处理及存储最优参数的记忆过程。BP 神经网络的学习流程如图 4.3.10 所示。

（2）BP 神经网络的优点

BP 神经网络以其智能化见长,最突出的特点便是较强的容错能力（Fault-tolerance）、自学习能力（Self-learning）和自适应（Self-adaptive）能力。

首先,BP 神经网络的容错能力较强。对于生物神经系统来说,当发生不是特别严重的

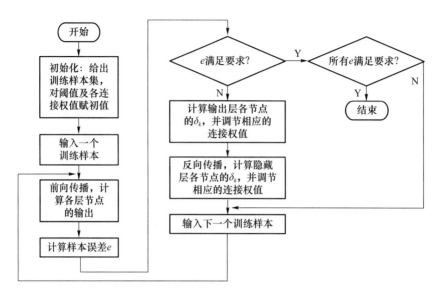

图 4.3.10 BP 神经网络的学习流程

损伤时,神经系统的整体功能不会受到较大的影响。类似地,BP 神经网络模仿了该性能,即当产生很少的误差时,网络的整体连接性能也不会受到较大的影响。所以 BP 神经网络能够自动修复学习训练过程中产生的误差,在系统受到局部损伤时,仍能够正常工作,得出较为精确的预测结果。BP 神经网络良好的容错能力是因为其采用分布式的信息表征方式,即输入信号和误差信息被分散地表达在整个网络相互连接的权值之中,单个神经元和权重自身并没有特定的意义,只有在整体中才会发挥作用。如同人脑的认知一样,单个脑细胞并不能存储特定的信息,信息被分散地存储在大脑众多的神经元中,整个大脑协调统一活动运作才能产生认知。BP 神经网络的该特征以隐含的方式对大量复杂因素进行非线性分布式编码,当网络规模足够大时,信息充斥于网络的权值中,网络有足够的冗余信息来保证所有因素同时编码,网络的活动是整体的、动态的和关联的,因此 BP 神经网络的容错能力较强。

同时,BP 神经网络具有较强的自学习和自适应能力。人脑具有很强的自组织和自适应能力,能够对外界环境的变化做出快速反应,并且通过不断学习和训练来适应环境。与人脑神经元和神经结构类似,在学习或者训练过程中,BP 神经网络能够通过改变网络的连接权值和阈值来适应外界环境,达到误差要求,输出最佳预测值,并且能够在其被使用的过程中不断完善自己的性能。实质上,如果采用数学模型来表示,则该过程基于梯度下降算法,特别是最小均方误差算法,来不断逼近与实现目标。当网络的学习方式不同时,网络甚至可以自己产生创新能力,发展知识,甚至超过网络设计者原有的知识水平,这也是人工神经网络智能化的一个重要体现。

(3)BP 神经网络的适用条件

尽管 BP 神经网络模型具有上述诸多不同于其他模型的优点,但是在实际应用中,BP 神经网络模型良好性能的实现是建立在一系列适用条件之上的,即平稳的原始数据样本、合适的参数选择和合理的网络结构设计。

① 原始样本数据平稳

用 BP 神经网络预测时间序列数据时,一个最主要的前提是原始数据是平稳的,这是因为时间序列数据分析的前提是历史数据可以为之后的发展做出参考,如果时间序列非平稳,那么说明未来数据和历史数据存在着很大的差异,无法用过去的数据去预测未来的情况。从统计学的角度看,BP 神经网络在进行训练和学习时,需要一定数量的样本数据来对总体进行统计推断。然而在时间序列中,每个时间节点的观测数据只有一个,这样的数据结构是无法进行统计推断的,只有当原始样本数据平稳时,BP 神经网络才能学习数据中的规律,实现更为精确的预测。换言之,BP 神经网络混合预测模型的良好性能是建立在数据平稳性的基础上的,即历史会重演,在未来有可能阶段性地出现与过去非常类似的走势。

② 参数选择合适

BP 神经网络达到较好的拟合预测效果、实现良好性能的前提是选取合适的网络结构参数,包括激活函数、训练算法、初始权值和学习率。

激活函数会对 BP 神经网络的输出产生很大影响,也直接影响着网络的学习速率和最终输出结果。所以 BP 神经网络预测模型需要根据不同数据集的实际情况,选取合适的激活函数来实现良好的拟合和预测性能。所选激活函数需要满足其导数在输入信号的定义域内是连续可微的,并且导数值应具有显著的变化,这样才能够满足反向误差下降过程中对梯度灵敏性的要求。因此,常用 Sigmoid 函数作为 BP 神经网络的激活函数。

除了激活函数之外,训练算法的选择也会对 BP 神经网络的性能产生一定的影响,不同的训练函数对应不同的训练算法。当 BP 神经网络的结构一定时,不同的训练函数会使网络训练的迭代次数、计算量、计算速度、搜索方式、收敛速度、存储空间、泛化能力、拟合和预测性能等方面都存在差异,所以选择合适的训练函数至关重要。训练函数可以分为两种:普通训练函数和快速训练函数。前者包括最速梯度下降算法 Traingd 和有动量的梯度下降算法 Traingdx,其中 Traingd 是最基本的训练算法。

BP 神经网络的权值在整个网络学习训练的过程中扮演了重要的角色,它不仅会影响原始信号的正向传播,还会对误差的反向传播产生影响。尽管初始权重的选取不会影响网络的收敛精度,但是可能造成网络在局部极小值附近振荡,影响网络的收敛速度。在选取初始权值时,应该注意以下两个问题:初始权值不能为 0,因为如果初始权值都为 0 时,无法进行误差的反向调整;初始分配在各个神经元的权值不能相同,因为如果 BP 神经网络中的每个神经元都计算出同样的输出,则误差在反向传播时就会计算出同样的梯度,从而对权值进行同样的更新调整。也就是说,当初始权值相同时,神经元之间就失去了不对称性的源头。

BP 神经网络算法中学习率是决定权重调整量大小的关键因素,因为 BP 算法基于梯度下降策略,在学习训练过程中权值会沿误差曲面的负梯度方向调整。在 BP 神经网络基本模型中,学习率是固定不变的。如果初始学习率选取得过大,则每次权重的调整量就会很大,使得网络在学习训练中跨过最优极值点,不断在其附近振荡,网络发散而不易收敛;如果初始学习率选取得过小,则每次权重的调整量就会很小,导致网络的学习效果较差,网络收敛速度慢。

③ 网络设计合理

BP 神经网络的网络结构是不确定的。一般来说,BP 神经网络包括输入层、隐藏层和输出层三部分。合理选择网络各层及各层的神经元数,是 BP 神经网络获得最佳网络结构,实现较高预测精度的前提。

(4)BP 神经网络的局限性

尽管 BP 神经网络应用广泛,理论基础坚实,学习机制清晰明确,能够逼近任意非线性系统,是当今人工智能领域的前沿技术,但是其自身也存在明显的缺陷:当训练样本噪声较多时,预测精度较低;网络训练收敛速度较慢,容易陷入局部极小值;无法确定其最优网络结构,泛化能力较弱。

4.3.3 贝叶斯神经网络

贝叶斯网络是一种概率网络,是基于概率推理的图形化网络,而贝叶斯公式则是这个概率网络的基础。贝叶斯网络是基于概率推理的数学模型,所谓概率推理就是通过一些变量的信息来获取其他的概率信息的过程,基于概率推理的贝叶斯网络是为了解决不确定性和不完整性问题而提出的,它对于解决复杂设备不确定性和关联性引起的故障有很大的优势,在多个领域中获得广泛应用。在本节中我们从贝叶斯网络讲起,进一步延伸到贝叶斯神经网络。

1. 贝叶斯法则

贝叶斯法则是概率统计中的应用所观察到的现象对有关概率分布的主观判断(即先验概率)进行修正的标准方法。具体公式如下:

$$p(A|B)=\frac{p(A,B)}{p(B)}=\frac{p(B|A)p(A)}{p(B)} \tag{4.3.1}$$

$$p(A_i \mid E) = \frac{p(E \mid A_i)p(A_i)}{p(E)} = \frac{p(E \mid A_i)p(A_i)}{\sum_i p(E \mid A_i)p(A_i)} \tag{4.3.2}$$

其中,$p(A_i|E)$是在给定证据下的后验概率,$p(A_i)$是先验概率,$p(E|A_i)$是在给定A_i下的证据似然,$p(E)$是证据的预定义后验概率。

2. 贝叶斯网络概述

贝叶斯网络将概率理论和图论相结合,是基于概率推理过程的图形化网络。它为解决不确定性问题提供了一种自然而直观的方法。近年来,贝叶斯网络已成为国内外智能数据处理的研究热点之一,被广泛应用于专家系统、决策支持、模式识别、机器学习和数据挖掘等领域。

贝叶斯网络由$\langle X,A,\Theta \rangle$三部分组成。其中:$\langle X,A \rangle$表示一个有向无环图(Directed Acyclic Graph,DAG)的结构G,如图4.3.11所示;X是网络中节点的集合,$X_i \in X$表示一个限制定义域的随机变量;A是网络中有向边的集合,$a_{ij} \in A$表示节点之间的直接依赖关系,a_{ij}表示X_i与X_j之间的有向连接,$X_i \leftarrow X_j$;Θ是网络参数,是各节点的概率取值,$\theta_i \in \Theta$表示与节点X_i相关的条件概率分布函数。贝叶斯网络蕴涵了条件独立性假设,即给定一个节点的父节点集,该节点独立于它的所有非后代节点。因此,贝叶斯网络所表示的所有节点的联合概率就可以表示为各节点条件概率的乘积,如式(4.3.3)所示。

$$P(X_1,X_2,\cdots,X_n) = \prod_{i=1}^{n} P(X_i \mid X_1,X_2,\cdots,X_{i-1})$$
$$= \prod_{i=1}^{n} P(X_i \mid \pi(X_i)) \tag{4.3.3}$$

其中:$i=1,2,\cdots,n$;$\pi(X_i)$表示X_i的父节点集。当给出了网络结构G后,节点间的相关关系也就随之确定。在这个前提下,结合网络参数Θ,一个贝叶斯网络就可以唯一地确定节点X的联合概率分布,得到推理结果。由于节点间存在条件独立的性质,贝叶斯网络的计算效率比其他计算联合概率的方法高很多。

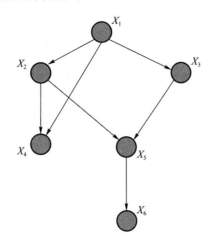

图 4.3.11　有向无环图

例如,假设有向无环图每个状态的概率如图 4.3.12 所示,试计算 $P(C,S,R,W)$。

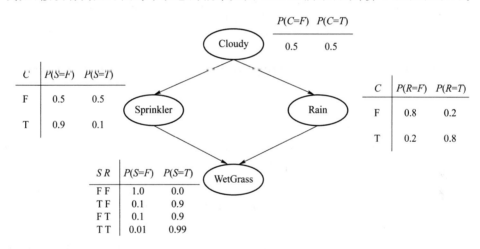

图 4.3.12　有向无环图示例

$$P(C,S,R,W) = P(C)P(S|C)P(R|S,C)P(W|S,R,C)$$
$$= P(C)P(S|C)P(R|C)P(W|S,R,C)$$
$$= P(C)P(S|C)P(R|C)P(W|S,R)$$

3. D-分割与变量独立相关概念

D-分割是寻找网络节点之间的条件独立性的一种方法,也是一种问题的简化处理技巧。采用 D-分割技术,在用贝叶斯网络进行预测、诊断推理等方面,可以提高计算速度,减少计算复杂性。下面对 D-分割的有关概念进行阐述。

(1) 连接

图分割是指将网络顶点分割为指定规模、指定数量的非重叠群组,并使得群组之间的边数最小。考虑贝叶斯网络中的三个变量 X、Y、Z,变量 X 和 Y 通过第三个变量 Z 间接相连,有顺连、分连和汇连三种情况,如图 4.3.13 所示。

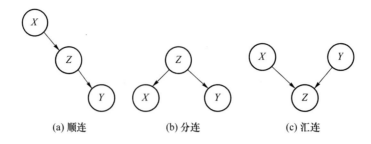

(a) 顺连　　　　　　　(b) 分连　　　　　　　(c) 汇连

图 4.3.13　变量间的连接情况

(2) 阻塞

设 Z 为一节点集合，X 和 Y 是不在 Z 中的两个节点。考虑 X 和 Y 之间的一条通路，如果满足图 4.3.14 所示条件之一，则称 X 和 Y 被 Z 所阻塞。

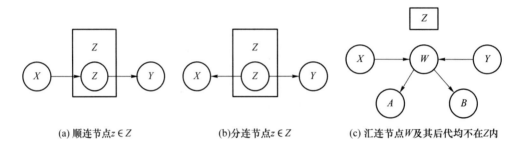

(a) 顺连节点$z \in Z$　　　　(b) 分连节点$z \in Z$　　　　(c) 汇连节点W及其后代均不在Z内

图 4.3.14　阻塞的三种情况

(3) D-分割和变量独立

如果 X 和 Y 之间的所有通路都被 Z 阻塞，则说 Z 有向分割（Directed Separate）X 和 Y，简称 D-separate、D-分割。那么 X 和 Y 在给定 Z 时条件独立。

定理（整体马尔可夫性）：设 X 和 Y 为贝叶斯网络 N 中的两个变量，Z 为 N 中一个不包含 X 和 Y 的节点集合。如果 Z D-分割 X 和 Y，那么 X 和 Y 在给定 Z 时条件独立，即

$$X \perp Y \mid Z$$

注意：D-分割是图论的概念，而条件独立是概率论的概念，所以该定理揭示了贝叶斯网络图论侧面和概率论侧面之间的关系。

4. 贝叶斯网络推理

贝叶斯网络推理算法大致可分为精确推理算法和近似推理算法两类。精确推理算法希望能计算出目标变量的边际分布或条件分布的精确值，然而此类算法的计算复杂度随着极大团规模的增长呈指数增长，因此仅适用于贝叶斯网络的规模较小的场景。当贝叶斯网络的规模较大时，多采用近似推理，近似推理算法可以在较低时间复杂度下获得原问题的近似解。下面主要介绍精确推理算法中的变量消元算法。该算法主要是利用概率分解来降低推理复杂度，消元过程实质上就是一个边缘化的过程。利用该算法可以使得运算局部化。变量消元法的处理流程如下。

对于图 4.3.15 所示的一个链状的贝叶斯网络，如果已知 $P(A)$、$P(B|A)$、$P(C|B)$ 和 $P(D|C)$，要计算 $P(D)$，根据贝叶斯公式可以得到

$$P(D) = \sum_{A,B,C} P(A,B,C,D) = \sum_{A,B,C} P(A)P(B|A)P(C|B)P(D|C) \qquad (4.3.4)$$

很自然的,我们可以把上述公式变为

$$P(D) = \sum_C P(D|C) \sum_B P(C|B) \sum_A P(A)P(B|A) \qquad (4.3.5)$$

利用变量消元法计算 $P(D)$ 的方法如下。

- CPT 是贝叶斯网络的条件概率分布集合,即 $CPT = \{P(A), P(B|A), P(C|B), P(D|C)\}$。
- 从 CPT 中删去含有 A 的函数 $P(A), P(B|A)$;加入一个新函数 $f(B) = \sum_A P(A)P(B|A)$,从而得到新的 $CPT = \{f(B), P(C|B), P(D|C)\}$。
- 从 CPT 中删去含有 B 的函数 $f(B), P(C|B)$;加入一个新函数 $f(C) = \sum_B f(B)P(C|B)$,得到新的 $CPT = \{f(C), P(D|C)\}$。
- 从 CPT 中删去含有 C 的函数 $f(C), P(D|C)$;加入新函数 $f(D) = \sum_C f(C)P(D|C)$,得到新的 $CPT = \{f(D)\}$。
- 上面得到的 $f(D)$ 就是所求的 $P(D)$。

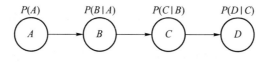

图 4.3.15　贝叶斯网络

5. 贝叶斯神经网络概述

上文介绍了贝叶斯网络的有关内容,下面将具体阐述贝叶斯神经网络的相关知识。贝叶斯神经网络与贝叶斯网络的区别在于贝叶斯网络是用来生成模型的,而贝叶斯神经网络是已知模型,训练参数。贝叶斯网络更容易获得上下文的相关性,因此可以解码一个输入的序列,比如将一段语音识别成文字,或者将一个英语句子翻译成中文。而贝叶斯神经网络的输出是独立,它可以识别一个个字,但很难处理一个序列,因此它主要的应用常常是估计一个概率模型的参数,如语音识别中声学模型参数的训练、机器翻译中语音模型参数的训练,而不是作为解码器。

贝叶斯神经网络本质上是神经网络,它在神经网络中加入了概率图模型的一些内容来弥补神经网络的不足。对于一个神经网络来说,最为核心的是如何根据训练集的数据,得到各层的模型参数,使得损失函数最小,因其具有强大的非线性拟合能力而在各个领域有着重要应用。而常规神经网络存在的问题是:在数据量较少的情况下会出现严重的过拟合现象;网络模型的复杂度可能较高;缺少对网络参数与网络输出进行置信区间估计的工具等。

贝叶斯神经网络的优点是可以根据较少的数据得到较为理想的模型,而且得到的是各层参数的分布,从而可以有效地解决过拟合的问题,不仅可以对结果进行预测,还可以对结果的误差进行有效预测。除此之外,贝叶斯神经网络解决了神经网络中超参数的设定和置信区间估计的问题,同时着眼于整个参数空间的概率分布,在理论上增加了网络的泛化能力。

6. 贝叶斯神经网络的学习

考虑有监督的神经网络模型来对神经网络的贝叶斯学习过程进行简要的介绍。主要学习过程如下。

（1）权值先验分布确定

典型的前馈神经网络误差性能函数为均方差函数，假设误差函数为

$$E_D = \frac{1}{N}\sum_{i=1}^{N}(e_i)^2 \tag{4.3.6}$$

其中，N 为样本总数，e_i 是误差。增加网络权阈值的均方差为

$$E_w = \frac{1}{N}\sum_{i=1}^{N}(W_i) \tag{4.3.7}$$

其中，W_i 是网络权值。则得到修正后的误差性能函数为

$$F = \beta E_D + \alpha E_w \tag{4.3.8}$$

其中，α 和 β 是超参数值，将 α 和 β 视为随机变量，则其后验分布为

$$P(\alpha,\beta|D,M) = \frac{P(D|\alpha,\beta,M)P(\alpha,\beta|M)}{P(D|M)} \tag{4.3.9}$$

称上式为超参数 α、β 的显著度，其中 $P(D|M)$ 是归一化因子。使 α、β 后验分布最大，只需似然函数 $P(D|\alpha,\beta,M)$ 最大。权阈值的后验分布如式（4.3.10）所示。

$$P(w|D,\alpha,\beta,M) = \frac{P(D|w,\beta,M)P(w|\alpha,M)}{P(D|\alpha,\beta,M)} \tag{4.3.10}$$

其中，M 是网络结构，w 表示权值向量，D 表示样本数据集。

（2）权值先验分布求解

无权值先验知识时，假设先验分布服从常见的高斯分布，即

$$P(w|\alpha,M) = \frac{1}{z_w(\alpha)}\exp(-\alpha E_w) \tag{4.3.11}$$

其中，$z_w(\alpha)$ 表示归一化因子：

$$z_w(\alpha) = \left(\frac{2\pi}{\alpha}\right)^{\frac{w}{2}} \tag{4.3.12}$$

（3）似然函数求解

假设各样本数据是独立选择的，那么似然函数如式（4.3.13）所示：

$$P(D|w,\beta,M) = \frac{1}{z_D(\beta)}\exp(-\beta E_D) \tag{4.3.13}$$

其中

$$z_D(\beta) = \int_{-\infty}^{+\infty}\exp(-\beta E_D)\mathrm{d}D \tag{4.3.14}$$

利用上式可计算出值

$$z_D(\beta) = \left(\frac{2\pi}{\beta}\right)^{\frac{N}{2}} \tag{4.3.15}$$

（4）权值后验分布求解

由先验分布和似然函数可得权值的后验分布为

$$P(w|D,\alpha,\beta,M) = \frac{1}{Z_F(\alpha,\beta)}\exp[-F(w)] \tag{4.3.16}$$

其中

$$Z_F(\alpha,\beta) = \int_{-\infty}^{+\infty}\exp(-\beta E_D - \alpha E_w)\mathrm{d}w \tag{4.3.17}$$

式(4.3.15)与 w 无关,则最小化 $F(w)$ 可以求得后验分布的最大值,此时所对应的权阈值即为所求。设 $F(w)$ 取最小值所对应的权阈值为 w^{MP}, $F(w)$ 在 w^{MP} 附近按泰勒公式展开,并忽略高次项可以得到

$$F(w) = F(w^{MP}) + \frac{1}{2}(w - w^{MP})^T A(w - w^{MP}) \tag{4.3.18}$$

从而可得

$$P(D|\alpha,\beta,M) = \frac{Z_F(\alpha,\beta)}{Z_F(\alpha)Z_D(\beta)} \tag{4.3.19}$$

将之前求得的 $Z_w(\alpha)$、$Z_D(\alpha)$、$Z_F(\alpha,\beta)$ 代入,取对数,再求导确定超参数的值:

$$\alpha = \frac{\gamma}{2E_W} \quad \beta = \frac{N-\gamma}{2E_D} \tag{4.3.20}$$

其中: $\gamma - N - 2\alpha \mathrm{tr}(A)^{-1}$ 表示有效的网络参数数目; N 为网络所有参数的数目。

神经网络的贝叶斯学习的思路是在给定超参数条件下通过最大化 $P(W|\alpha,\beta,A)$ 推断出最可能的 W,然后优化超参数 α、β。具体流程如图 4.3.16 所示。

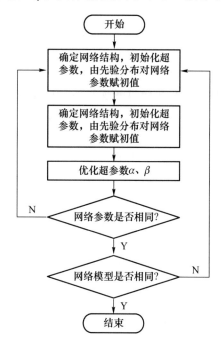

图 4.3.16 算法流程

7. 贝叶斯网络的应用

贝叶斯网络是一个对不确定性进行推理的工具,几乎所有的涉及预测、智能推理、诊断、决策、风险/可靠性分析的问题都可以运用贝叶斯网络来处理。贝叶斯网络首先在医疗诊断领域取得了广泛的应用,出现了许多基于贝叶斯网络的辅助医疗诊断系统,如 PATHFINDE 系统和 CPCSBN 远程医疗系统等。贝叶斯网络同时还在生命科学领域得到了广泛的应用,如基于贝叶斯网络进行基因序列分析、基因调控网络的构建等。在工业和工程控制领域,贝叶斯网络在信号检测、无线传感器网络、制造控制系统和系统可靠性分析等方面都有非常成功的应用。总之,贝叶斯网络模型和贝叶斯方法已经在医疗诊断、生命信息

学、图像和语音识别、金融风险分析和软件系统测试等诸多领域得到了广泛而成功的应用，并正在被融入人工智能和数据挖掘领域处理不确定性问题的主流模型中。

4.3.4 机器学习

1. 机器学习概述

机器学习是人工智能的前沿，其主要思想为在海量数据中寻找数据的"模式"，在没有过多人为因素干预的情况下，运用所寻找的模式来预测结果。机器学习是人工智能技术的核心，是使计算机具有智能的根本途径，该领域的研究重点在于：如何在已有经验中改善具体算法的性能。机器学习的应用主要有数据挖掘、计算机视觉和自然语言处理等。

机器学习自 20 世纪 50 年代中期提出之后，其发展过程可以分为四个阶段。

第一阶段：20 世纪 50 年代中叶到 60 年代中叶，是机器学习开始发展的阶段。该阶段研究的主要对象是各类自组织、自适应系统，通过修改系统的控制参数，改进系统的执行能力，通常不涉及具体的任务，如 Samuel 的下棋程序。

第二阶段：20 世纪 60 年代中叶到 70 年代中叶，是机器学习发展的平静阶段。该阶段的研究重点在于模拟人的概念学习过程，采用逻辑结构描述学习机，如 Winston 的结构学习系统和 Hayes-Roth 的基本逻辑归纳学习系统。

第三阶段：20 世纪 70 年代中叶到 80 年代中叶，是机器学习的研究复兴阶段。这一时期主要关注不同的学习策略和方法，将学习系统与各种应用结合起来，并取得了成功，促进机器学习的发展。1980 年召开的第一届机器学习国际研讨会，标志着机器学习的大规模兴起。

第四阶段：20 世纪 80 年代中叶至今，该阶段主要有面向任务、认识模拟、理论分析三个研究方向，既包含对原始理论的研究，也包括与应用领域结合的研究。

2. 机器学习分类

根据不同的标准，机器学习有多种不同的分类方法。本书主要介绍三种分类角度：根据学习方法、根据分类器的实现方法，以及根据分类器的原理。

(1) 根据学习方法的不同，可以将机器学习分为有监督学习、无监督学习、半监督学习和强化学习。

- 有监督学习。算法在训练过程中有先验知识的参与，即有结果度量的指导学习。在训练分类器时，训练结果通过与已知结果的对比分析，可以进行有效的调整，如决策树、人工神经网络、支持向量机等。
- 无监督学习。学习过程没有已知结果度量的参与，分类器的训练只是根据样本中的特征对总体进行估计。这种方法适合用于难以获取先验知识的情况下，如聚类分析、关联规则分析等。
- 半监督学习。半监督学习是近年来兴起的内容，在训练样本中既包含已知标签的数据，也包含未知分类的样本，因此需要结合不同的分析方法。目前的解决方案通常是采用分阶段的算法，结合有监督学习和无监督学习，从而整体提高学习性能。
- 强化学习。强化学习是机器学习中的一个重要领域，强调如何基于环境而行动，以取得最大化的预期利益。强化学习的每一步没有明确的标签标识对错，只存在一个最终的结果作为导向。

（2）根据分类器的实现方法,可以将机器学习分为单一分类器、混合分类器以及集成分类器。

- 单一分类器。模式识别或者分类过程由一个算法或一个阶段完成,从输入数据到输出结果只有一个中间的计算阶段,经典的机器学习算法大多是这一类,如 K 最近邻算法（K-Nearest Neighbors, KNN）、支持向量机（Support Vector Machines, SVM）、神经网络、决策树、朴素贝叶斯、遗传算法等。
- 混合分类器。混合分类器是指由多种算法结合完成分类或预测过程,通常是不同算法的组合,并且分阶段完成。例如,采用两阶段的算法,其中第二个算法的输入即为第一个算法的输出,二者分阶段最终得到结果。
- 集成分类器。集成分类器将不同的算法结合在一起,不分阶段,共同完成算法。典型的方法是算法的优化,例如,某种算法修改或优化其他算法的参数等,最终达到提高分类效果的目的。与混合分类器的不同在于,集合分类器不明显地分阶段,算法之间的融合度更高。

（3）根据分类器的原理,可以将机器学习分为基于逻辑的分类器、基于统计的分类器以及混合分类器方法。

- 基于逻辑的分类器。基于逻辑的分类器是指通过归纳演绎等方式构建规则进行分类,其学习机是基于逻辑而构建的各种规则,包括决策树、规则学习机 RIPPER 以及感知器技术等。
- 基于统计的分类器。基于统计的分类器是统计机器学习的研究内容。作为机器学习中的一大类,这种分类器通过构建概率模型确定样本所属的类别,包括贝叶斯、KNN、SVM 等。
- 混合分类器方法。混合分类器方法是指多种不同的方法组合完成分类任务,可分为多种不同的结合或组合方式,其中方法的各部分可能是基于不同的原理。

3. 机器学习算法

多年来,机器学习算法虽然有较多的发展和更新,但是有一些算法作为机器学习的基础,仍然有着广泛的应用。下面我们简要介绍八种机器学习算法。

- 决策树。该算法分类或预测的结果通过树形结构来实现,把实例从根到叶子节点排列,待分类的数据所在的叶节点就是所属的分类。典型的算法包括 ID3、C4.5、分类回归树（Classification and Regression Tree, CART）等。
- 随机森林。该算法利用多个决策树结合进行分类和预测,应用于回归、分类、聚类以及生存分析等。在分类和回归中,通过自助法重采样,生成多个树回归器或分类器。
- 人工神经网络。该算法采用数学方法对生物的神经元工作进行模拟,神经元所天然包含的分布式存储、并行计算等特征,使其具有很好的拟合性能。神经网络算法目前广泛应用于医学、工程以及信息学领域。
- SVM 算法。该算法是统计机器学习领域的典型方法,由 Vapnik 等人于 1995 年提出。SVM 具有三个特征:其一是采用结构风险最小化原则,使得算法具有较好的推广能力;其二是基于泛函中的 Mercer 定理,将低维空间中的问题转化为高维空间里的线性可分问题;其三是通过最大化分类间隔,控制 VC 维（Vapnik-Chervonenkis Dimension）,能够保证算法的全局最优。

- Boosting 与 Bagging。Boosting 通过构造预测函数,提高算法预测度,将弱学习算法提升为强学习算法。Bagging 给定弱学习算法和训练集,通过对多轮随机选取的样例进行训练,得到预测函数序列,并最终决定预测函数。与 Boosting 的区别在于其选择训练集的过程是随机的。

- 关联规则。该算法是用来解决数据项集之间的关联性的一类方法,最早提出于二分类变量之间的分析,后来的发展使其可用于多分类。关联规则可以看作分析变量之间的关系,并且把这种关系解释成规则。

- 贝叶斯算法。贝叶斯算法是在已知先验概率的条件下进行模式分类的方法,样本的类别是根据概率进行判断的。这种方法的理论基础来源于贝叶斯定理和贝叶斯假设。典型的算法包括朴素贝叶斯、贝叶斯网络、增量贝叶斯等。

- 最大期望(Expectation-Maximization,EM)算法。该算法用于存在潜在变量的情况下,对模型参数进行估计。算法的每一次迭代由两个"步"来完成,即期望步和极大步,最终达到分类的目的。

4.3.5 深度学习

1. 深度学习概述

深度学习是一种基于表征学习思想的机器学习技术,一般使用深层神经网络实现,它通过多层的特征学习逐步得到原始数据的高层特征表示,并进一步用于分类等任务。深度学习的应用方式一般是端到端的形式,即不再需要手工设计特征和提取特征,而是由神经网络直接处理原始数据并自动学习和输出高层特征。这个优势使得深度学习在许多特征设计较困难的领域得到了广泛应用,并取得了非常好的效果,如计算机视觉、语音识别和自然语言处理等。

深度学习的基本概念可以从顾名思义的"深度"和"学习"两方面解释。

所谓"深度",是相对于传统的机器学习技术的"浅层"而言的。传统的各类机器学习技术,如支持向量机、逻辑回归(Logistic Regression,LR)、决策树等,本质上都是浅层结构算法。它们存在一些局限性,例如,在样本有限的情况下表示复杂函数的能力有限,针对复杂问题时其泛化能力受到制约。对于复杂的非线性函数关系,这些传统的机器学习技术往往无能为力。深层神经网络恰恰可以很好地解决上述问题。事实上,单隐藏层的神经网络就具备计算任意复杂度的函数的能力,这在 20 世纪 80 年代末就已经得到了数学证明。深层神经网络包含的网络结构比传统的神经网络更加多样,网络层数也更多,具有更加强大的复杂函数拟合能力。近年来,随着深度学习技术的快速发展,深层神经网络的层数已经达到了数十层甚至数百层。例如,微软在 2015 年年底参加 ImageNet 图像分类大赛中使用的深层神经网络 ResNet 已经达到了 152 层。

所谓"学习",是相对于传统的机器学习技术的"人工"而言的。机器学习领域中很重要的一个概念是"特征",即能反映出原始数据本身特性的一系列抽象数据。例如,网络流量分类领域,可以提取的特征有网络流长度、数据包个数、数据包尺寸等。在传统的机器学习领域中,这些特征数据是由领域专家根据经验手工设计的,特征设计的好与坏往往直接影响机器学习的效果。这就造成了传统机器学习方法的一个极大不确定性因素。在有些领域,寻找一个好的特征往往是一件极为困难的任务。而在深度学习中,特征不再是人工设计的,而是由深层神经网络直接从原始数据中学习得到。这就是所谓的表征学习或者特征学习的概念。在训练数据足够多的情况下,深层神经网络学习到的高层特征能够获得比由专家人工设计的特征更好的效果。这种端到端的架构(原始数据到结果输出)比传统的多步骤分治架构(特征设计、特征提取和选择、结果输出)更有可能得到全局最优解,在很多应用领域中具有更大的发展潜力。

另外,深度学习技术的另一个重要特点是分层学习。特征学习的步骤是分层执行的,即浅层的神经元负责提取简单的特征,深层的神经元将浅层特征组合起来,形成更加复杂和抽象的高层特征。这种逐层学习特征的形式与生物神经系统中的结构形式高度契合,也是深度学习取得良好效果的一个重要原因。

深度学习与神经网络也有异同。深度学习采用神经网络的模型结构,是由输入层、隐藏层和输出层集成的多层网络,并且层内节点无连接,层间节点全连接。但是深度学习与神经网络的训练机制完全不同。传统的神经网络随机设定模型的初值,采用梯度下降法,通过计算模型输出与实际值的差来调整参数,从而预测样本的输出。但是在梯度传递时面临消失和爆炸的问题,导致误差难以优化。2006 年,Hinton 在 *Science* 上发表的一篇文章,通过逐层初始化、自下而上的非监督训练以及自上而下的监督微调,解决了深度神经网络在训练上的难题,使得深度学习目前在大多数应用中处于不败之地。

需要指出的是,深度学习之所以能够取得巨大的成功,除了算法层面的不断改进,数据处理能力和计算能力的持续提升也起到了重要的推动作用。随着大数据技术的发展,数据的获取、存储、处理能力都突飞猛进,在数据为王的机器学习领域,这对提高深度学习的泛化能力非常关键。随着多核 CPU 和 GPU 技术的发展,模型训练速度的问题也得到了巨大的改善。综合来说,算法+数据+计算能力,三者共同推动了深度学习的蓬勃发展。

2. 深度学习常用模型

(1) 神经网络语言模型

语言模型(Language Model,LM)把语料库当作一个随机变量,通过对给定前面的词语来预测下一个词语的任务建模,计算句子概率。神经网络语言模型(Neural Network Language Model,NNLM)最早由 Bengio 等人提出,其核心思想是用一个 K 维的向量来表示词语,使得语义相似的词在向量空间中处于相近的位置,并基于神经网络模型将输入的上下文词向量序列转换成固定长度的上下文隐藏向量,使得语言模型不必存储所有不同词语的排列组合信息,从而改进传统语言模型受词典规模限制的不足。神经网络语言模型如图 4.3.17 所示。

(2) 自编码器

自编码器(Autoencoder,AE)是一种无监督的学习模型,由 Rumelhart 等人最早提出。自编码器由编码器和解码器两部分组成,先用编码器对输入数据进行压缩,将高维数据映射到低维空间,再用解码器解压缩,对输入数据进行还原,从而实现输入到输出的复现。如图 4.3.18所示,自编码器的训练目标为:使得输出 $\hat{X}$ 尽可能地还原输入 X。其中,编码器和解码器都是基于神经网络构建的。

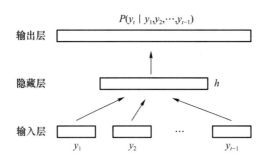

图 4.3.17　神经网络语言模型示意图

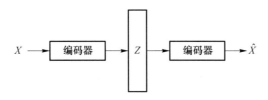

图 4.3.18　自编码器结构示意图

为了改进基本模型中容易陷入局部最优的情况,深度自编码器模型已被研究学者提出。其中,变分自编码器和条件变分自编码器被用到开放领域的对话系统中,对回复生成的多样性进行控制,示意图如图 4.3.19 所示。变分自编码器(Variational Auto Encoder,VAE)是一种生成模型,它引入统计思想,在基础的自编码器模型基础上加入正则约束项,使得隐藏层 Z 满足某个分布,并从 Z 中自动生成数据。条件变分自编码器(Conditional Variational Auto Encoder,CVAE)是在变分自编码器之上再增加一些额外信息作为条件的一类模型。其模型训练和测试的时候均以额外信息 C 为条件。

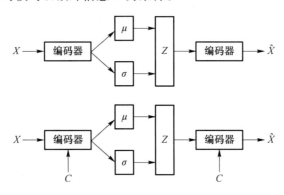

图 4.3.19　变分自编码器(上)和条件变分自编码器(下)模型示意图

（3）卷积神经网络

卷积神经网络(Convolution Neural Network,CNN)是人工神经网络的一种。其核心思想是设计局部特征抽取器并运用到全局,利用空间相对关系共享参数,从而提高训练性能。早期主要运用于图像处理领域,后来被应用到自然语言处理中。

卷积层和池化层是卷积神经网络的重要组成部分。其中,卷积层的作用是从固定大小的窗口中读取输入层数据,经过卷积计算,实现特征提取。卷积神经网络通过在同一层中共享卷积计算模型来控制参数规模,降低模型复杂度。池化层的作用是对特征信号进行抽象,用于缩减输入数据的规模,按一定方法将特征压缩。池化的方法包括加和池化、最大池化、均值池化、最小值池化和随机池化。最后一个池化层通常连接到全连接层,来计算最终的输出。卷积神经网络的基本结构如图 4.3.20 所示。

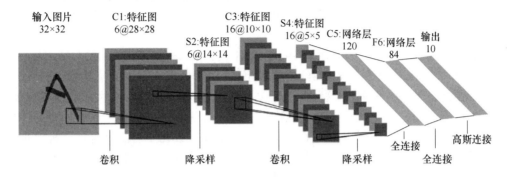

图 4.3.20 卷积神经网络模型示意图

（4）循环神经网络

循环神经网络(Recurrent Neural Network,RNN)是专门设计用于处理序列数据的神经网络架构,它利用时间相对关系来减少参数数目以提高训练性能,已经成功地运用于自然语言处理。

循环神经网络具有自环的网络结构。一个简单的循环神经网络如图 4.3.21 所示,左边为压缩表示,右边是按时间展开的表示。其中,自环的网络对前面的信息进行记忆并应用于当前输出的计算中,即当前时刻隐藏层的输入包括输入层变量和上一时刻的隐藏层变量。由于可以无限循环,所以理论上循环神经网络能够对任何长度的序列数据进行处理。但是循环神经网络在实际应用时有梯度消失等问题,后续研究针对该问题提出了带存储单元的循环神经网络,如长短时记忆(Long Short-Term Memory,LSTM)网络和门控循环单元(Gated Recurrent Unit,GRU)。

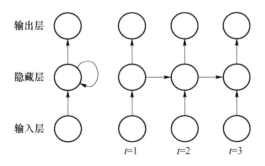

图 4.3.21 循环神经网络模型示意图

循环神经网络在开放领域对话系统中可用于文本表示,即将词向量按词语在文本中的顺序逐个输入网络中,末节点的隐藏向量可以作为该话语的语义向量表示。随着技术的发展,其扩展模型双向循环神经网络(Bi-LSTM)、密集循环神经网络(Dense RNN)等都相继被引入开放领域对话系统中。

4.3.6　强化学习

1. 强化学习概述

作为一种重要的机器学习技术,强化学习(Reinforcement Learning,RL)强调与环境的交互,其不需要给定各种状态下的教师信号(标注数据等)就可以自主学习,对于求解复杂的优化决策问题有着广泛的应用前景。

强化学习的思想源于行为心理学(Behavioral Psychology)的研究。1911 年,Thorndike 提出了效用法则(Law of Effect):在给定情景下,若动物的某种行为会使其感到舒服,这种行为就会与此情景加强联系,当这种情景再次出现时,动物也更容易再次采取这种行为;若动物采取的行为让它不舒服,则这种情景再次出现时,就较小概率会选取这种行为。换言之,行为与情景之间的映射取决于它在该情景下的效用。强化学习正是这样一种模拟生物进化过程中为适应环境而进行的学习。一般而言,强化学习有两个特点:一是强化学习不基于静态的标注数据,而是主动采取行动对环境进行试探;二是行动所获得的反馈不是分明的是否对错,而是模糊的评价。本质上强化学习就是学习如何从环境到最优行动的映射。

强化学习研究具有十分重要的理论价值和应用价值。2016 年 3 月,Google 旗下的 DeepMind 公司研发的 AlphaGO 围棋机器人以总比分 4∶1 大胜世界顶级棋手李世石,便是彰显强化学习价值的一个良好范例。随着人工智能研究的不断深入,研究工作者逐渐发现研究人工智能的最好方法是向人类自身学习。显然,源于动物心理学的强化学习就符合这一特质,对其展开的研究对于促进人工智能的发展无疑会产生积极的影响。此外,在智能系统设计中,我们通常希望 Agent 具备一定的自主学习能力,因为在复杂未知的环境下,Agent 要想获得良好的教师指导来进行学习往往是不现实的。而强化学习独特的无教师自主学习机制,使得其特别适用于处理先验知识较少或动态变化的复杂优化决策问题。近年来,强化学习已成功应用于机器人导航控制、智能游戏设计、无线传感器网络自适应路由、工业过程控制、资源优化调度、信息检索等诸多领域,并被认为是智能系统设计的核心技术之一。

2. 强化学习的研究现状

强化学习把学习看作试探过程,系统主要由两大部分组成,即智能体和环境。标准的强化学习系统基本模型如图 4.3.22 所示。在强化学习中智能体选择一个动作 a 作用于环境,环境接受该动作后发生变化,同时产生一个奖励信号 r 反馈给智能体,智能体再根据奖励信号和环境当前状态选择下一个动作,选择的原则是使受到正的奖赏的概率增大。选择的动作不仅影响即时奖励值,而且影响环境下一时刻的状态及最终奖励值。

强化学习问题通常可以描述为马尔可夫决策过程(Markov Decision Process,MDP),一般包括如下几个元素。

① 状态:描述的是当前的环境情况,譬如一个围棋程序,状态是棋盘上棋子的位置;状态空间是指所有可能的环境情况。

② 动作:表示智能体在每个状态上可能执行的操作,动作空间是指智能体所有可能的操作。

③ 奖励:在某个状态下,执行某个动作后,得到的回报。该奖励可能是正面的,也可能是负面的(即惩罚)。

④ 状态转移概率:表示在某一状态下,执行某一动作后,系统转移到下一个状态的概

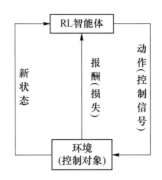

图 4.3.22 强化学习基本模型

率值。

⑤ 策略：表明状态和动作之间的映射关系，即在某个状态下执行哪个动作，通常表示为 $a(t)=\pi(x(t))$。智能体需要不断地尝试所有可能的状态—动作组合，策略 π 表示状态空间上的动作序列。强化学习的目的是找到最佳的策略 π^*。

⑥ 值函数：强化学习关注的是长期奖励的最大化，而不是即时奖励的最大化。如果只是最大化即时奖励，会导致每次只选择最大即时奖励的那个动作，从而变成了简单的贪心策略。为了更好地表示从当前时刻开始一直到状态达到目标时所累积的长期奖励，采用了值函数来描述这一变量。

3. 强化学习的分类

就算法结构而言，常规强化学习分为三类：Actor-Only、Critic-Only 和 Actor-Critic，这里 Actor 代表执行器，也即显式策略，Critic 代表评估器，即策略值函数的存储器。

（1）Actor-Only 类

Actor-Only 类强化学习算法也即直接策略搜索法，利用梯度下降法来优化策略，特点在于不使用任何形式的值函数。此类研究主要聚焦在如何快速得到策略梯度的无偏且方差较小的估计，其中最早也最为有名的是 REINFORCE 算法，该算法的中心思想是"奖励有利行为，惩罚不利行为"，但其只适用于解决有限时间域（Finke Horizon）且带有周期性的任务。尽管如此，REINFORCE 算法开了 Actor-Only 类强化学习算法的先河。Actor-Only 类强化学习算法的优势在于可以处理连续动作空间的问题，且收敛性较易证明，但是策略梯度的估计往往有偏差或方差较大，收敛速度缓慢。

（2）Critic-Only 类

Critic-Only 类强化学习算法将策略隐含地表示在状态动作值函数中，即能最大化折扣报酬的动作是当前状态的策略。基于值函数的方法起初一直是强化学习研究的重点，且获得了许多研究成果，其中基于查表法的 Q 学习是最为典型的方法之一。该算法收敛性好，能很好地解决离散状态、离散动作的任务，但收敛速度较为缓慢。此类算法只适用于离散动作场景，且在值函数需近似时不能保证收敛，尤其是智能体的贪婪搜索会导致策略值函数在一定范围内振荡。尽管如此，Critic-Only 类方法由于理论简单而获得较为广泛的应用。

（3）Actor-Critic 类

Actor-Critic 类强化学习算法同时拥有显式表达的策略及值函数评估器，能结合 Actor 类算法的强收敛性优势与 Critic 类算法策略梯度的准确估计两种优势。理论上来说，在 Actor-Critic 类算法中，值函数计算可以使用 Criti-Only 类的所有方法，之后智能体用值函数推导策略梯度进而更新策略参数。需说明的是，自然梯度的引入以及策略梯度定理的提出更是极大地推动了此类学习方法的研究。Actor-Critic 类强化学习算法由于其两者兼得的优势，吸引了越来越多的研究，成为当前常规强化学习研究的主流方向，并取得了较多的关键性成果。

4. 强化学习的缺点

尽管强化学习已取得了不少成果，但在求解具有连续空间的实际工程问题时仍面临诸多挑战：①传统的表格型强化学习算法虽然具有良好的收敛性，然而在求解此类问题时却易遭受维数灾难（Curse of Dimensionality），即算法的时间和空间复杂度随维数增加而成指数增长，因此导致较大的计算误差。②现有强化学习算法的学习效率难以令人满意，往往需要经历大量的采样与迭代才能得到较好的收敛结果。③许多传统强化学习算法经泛化改造后虽然可以克服维数灾难，然而缺乏可靠的收敛保证，容易造成学习的不稳定。④不少基于逼近的强化学习算法对连续空间缺乏自适应表示机制，要求用户手工设置基（核）函数，增加了算法的使用难度，且算法的性能易受用户经验影响。⑤多数强化学习算法采用固定标量步长（学习率）进行学习，即便用户精心调校，学习性能也难以提高。如何解决上述问题，已成为决定强化学习方法能否得到广泛应用的关键。

5. 深度强化学习

传统的增强学习算法只适用于较为简单的任务，如环境较为单一的场景等。随着问题复杂度的增加，传统的增强学习方法已无法满足现实需要。Google 的研究人员将具有感知能力的深度学习技术和具有决策能力的增强学习方法相结合，即深度强化学习（Deep Reinforcement Learning，DRL），其成功解决了诸如与人类进行围棋对弈等复杂任务。在具体应用中，利用深度强化学习设计的围棋对弈系统最终以压倒性的优势战胜了世界围棋冠军。深度学习方法的优势在于其具备较强的数据表征能力，能够从大量训练数据中提取出有效特征用于学习。不同于其他机器学习方法，增强学习方法能够直接在与环境的互动中进行学习。而通过将深度学习技术与增强学习方法相结合所形成的深度强化学习方法实现了从感知端到动作端的端对端融合。基于深度强化学习构建的智能体由深度神经网络构成，输入为对环境的感知信息，输出为动作或者策略。每个时刻智能体与环境交互，利用深度神经网络获得环境信息的抽象表征并据此输出当前最优动作；真实环境针对智能体所做出的动作进行反馈，返回一个奖赏值或奖励信号用于对智能体所做的动作进行评价；智能体接收反馈，并通过该反馈值对自身进行迭代更新。通过不断重复以上步骤，最终能实现复杂环境下的策略求解。该方法不需要过多的人工干预，具有极强的通用性。目前，深度强化学习相关的技术与方法已经在视频、游戏和机器人等领域获得了广泛的应用。

4.4 粗糙集信息处理技术

粗糙集信息处理

4.4.1 粗糙集理论的提出

我们常开玩笑说，一个人的头发越少，则其学识越丰富，如果头发掉光成了秃头，那就真是"聪明绝顶"了。这当然是现代人对于脱发的一种调侃，但是这个"理论"似乎又有其合乎道理的一面——我们看到许多学富五车的教授往往都是"地中海"造型,一头秀发早已离他而去,那么到底脱发与聪明程度是否有关呢?事实上,我们的生活中常常存在着这样模棱两可的知识和判断,这些模糊的判断日积月累,对人类的信息处理能力提出了前所未有的挑战,由此产生了人工智能研究的一个崭新领域——数据挖掘(Data Mining,DM)和数据库知识发现(Knowledge Discovery in Database,KDD)。它们的目的就是从复杂系统中提取出关键而有价值的信息,而这正是粗糙集理论问世的关键原因。

回到本节开头所述的脱发程度是否代表聪明程度这一问题。从常识的角度出发,我们可以把聪明程度同所受教育多少、家庭环境好坏、个人天赋情况挂钩。之所以我们能有如此的"常识",显然是因为在日常生活中我们所获得的经验告诉我们:所受教育越优质,家庭环境越优渥,个人天赋越高,人就会越聪明。但究竟这些因素——以及其他因素(诸如头发的多少)——对于聪明程度这一结果有多大的影响,人们其实很难给出一个确切的答案。因此,我们直接抛弃这些先验信息,只提供所需处理的数据集合,通过粗糙集的方式来判断各个因素对于结果的影响程度,这也是它与传统的概率方法、模糊集方法和证据理论方法之间最大的差异所在。

粗糙集理论是波兰数学家 Z. Pawlak 于 1982 年提出的一种数据分析理论,由于最初关于粗糙集理论的研究主要集中在波兰,因此当时并没有引起国际计算机界和数学界的重视,研究地域也仅局限于东欧一些国家。直到 1990 年前后,由于该理论在数据的决策与分析模式在识别机器学习与知识发现等方面成功应用,才逐渐引起了世界各国学者的广泛关注。1991 年,Z. Pawlak 的专著《粗糙集——关于数据推理的理论》(*Rough Sets—Theoretical Aspects of Reasoning about Data*)问世,标志着粗糙集理论及其应用的研究进入活跃时期。1992 年,在波兰召开了关于粗糙集理论的第一届国际学术会议。1995 年,ACM Communication 将粗糙集列为新浮现的计算机科学研究课题。目前,粗糙集理论已成为信息科学最为活跃的研究领域之一。同时,该理论还在医学、化学、材料学、地理学、管理学和金融学等其他学科得到了成功的应用。本节的目的是介绍粗糙集的基本理论与方法以及这一理论的研究发展状况。

目前,粗糙集理论已被成功地应用于机器学习、决策分析、过程控制、模式识别与数据挖掘等领域,这说明,这一理论是一门实用性很强的学科。事实上,粗糙集理论从诞生到现在虽然只有十几年的时间,但已经在不少领域取得了丰硕的成果,如近似推理、数字逻辑分析和化简、建立预测模型、决策支持、控制算法获取、机器学习算法和模式识别等。

综上所述,粗糙集理论能有效地处理下列问题:
① 不确定或不精确知识的表达;
② 经验学习并从经验中获取知识;
③ 不一致信息的分析;
④ 根据不确定、不完整的知识进行推理;
⑤ 在保留信息的前提下进行数据化简;
⑥ 识别并评估数据之间的依赖关系。

粗糙集理论是一种新的处理模糊和不确定性知识的数学工具。其主要思想就是在保持分类能力不变的前提下,通过知识约简,导出问题的决策或分类规则。4.4.2 节将介绍标准粗糙集理论(Pawlak 粗糙集模型)的基本概念,作为后面各小节的基础。

4.4.2 粗糙集的基本概念

在粗糙集理论中,知识被认为是一种分类能力:有知识的人可以分辨是非对错,反之则无法区分。对于基于现有信息不可区分的,即都归属同一类的,我们称之为等价类。例如,有 10 个红球和 10 个黄球,它们除了颜色之外完全一样,那么当蒙眼用手触摸感受时,这 20 个球无法被区分开来,我们称这些球等价,它们同属球这一等价类;而当可以用眼观察时,这些球就被分为红、黄两类,原有的等价关系被打破,但 10 个红(黄)球内部的等价关系仍然不变,它们仍同属红(黄)球这一等价类,换言之,这 10 个球我们仍无法分辨;但当我们用了更精确的仪器检测球的属性时,会发现有的红球颜色更深,有的更浅,这就使得原有的等价关系被打破——它们变得可分辨了。事实上,不可分辨关系,也就是等价关系在粗糙集理论中十分重要,一方面,它体现了我们对世界观察的不精确性;另一方面,它反映了知识的颗粒度:知识库中的知识越多,知识的颗粒度就越小,就越能分辨细微的差距,但随之也会导致信息量的增大,存储知识库的成本也水涨船高。就好比拍照片,越清晰的照片像素点就越多,自然也会要求更多的存储空间。

显然,上述问题的关键在于分界标准与其边界问题。当我们拿到一堆红色、黄色混杂的球,想要从中挑选出红球时,我们一定会先将红色更深的球挑出来——因为它们肯定是红球。我们将这些球组成的集合称为下近似集 $\underline{R}(X)$,它表示根据现有颜色知识(R),判断所有球中肯定属于红球集合(X)的对象所组成的集合。当然,在剩余球中还会有可能属于红球的某些球,它们随着对于红色的定义不同而游离在红球与非红球的集合中,我们将所有不可能是红球之外的所有球称为上近似集 $\overline{R}(X)$,它表示根据现有颜色知识(R),判断所有球中肯定以及可能属于红球集合(X)的对象所组成的集合。我们可以用图 4.4.1 来更清晰地体现这一概念。

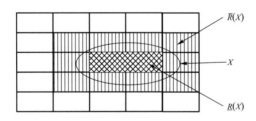

图 4.4.1 粗糙集的上下近似

回到本节开头所述的头发多少与聪明程度是否有关的问题,由于聪明程度可能不仅仅与头发多少这一条件属性相关,我们另外加入了年龄、性别等条件属性,再暂且将聪明程度这一决策属性量化为是否能够通过某次考试。经过调查,我们得出表 4.4.1。

表 4.4.1 特征数据表

对象	L	W	H	S	T	P	W
对象 1	0	117	164	1	16	20	1
对象 2	1 265	113	160	0	12	20	0
对象 3	151	175	189	1	16	14	1

续 表

对象	L	W	H	S	T	P	W
对象 4	952	95	165	0	9	14	0
对象 5	24	154	178	1	16	16	1
对象 6	22	147	177	1	16	16	1
对象 7	0	128	164	1	20	26	1

注：L 为头顶头发长度，W 为体重，H 为身高，S 为性别，T 为受教育年限，P 为薪水水平，W 为是否通过考试。

1. 数据离散化

由于粗糙集只处理定性数据或概念类的对象，因而先进行数据离散归一化。本节基于最大最小截断点离散化方法简单地把数据分成 3 类，其中较小值赋值为 0，较大值赋值为 2，其余值赋值为 1。

根据表 4.4.1 及上述离散化规则，得出表 4.4.2 所示的决策表。

表 4.4.2 决策表

对象	L	W	H	S	T	P	W
对象 1	0	1	0	1	1	1	1
对象 2	2	1	0	0	1	1	0
对象 3	1	2	2	1	1	0	1
对象 4	2	0	0	0	0	0	0
对象 5	0	1	1	1	1	1	1
对象 6	0	1	1	1	1	1	1
对象 7	0	1	0	1	2	2	1

2. 知识约简

倘若我们只考虑条件属性 W 和 H，对于对象 1、2 来说其不可分辨，同样的，对象 5、6 也不可分辨，由此，我们可以构成 $R_1=\{\{1,2,7\},\{3\},\{4\},\{5,6\}\}$ 这些不可分辨集（等价集），这被称为基本集合。当然，我们也可以考虑条件属性 L、W，得到 $R_2=\{\{1,5,6,7\},\{2\},\{3\},\{4\}\}$ 这些不可分辨集；还可以考虑条件属性 L、S，得到 $R_3=\{\{1,5,6,7\},\{3\},\{2,4\}\}$ 这些不可分辨集。

令 $R=\{R_1,R_2,R_3\}$，并综合考虑 R 中的三个基本集合，其知识含量最多，也就是划分最细的集合为 $\text{Ind}(R)=\{\{1,7\},\{2\},\{3\},\{4\},\{5,6\}\}$，这个划分也说明了在已有的知识条件（$R$）下不论采用 R 中的何种等价关系集，都无法将 1、7 以及 5、6 区分开来。

而当我们只考虑 R_1、R_2 这两个条件关系集，即只拥有这两个知识时，其划分最细的集合为 $\text{Ind}(R_1,R_2)=\{\{1,7\},\{2\},\{3\},\{4\},\{5,6\}\}$，同理，$\text{Ind}(R_1,R_3)=\{\{1,7\},\{2\},\{3\},\{4\},\{5,6\}\}$；$\text{Ind}(R_2,R_3)=\{\{1,5,6,7\},\{2\},\{3\},\{4\}\}$。显然，$\text{Ind}(R)=\text{Ind}(R_1,R_2)=\text{Ind}(R_1,R_3)\neq\text{Ind}(R_2,R_3)$。该式的不等号说明缺少 R_1 这一知识时，R 这一整体知识将不再完备，因此我们称其在 R 中不可省；相反，该式的等号说明仅仅依靠 R_1、R_2 或 R_1、R_3，就可以满足 R 所需的所有知识，完成对象的分辨和划分，因此称 R_2、R_3 在 R 中可省，并将 $\{R_1,R_2\}$ 称为 R 的一个约简，同理，$\{R_1,R_3\}$ 也是 R 的一个约简。对于所有的关于 R 的约简，我们观察到其都包

含 R_1，我们将这个关键的、不能删除的知识称为核，记为 $Core(R) = R_1$，核将是所有约简的计算基础。

我们将上述这种运算称为知识约简。知识约简是粗糙集理论中重要的概念，其目的是减少重复无意义的运算，从而降低运算复杂度，减少计算机硬件负载，提高计算效率。

4.4.3 基于粗糙集的算法

粒子群优化（Particle Swarm Optimization，PSO）算法是一种基于迭代的优化工具。系统初始化为一组随机解，通过迭代搜寻最优值，其具有简单、快速的优点。

1. 算法原理

粒子群优化算法是基于群体的，根据对环境的适应度将群体中的个体移动到好的区域，每个优化问题的解都称为"粒子"，每个粒子都具有自己的位置向量和速度向量，每个位置都代表一个参数值。针对一个 D 维的优化问题，设一个 D 维空间中每一个位置的粒子都代表优化问题中的一个解，而位置就代表着等待优化调整的参数。所有的粒子都有一个由被优化的函数决定的适应值，每个粒子还有一个速度决定它们飞翔的方向和距离。粒子们就追随当前的最优粒子在解空间中进行搜索。

粒子群优化算法初始化为一群随机粒子（随机解），然后通过迭代找到最优解。在每一次迭代中，粒子通过跟踪两个"极值"来更新自己。一个极值就是粒子本身所找到的最优解，称为个体极值 p_{best}；另一个极值是整个种群目前找到的最优解，称为全局极值 g_{best}。同时也可以不用整个种群而只是用其中一部分作为粒子的邻居，那么在所有邻居中的极值就是局部极值。

粒子群优化算法根据对环境的适应度将群体中的个体（粒子）移动到好的区域，然而它不像其他进化算法那样对个体使用进化算子，而是将每个个体看作 D 维搜索空间中一个没有体积、没有质量的粒子（点），在搜索空间中以一定的速度飞行。这个速度根据它本身的飞行经验以及同伴的飞行经验进行动态调整。

对于在 D 维空间中的一个特定的优化问题，可以定义粒子群优化算法如下。

设在 D 维空间中有 m 个粒子，每个粒子的位置为 $x_i = (x_{i1}, x_{i2}, \cdots, x_{id})$，其中 $i = 1, 2, \cdots, m$，$d = 1, 2, \cdots, D$，并具有与优化目标函数相对应的适应值 f_i（通常情况下可以将目标函数作为粒子的适应值）；同时，每个粒子具有各自的速度 $v_i(v_{i1}, v_{i2}, \cdots, v_{id})$；对于粒子 i，其所经历过的最好位置（最大适应值）为 $p_i = (p_{i1}, p_{i2}, \cdots, p_{iD})$，即 p_{best}；$p_g = (p_{g1}, p_{g2}, \cdots, p_{gD})$ 表示群中所有粒子经历过的最好位置的索引（即经过第 t 次迭代后得到的全局最优解），即 g_{best}。

粒子群优化算法利用下列公式计算 t 代的第 d 维（$d = 1, 2, \cdots, D$）的速度和位置：

$$v_d^t = w v_{id}^{t-1} + c_1 \text{rand}()(p_{id} - x_{id}^{t-1}) + c_2 \text{rand}()(p_{gd} - x_{id}^{t-1}) \tag{4.4.1}$$

$$x_{id}^t = x_{id}^{t-1} + v_{id}^t \Delta t \tag{4.4.2}$$

其中：v_{id}^t 为第 i 个粒子在 t 代的第 d 维的速度；x_{id}^t 为表示第 i 个粒子在 t 代的第 d 维的位置；w 为惯性权重，调整粒子运动快慢；c_1、c_2 为加速度常数（Acceleration Constant），其取值决定向 p_{best} 和 g_{best} 移动的速度的变化，取值越大，粒子移向 p_{best} 和 g_{best} 移动的加速度就越大，一般取 2；$\text{rand}()$ 为 $[0,1]$ 范围内变化的随机数；Δt 为时间间隔，表示位置由粒子的速度和移动进行更新所花费的时间,通常情况下,$\Delta t = 1$。

2. 算法流程

标准 PSO 算法的流程如下。

(1)初始化一群微粒(群体规模为 m),包括随机位置和速度。

(2)评价每个微粒的适应度。

(3)对每个微粒,将其适应值与其经历过的最好位置 p_{best} 作比较,如果较好,则将其作为当前的最好位置 p_{best}。

(4)对每个微粒,将其适应值与全局所经历的最好位置 g_{best} 作比较,如果较好,则重新设置 g_{best} 的索引号。

(5)根据式(4.4.1)和式(4.4.2)计算变化微粒的速度和位置。

(6)如未达到结束条件(通常为足够好的适应值或达到一个预设最大代数 G_{best}),则返回(2)。

该算法的流程如图 4.4.2 所示。

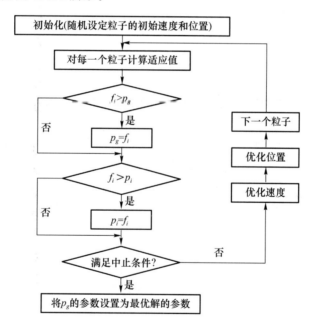

图 4.4.2 PSO 算法的流程

粒子群算法中的参数设置:如果没有后两部分,即 $c_1 = c_2 = 0$,微粒将一直以当前的速度飞行,直到到达边界。由于它只能搜索有限的区域,所以很难找到好解。

在粒子群算法的两个基本公式中,其中的速度更新公式使用的 c_1、c_2 为加速度常数,这两个参数的比值代表了粒子个体经验和邻近粒子的成功经验在 PSO 算法中占据的相对比重。在以上的分析中,粒子之间的相互作用是 PSO 算法的关键,但并不是 c_2 越大越好。对基本的粒子群算法来说,为了简单起见,一般选择 $c_1 = c_2 = 2$,此时的 PSO 算法实际上只需要调整一个最大速度 v_{max} 即可获得较好的平均性能。

引入惯性权重 w 可消除对 v_{max} 的需要,因为它们的作用都是维护全局和局部搜索能力的平衡。这样,当 v_{max} 增加时,可通过减小 w 来达到平衡搜索。而 w 的减小可使得所需的迭代次数变小,可以将 $v_{\max,d}$ 固定为每维变量的变化范围,在调整过程中,只对算法的各个参数进行试错测试。以达到最快的收敛速率作为最优标准,分别对算法中的参数进行实验。实验参数包括:惯性权重 w(动态变化范围为 $0.2\sim1.2$)、最大速度 $v_{\max}$、搜索空间范围、系数 c_1 和 c_2 以及种群的大小。

经过实验发现,参数的取值范围分别为:w 在 $0.7\sim0.8$ 的时候收敛速度最快,并且 $w=0.8$ 在时搜索的次数要比 $w=0.7$ 时少一些。当 $v_{\max}=2$ 时收敛速度最快。搜索空间太小的时候算法不能提供足够的自由度对空间进行搜索,搜索空间变大则得到全局最优的速度变快,如果对空间不作限制,则收敛的速度下降,甚至不能收敛。综合以上分析以及实验结果得出空间范围设置为 $(-100,100)$。当以上参数都为最优值的时候确定 c_1 和 c_2,当 $c_1=c_2=2$ 和 $c_1=2.5,c_2=1.3$ 时,能够得到很好的收敛速度。而种群大小实验是在以上参数都设置好之后进行的。当种群大小从 20 向 25 变化的过程中收敛速度没有在 $25\sim30$ 之间变化的时候增加得快,而当种群数目继续增加的时候就会需要更多的时间才能达到收敛。所以种群大小的最优值认为是 25。

以上这些参数最优值设置并非在任何情况下都是不变的,它们有时候也会随着算法的改进和优化的目标函数自身的一些复杂情况有所改变。

4.4.4 粗糙集的具体应用

神经网络用于分割图像时需要大量的训练数据,由于数据量大,计算速度慢,不适合实时数据处理。同时,网络节点个数、网络层数等的设计还缺乏比较系统的理论指导。本节介绍一种粗糙集-粒子群神经网络图像分割方法,该方法利用粗糙集约简理论对分割后的图像区域特征进行约减,以降低特征向量维数、抽取出规则,然后根据这些规则构造神经网络隐含层的神经元个数,从而确定粗糙集神经网络的初始拓扑结构。粗糙集-粒子群神经网络中每个神经单元的输入为区域值,输出为决策分类值。此时,权值由粗糙集上下近似客观得到的原始粗糙度得到,通过粒子群算法优化权值、BP 算法迭代,得到最终的决策结果,从而实现图像的分割。

图像分割是图像处理和图像分析的关键步骤,也是进一步图像理解的基础。所谓图像分割是指把图像分成各具特性的区域并提取出感兴趣目标的技术和过程。尽管如今已有多种图像分割算法,但是没有任何一种分割方法能够适用于所有的图像。本节将粗糙集和神经网络结合起来用在图像分割中,是一种新的尝试。

粗糙集理论是一种刻画不精确、不确定、不完整和不一致信息的全新数学工具,它可以从大量的数据中分析、推理、挖掘隐含知识及规律。神经网络具有很好的数值逼近能力和泛化能力,它能够处理定量、数值化的信息,较粗糙集处理数据而言,能够得出更精细的结果,但是当网络规模较大、样本较多时,训练过程变得复杂而且漫长,从而限制了神经网络使用化的推广。将粗糙集和神经网络结合起来,用粗糙集对输入信息进行预处理,也就是对训练集的选取。一般情况下,训练集往往有很多冗余,神经网络用这样的训练集往往会造成过配现象,粗糙集分析可以过滤冗余的信息,从而提高神经网络的泛化能力。

本节用粗糙集神经网络进行图像分割,是基于粗糙集对图像区域特征进行的约简,以降低特征向量维数,抽取出规则,然后根据这些规则构造神经网络隐藏层的神经元个数,从而确定粗糙集神经网络的模型。粗糙神经网络中每个神经单元的输入为区域值,输出为决策分类值,此时权值预设为各规则粗糙隶属度值,然后用粒子群优化的 BP 算法迭代,得到最终的决策结果,从而实现图像的分割。

粗糙集理论定义条件属性和决策属性间的依赖关系,即输入空间与输出空间的映射关系可通过简单的决策表简化得到,而且通过去掉冗余属性,可以大大简化知识的表达空间维数,其决策表简化又可以利用并行算法处理。神经网络完成输入空间与输出空间的映射关系是通过网络结构不断学习、调整,最后以网络的特定结构表达,没有显式函数表达,而完成并行处理却是神经网络的一大特长。因此,我们考虑将神经网络与粗糙集方法结合起来进行知识简化的方法,该方法将粗糙集学习和神经网络学习结合起来,产生一个最小决策推理网络。网络结构如图 4.4.3 所示。粗糙集-粒子群神经网络共有如下四层(如图 4.4.4 所示)。

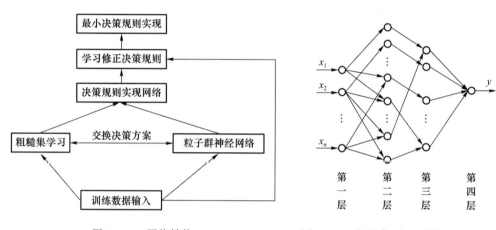

图 4.4.3　网络结构　　　　　　图 4.4.4　粗糙集-粒子群神经网络的结构

第一层:输入层,它的值为实际的精确值,表示输入向量 $\boldsymbol{X}=(x_1,x_2,\cdots,x_n)^{\mathrm{T}}$。

第二层:隶属度函数层,分别将 n 个输入分量$(x_1,x_2,\cdots,x_n)$依照某种不可分辨的关系进行划分,将每一个输入分量离散化为 r 个不同的值,这些值在$[0,1]$之间。可定义该层神经元的作用函数为 Gauss 函数:

$$\mu_{ij}=\exp\left(-\frac{(x_i-m_{ij})^2}{\sigma_{ij}^2}\right) \tag{4.4.3}$$

其中:$i=1,2,\cdots,n;j=1,2,\cdots,r,r$ 为离散分割数;m_{ij}为中心均值;σ_{ij}决定了其宽度。利用粒子群算法优化函数值。

第三层:推理层,该层的每个节点代表一条规则,这些规则是通过粗糙集理论得到的。假设有 $k(k\leqslant n)$ 条规则,该层节点的作用函数为

$$\pi_i=\prod_{j=1}^{n}\mu_{ji},\quad 1\leqslant i\leqslant k \tag{4.4.4}$$

第四层:清晰化层,这一层的节点代表输出变量。在多输入单输出系统中,该层的节点数为 1,权值 w_i 的初始值预设为各规则粗糙隶属度值,该层节点的输出为

$$y=\sum_{i=1}^{k}w_i\pi_i \tag{4.4.5}$$

采用误差函数

$$E_p = \frac{(y-Y)^2}{2} \qquad (4.4.6)$$

其中,y 为网络实际输出,Y 为期望输出。则学习过程中对 m_{ij}、σ_{ij}、w_{ij} 的调整可以如下计算:

$$m_{ij}(n+1) = m_{ij}(n) - \eta\beta\frac{\partial E_p}{\partial m_{ij}} + \alpha(m_{ij}(n) - m_{ij}(n-1)) \qquad (4.4.7)$$

$$\sigma_{ij}(n+1) = \sigma_{ij}(n) - \eta\beta\frac{\partial E_p}{\partial \sigma_{ij}} + \alpha(\sigma_{ij}(n) - \sigma_{ij}(n-1)) \qquad (4.4.8)$$

$$w_{ij}(n+1) = w_{ij}(n) - \eta\beta\frac{\partial E_p}{\partial m_{ij}} + \alpha(w_{ij}(n) - w_{ij}(n-1)) \qquad (4.4.9)$$

其中,η 为学习速率,β 为修改步长的系数,α 为惯性系数$(0 \leqslant \alpha \leqslant 1)$。

图像区域常用区域内容和区域边界来表示。区域内容常通过颜色、纹理、矩等特征加以描述,而区域边界常用形状特征如圆形度、矩形度等来描述。

图 4.4.5 刻画了简单背景下的多个图像区域,其中区域 2 由区域 1 平移、缩放产生,区域 4 由区域 3 旋转、平移生成,区域 6 由区域 5 平移、旋转并缩放产生。

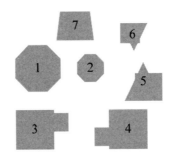

图 4.4.5　图像区域

本节依据粗糙集-粒子群神经网络作为分类器的思想对区域进行划分,将图像区域匹配转化成图像区域类间匹配,这样可以有效地降低图像匹配的复杂度,提高算法的效率。

提取区域特征及测量结果,如表 4.4.3 所示。

表 4.4.3　图像区域特征数据表

图像	A	P	C	F	S	R	G_{avg}	Φ	W
区域 1	588	117	0.54	23.24	0.66	0.51	78	0.20	0.45
区域 2	565	113	0.56	22.44	0.66	0.53	78	0.20	0.03
区域 3	952	175	0.59	21.18	0.65	0.72	64	0.14	0.28
区域 4	952	175	0.59	21.47	0.65	0.72	64	0.14	0.28
区域 5	802	154	0.71	17.64	0.75	0.76	149	0.16	0.25
区域 6	787	147	0.73	17.26	0.75	0.77	149	0.16	0
区域 7	548	108	0.38	33.24	0.49	0.56	172	0.26	0.54

注:A 为面积,P 为周长,C 为圆形度,F 为轮廓复杂度,S 为球状性,R 为矩形性,G_{avg} 为平均灰度级,Φ 为区域矩,W 为纹理。

① 数据离散化。

由于粗糙集只处理定性数据或概念类的对象,因而先进行数据离散归一化。本节基于最大最小截断点离散化方法简单地把数据分成 3 类,不需要任何类别信息,其算法如下:

最大最小截断点离散化算法：
- 输入：n 个样本中 m 个特征值的数据（如表 4.4.4 所示）；
- 输出：决策表 $T=(U,C\cup D,V,f)$。

a. 将属性值集 $V_a=(C_0^a,C_1^a,\cdots,C_k^a)$ 中的属性递增排序（相同属性值只取一个），并划分成区间等价类 $\cup[C_i^a,C_{i+1}^a]$，其中 $a\in C\cup D,0\leqslant i\leqslant k$；

b. 用取中点法找出各区间 $[C_i^a,C_{i+1}^a]$ 的截断点 C_i 组成截断点集 $V_a=(C_0,C_1,\cdots,C_{k-1})$；

c. 取最小和最大截断点 C_0,C_{k-1}；

d. 进行类标记

$$\text{Class}(X)=\begin{cases} 0 & a(x)<C_0 \\ 1 & C_0<a(x)<C_{k-1} \\ 2 & a(x)>C_{k-1} \end{cases}$$

获得决策表，对表中相同的行进行合并，得到表 4.4.4。

表 4.4.4 决策表

序号	A	P	C	F	S	R	G_{avg}	Φ	W	Class
1	1	1	1	1	1	0	1	1	1	1
2	1	1	1	1	1	1	1	1	1	1
3	2	1	1	1	1	1	0	0	1	2
4	1	1	1	1	2	1	1	1	1	3
5	1	1	2	0	2	2	1	1	0	3
6	0	0	0	2	0	1	2	2	2	4

表 4.4.4 中，各种特征作为条件属性，添加类别作为决策属性。

② 对表 4.4.4 进行约简，得到约简属性集 $\{S,\Phi\}$ 和 $\{S,G\}$。

由于决策表的约简并不唯一，选择 $\{S,\Phi\}$。直观的意义就是通过图像区域的球状性和区域不变矩等特征来区别图像区域。

③ 根据得到的约简，表 4.4.4 可以简化为表 4.4.5，对表中相同的行进行合并。

表 4.4.5 约简决策表

U/A	S	Φ	Class
U_1	1	1	1
U_2	1	0	2
U_3	2	1	3
U_4	0	2	4

其决策规则如下。

规则 1：$S_1\ \Phi_1\rightarrow\text{Class}_1$；

规则 2：$S_1\ \Phi_0\rightarrow\text{Class}_2$；

规则 3：$S_2\ \Phi_1\rightarrow\text{Class}_3$；

规则 $4: S_0 \Phi_2 \rightarrow Class_4$。

显然是一致性决策表,因为其中每一条规则都是一致的。

根据上述的数据处理方法得到相应的粗糙集-粒子群神经网络的模型,即第一层的节点数为 4 个,第二层的节点数为 4 个,第三层的节点数为 4 个,第四层的节点数为 1 个。第三层与第四层之间的连接权值的初始值选取各规则的粗糙隶属度。粗糙集神经网络中每个神经单元的输入为区域值,然后用粒子群优化的 BP 算法迭代,输出为决策分类值,得到最终的决策结果,将不同的等价类聚合起来就实现了图像的分割。

4.5 信息融合技术

4.5.1 信息融合的发展和应用

1. 概述

信息融合又称数据融合,其主要功能是对多种信息的获取、表示及其内在联系进行综合处理和优化,是一种多层次、多方面的处理过程,这个过程是对多源数据进行检测、互连、相关、估计和组合以实现精确地状态估计和身份识别,以及完整的态势评估和威胁评估。可以说,信息融合是多维信息综合处理的一项新技术,广泛应用于信息获取与处理领域,已成为当前信息领域的一个十分活跃的研究热点。1973 年,美国相关研究机构在国防部的资助下,开展了声呐信号的理解系统研究,自此以后数据融合技术发展十分迅速。20 世纪 80 年代,信息融合技术初步形成。在近 40 年的研究中,信息融合技术得到了飞速发展,已广泛应用于信息与控制的各个领域。近年来,信息融合技术在知识管理领域也引起了极大关注,形成了知识融合的新兴学科。可以看出,信息融合技术的应用已渗透到几乎所有的信息领域,成为现代信息处理的一种通用工具与思维模式。

另外,信息融合技术有着非常出色的优点:提高系统的可靠性和稳健性;扩展时间上和空间上的观测范围;提高信息的精确程度和置信水平;提高对目标物的检测和识别性能;降低对系统的冗余投资。

2. 意义及应用

(1)在信息电子学领域

信息融合技术的实现和发展以信息电子学的原理、方法、技术为基础。信息融合系统要采用多种传感器收集各种信息,包括声、光、电、运动、视觉、触觉、力觉以及语言文字等。信息融合技术中的分布式处理结构通过无线网络、有线网络、智能网络、宽带智能综合数字网络等汇集信息,传给融合中心进行融合。除了自然(物理)信息外,信息融合技术还融合社会类信息,以语言文字为代表,涉及大规模汉语资料库、语言知识的获取理论与方法、机器翻译、自然语言解释与处理技术等。信息融合采用分形、混沌、模糊推理、人工神经网络等数学和物理的理论及方法。它的发展方向是对非线性、复杂环境因素的不同性质的信息进行综合、相关,从各个不同的角度去观察、探究世界。

(2)在计算机科学领域

在计算机科学中,目前正开展着并行数据库、主动数据库、多数据库的研究。信息融合要求系统能适应变化的外部世界,因此空间、时间数据库的概念应运而生,为数据融合提供了保障。空间意味着不同种类的数据来自不同的空间地点;时间意味着数据库能随时间的变化适应客观环境的相应变化。信息融合处理过程要求有相应的数据库原理和结构,以便融合随空间、时间变化了的数据。在信息融合的思想下,提出的空间、时间数据库是计算机科学的一个重要研究方向。

(3)在自动化领域

以各种控制理论为基础,信息融合技术采用模糊控制、智能控制、进化计算等系统理论,结合生物、经济、社会、军事等领域的知识,进行定性、定量分析。按照人脑的功能和原理进行视觉、听觉、触觉、力觉、知觉、注意、记忆、学习和更高级的认识过程,将空间、时间的信息进行融合,对数据和信息进行自动解释,对环境和态势给予判定。目前的控制技术已从程序控制进入了建立在信息融合基础上的智能控制。智能控制系统不仅用于军事,还应用于工厂企业的生产工程控制和产供销管理、城市建设与规划、道路交通管理、商业管理、金融管理与预测、地质矿产资源管理、环境监测与保护、粮食作物生长监测、灾害性天气预报及防治等涉及宏观、微观和社会的各行各业。

4.5.2 多传感器信息融合技术

1. 概述

传感器是获取信息的重要工具,其作用类似于人类的感知器官。多传感器信息融合技术 是通过多类同构或异构传感器数据进行综合(集成或融合)获得比单一传感器更多的信息,形成比单一信源更可靠、更完全的融合信息。它突破单一传感器信息表达的局限性,避免单一传感器的信息盲区,提高了多源信息处理结果的质量,有利于对事物的判断和决策。在这里,传感器的概念是广义的,它是指与环境匹配的各种信息获取系统。同样,融合的概念也是广义的,它包括对各种传感器综合的有用信息的分析、处理、集成和融合等。

通常,多传感器信息综合包括信息集成与融合。信息集成是指把来自多类传感器的信息进行综合统一,它强调的是系统中不同数据的转换与流动的总体结构。而信息融合则是指在多传感器信息集成过程中,将来自不同传感器的信息合并成综合信息的任何一个阶段,它强调的是数据转移与合并中的具体方法与步骤,强调的是执行结果的信息优化,目的是得到高品质的有用信息,最后得到有利于决策的对被感知对象更加精确的描述。图 4.5.1 为多传感器信息融合示意图。

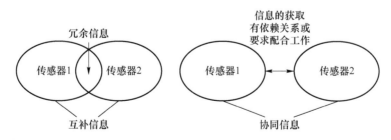

图 4.5.1 多传感器信息融合示意图

2. 多传感器信息融合分类

多传感器信息融合可大致分为组合、综合、融合和相关四类。

（1）组合

组合是由多个传感器组合成平行或互补方式来获得多组数据输出的一种处理方法,是一种最基本的方式,涉及的问题有输出方式的协调、综合以及传感器的选择,在硬件这一级上应用。

（2）综合

综合是信息优化处理中一种获得明确信息的有效方法。例如,在虚拟现实技术中,使用两个分开设置的摄像机同时拍摄到一个物体的不同侧面的两幅图像,综合这两幅图像可以复原出一个准确的有立体感的物体的图像。

（3）融合

融合是将传感器数据组之间进行相关或将传感器数据与系统内部的知识模型进行相关,而产生信息的一种新的表达方式。

（4）相关

通过处理传感器信息获得某些结果,不仅需要单项信息处理,而且需要通过相关来进行处理,获得传感器数据组之间的关系从而得到正确信息,剔除无用和错误的信息。其中,相关处理的目的是对识别、预测、学习和记忆等过程的信息进行综合和优化。

3. 多传感器信息融合系统的结构

（1）目标身份估计

在以目标身份估计为目的的体系结构下,根据多传感器信息融合技术抽象程度的不同,可以将其划分为 3 个层次:像素级融合、特征级融合、决策级融合,一般情况下具体的方案设计会根据系统特点进行合理选择。

① 像素级融合(图 4.5.2)

像素级融合也可以称为数据级融合,它将同类别的传感器采集的同类型原始数据进行融合,最大可能地保持了各预处理阶段的细微信息。但是,由于融合进行在数据的最底层,计算量大且容易受不稳定性、不确定性因素的影响。同时,数据融合精确到像素级的准确度,因而无法处理异构数据。

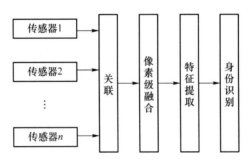

图 4.5.2　像素级融合

② 特征级融合(图 4.5.3)

通过各传感器的原始数据结合决策推理算法,对信息进行分类、汇集和综合,提取出具有充分表示量和统计量的属性特征。根据融合内容,特征级融合又可以分为目标状态融合和目标特性融合两大类。其中,前者特点是先进行数据配准以实现对状态和参数的相关估计,更加适用于目标跟踪;后者是借用传统模式识别技术,在特征预处理的前提下进行分类组合。特征级融合的优点就是实现了可观的数据压缩,降低了对通信带宽的要求,有利于对信息的实时处理,但会出现数据丢失的情况进而影响准确性。

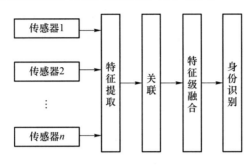

图 4.5.3 特征级融合

③ 决策级融合(图 4.5.4)

决策级融合的特点是高层次,需要处理不同类型的传感器对同一观测目标的原始数据,并完成特征提取、分类判别、生成初步结论,然后根据决策对象的具体需求,进行相关处理和高级决策判决,获得简明的综合推断结果。决策级融合具有实时性好、容错性高的优点,面对一个或者部分传感器失效时,仍能够给出合理的决策结果;但容错性高带来的不足之处就是产生的结果相对来说最不准确。另外,表 4.5.1 是三种不同的多传感器信息融合的性能对比。

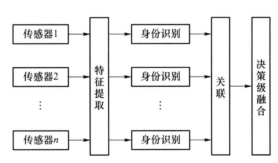

图 4.5.4 决策级融合

表 4.5.1 多传感器信息融合性能对比

	像素级融合	特征级融合	决策级融合
处理信息量	最大	中等	最小
信息量损失	最小	中等	最大
抗干扰性能	最差	中等	最好
容错性能	最差	中等	最好
算法难度	最难	中等	最易
融合前处理	最小	中等	最大
融合性能	最好	中等	最差
对传感器的依赖程度	最大	中等	最小

（2）目标状态估计

在目标状态估计方面，根据数据处理方法的不同，多传感器信息融合系统的体系结构可以分为分布式、集中式和混合式。具体设计结构需要根据系统应用性能的要求综合评估决定。目标状态识别框图如图 4.5.5 所示。表 4.5.2 为 3 种融合结构的性能对比。

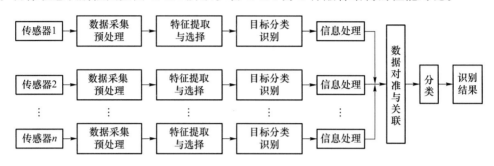

图 4.5.5　多传感器数据融合目标识别框图

表 4.5.2　融合结构性能对比

体系结构	信息损失	精度	通信带宽	可靠性	计算速度	可扩充性	融合处理	融合控制
分布式	大	低	小	高	快	好	容易	复杂
集中式	小	高	大	低	慢	差	复杂	容易
混合式	中	中	中	高	中	一般	中等	中等

① 分布式

分布式结构在各独立节点都设置了相应的处理单元，用于初步处理传感器获取的原始信息，然后再送入统一的信息融合中心，配合数据融合算法进行多维优化、组合、推理，以获取最终结果。该结构计算速度快，在某一传感器失灵的情况下仍能继续工作，可靠性更高，适用于远距离传感器信息反馈，但在低通信带宽中传输会造成一定损失，精度较低。

② 集中式

在集中式结构中，多个传感器获取的原始数据不需要进行任何处理，直接送入信息融合中心。该结构的优点是具有较高的融合精度，算法多样且实时性好。缺点是数据流向单一，缺少底层传感器之间的信息交流，并且由于处理中心运算量大，需要维护较大的集中数据库，降低了工作速度，增加了硬件成本。

③ 混合式

混合式同时具有分布式和集中式两种结构，兼顾二者的优点，能够根据不同需要灵活且合理地完成信息处理工作，但是对结构设计要求高，降低了系统的稳定性。

4. 信息融合模型与算法

近些年来，人们提出了多种信息融合模型，其共同点或中心思想是在信息融合过程中进行多级处理。现有系统模型大致可以分为两大类：功能型模型，主要根据节点顺序构建；数据型模型，主要根据数据提取加以构建。20 世纪 80 年代，较典型的功能型模型主要有情报环、Boyd 控制环；典型的数据型模型则有信息融合系统（Joint Directors of Laboratories, JDL）模型。20 世纪 90 年代又发展了瀑布模型和 Dasarathy 模型。1999 年 Mark Bedworth 综合几种模型，提出了一种新的混合模型。

(1) 信息融合模型

① 功能型模型

- 情报环:情报处理包括信息处理和信息融合。目前已有许多情报原则,包括:中心控制避免情报被复制;实时性确保情报实时应用;系统地开发保证系统输出被适当应用;保证情报源和处理方式的客观性,即信息可达性;情报需求改变时,能够做出响应;保护信息源不受破坏;对处理过程和情报收集策略不断回顾,随时加以修正。这些也是该模型的优点,而缺点是应用范围有限。情报环把信息处理作为一个环状结构来描述。它包括 4 个阶段(图 4.5.6(a)):采集,包括传感器和人工信息源等的初始情报数据;整理,关联并集合相关的情报报告,在此阶段会进行一些数据合并和压缩处理,并将得到的结果进行简单的打包,以便在融合的下一阶段使用;评估,在该阶段融合并分析情报数据,同时分析者还直接给情报采集分派任务;分发,在此阶段把融合情报发送给用户(通常是军事指挥官)以便决策行动,包括下一步的采集工作。

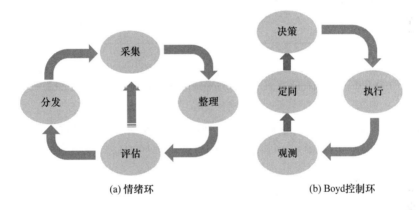

(a) 情绪环　　　　　　　　　　(b) Boyd控制环

图 4.5.6　情报环和 Boyd 控制环

- Boyd 控制环:Boyd 控制环即观测、定向、决策、执行(Observation,Orientation,Decision,Action,OODA)环,它最初应用于军事指挥中,现在已经大量应用于信息融合。可以看出,Boyd 控制回路使得问题的反馈迭代特性十分明显。它包括 4 个处理阶段(图 4.5.6(b)):观测,获取目标信息;定向,确定大方向,认清态势,相当于情报环的采集和整理阶段;决策,制订反应计划,相当于情报环的分发行为,还有诸如后勤管理和计划编制等;执行,执行计划,和上述模型都不相同的是,只有该环节在实用中考虑了决策效能问题。OODA 环的优点是它使各个阶段构成了一个闭环,表明了数据融合的循环性。可以看出,随着融合阶段不断递进,传递到下一级融合阶段的数据量不断减少。但是 OODA 模型的不足之处在于决策和执行阶段对OODA 环的其他阶段的影响能力欠缺,并且各个阶段也是顺序执行的。

② 数据型模型

- JDL 模型:1984 年,美国国防部成立了数据融合联合指挥实验室,该实验室提出了他们的 JDL 模型(图 4.5.7),经过逐步改进和推广使用,该模型已成为美国国防信息融合系统的一种实际标准。JDL 模型把数据融合分为 3 级:第 1 级为目标优化、定位和识别;第 2 级处理为态势评估,根据第 1 级处理提供的信息构建态势图;第 3 级处理为威胁评估,根据可能采取的行动来解释第 2 级处理结果,并分析采取各种行动的优缺点。过程优化实际上是一个反复过程,可以称为第 4 级,它在整个融合过程中监控系统性能,识别增加潜在的信息源,以及传感器的最优部署。其他的辅助支持系统包括数据管理系统存储和检索预处理数据以及人机界面等。

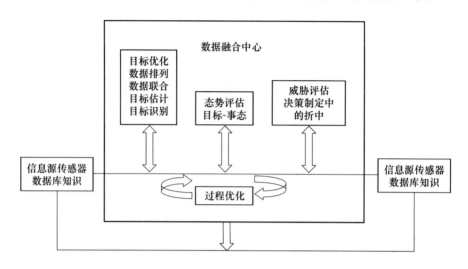

图 4.5.7　JDL 模型

- 瀑布模型(图 4.5.8):它重点强调了较低级别的处理功能。优点就是将融合功能划分得最为详细,但同时也有着没有明确反馈过程的不足之处。
- Dasarathy 模型:有 5 个融合级别,如表 4.5.3 所示。

可以看到,瀑布模型对底层功能作了明确划分,JDL 模型对中层功能划分清楚,而 Boyd 回路则详细解释了高层处理。情报环涵盖了所有处理级别,但是并没有详细描述。而 Dasarathy 模型是根据融合任务或功能加以构建的,因此可以有效地描述各级融合行为。

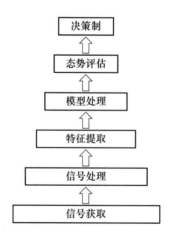

图 4.5.8　瀑布模型

表 4.5.3 融合级别

输入	输出	描述
数据	数据	数据级融合
数据	特征	特征选择和特征提取
特征	特征	特征级融合
特征	决策	模式识别和模式处理
决策	决策	决策级融合

- 混合模型(图 4.5.9):综合了情报环的循环特性和 Boyd 控制回路的反馈迭代特性, 同时应用了瀑布模型中的定义,每个定义又都与 JDL 和 Dasarathy 模型的每个级别 相联系。在混合模型中可以很清楚地看到反馈。该模型保留了 Boyd 控制回路的结 构,从而明确了信息融合处理中的循环特性,模型中 4 个主要处理任务的描述取得 了较好的重现精度。另外,在模型中也较为容易地查找融合行为的发生位置。

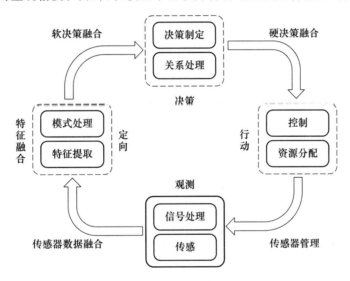

图 4.5.9 混合模型

(2) 信息融合算法

多传感器数据融合的常用方法基本上可概括为随机和人工智能两大类,随机类算法有 加权平均法、卡尔曼滤波法、多贝叶斯估计法、证据推理法、产生式规则等;而人工智能类则 有模糊逻辑、神经网络、粗糙集理论、专家系统等。可以预见,神经网络和人工智能等新概 念、新技术在多传感器数据融合中将起到越来越重要的作用。表 4.5.4 所示为常用数据融 合方法性能对比。

表 4.5.4 常用数据融合方法性能对比

融合方法	运行环境	信息类型	信息表示	不确定性	融合技术	适用范围
加权平均法	动态	冗余	原始读数值	—	加权平均	低层数据融合
卡尔曼滤波法	动态	冗余	概率分布	高斯噪声	系统模型滤波	低层数据融合
贝叶斯估计法	静态	冗余	概率分布	高斯噪声	贝叶斯估计	高层数据融合

融合方法	运行环境	信息类型	信息表示	不确定性	融合技术	适用范围
统计决策理论	静态	冗余	概率分布	高斯噪声	极值决策	高层数据融合
证据推理法	静态	冗余互补	命题	逻辑推理	高层数据融合	
模糊逻辑	静态	冗余互补	命题	隶属度	逻辑推理	高层数据融合
神经网络	动/静态	冗余互补	神经元输入	学习误差	神经元网络	低/高层
产生式规则	动/静态	冗余互补	命题	置信因子	逻辑推理	高层数据融合

① 加权平均法

融合方法中最简单、最直观的方法是加权平均法,该方法将一组传感器提供的冗余信息进行加权平均,结果作为融合值,该方法是一种直接对数据源进行操作的方法。

② 卡尔曼滤波法

卡尔曼滤波主要用于融合低层次实时动态多传感器冗余数据。该方法用测量模型的统计特性递推,决定统计意义下的最优融合和数据估计。如果系统具有线性动力学模型,且系统与传感器的误差符合高斯白噪声模型,则卡尔曼滤波将为融合数据提供唯一统计意义下的最优估计。卡尔曼滤波的递推特性使系统处理不需要大量的数据存储和计算。但是,采用单一的卡尔曼滤波器对多传感器组合系统进行数据统计时,存在很多严重的问题。例如,在组合信息大量冗余的情况下,计算量将以滤波器维数的三次方剧增,实时性不能满足;传感器子系统的增加使故障随之增加,在某一系统出现故障而没有及时被检测出时,故障会污染整个系统,使可靠性降低。

③ 多贝叶斯估计法

贝叶斯估计为数据融合提供了一种手段,是融合静态环境中多传感器高层信息的常用方法。它使传感器信息依据概率原则进行组合,测量不确定性以条件概率表示,当传感器组的观测坐标一致时,可以直接对传感器的数据进行融合,但大多数情况下,传感器测量数据要以间接方式采用贝叶斯估计进行数据融合。多贝叶斯估计将每一个传感器作为一个贝叶斯估计,将各个单独物体的关联概率分布合成一个联合的后验概率分布函数,通过使用联合分布函数的似然函数为最小,提供多传感器信息的最终融合值,融合信息与环境的一个先验模型提供整个环境的一个特征描述。

④ 统计决策理论

在统计决策分析中,单个传感器首先利用接收的观测量通过决策规则得到对目标分类决策的估计,然后将这些估计值送到融合中心。若多传感器的观测量是相互统计独立的,则每个传感器都分别做出各自的子决策,然后将这些子决策送入融合中心进行融合与判决,得到最终的决策。不同传感器观测到的数据必须经过一个综合测试以验证它的一致性,将经过一致性检验的数据按照决策规则进行融合。

⑤ 证据推理法

证据推理又称登姆普斯特·谢弗推理(Dempster Shafer reasoning, D-S)方法,是贝叶斯推理的扩充,其3个基本要点是:基本概率赋值函数、信任函数和似然函数。D-S方法的推理结构是自上而下的,分3级。第1级为目标合成,其作用是把来自独立传感器的观测结果合成为一个总的输出结果。第2级为推断,其作用是获得传感器的观测结果并进行推断,将传感器观测结果扩展成目标报告。这种推理的基础是：一定的传感器报告以某种可信度在逻辑上会产生可信的某些目标报告。第 3 级为更新，各种传感器一般都存在随机误差，所以在时间上充分独立的来自同一传感器的一组连续报告比任何单一报告可靠。因此，在推理和多传感器合成之前，要先组合（更新）传感器的观测数据。

⑥ 产生式规则

产生式规则采用符号表示目标特征和相应传感器信息之间的联系，与每一个规则相联系的置信因子表示它的不确定性程度。当在同一个逻辑推理过程中，两个或多个规则形成一个联合规则时，可以产生融合。应用产生式规则进行融合的主要问题是每个规则的置信因子的定义与系统中其他规则的置信因子相关，如果系统中引入新的传感器，需要加入相应的附加规则。

⑦ 模糊逻辑

模糊逻辑是多值逻辑，通过指定一个 0 到 1 之间的实数表示真实度，相当于隐含算子的前提，允许将多个传感器信息融合过程中的不确定性直接表示在推理过程中。如果采用某种系统化的方法对融合过程中的不确定性进行推理建模，则可以产生一致性模糊推理。与概率统计方法相比，逻辑推理存在许多优点，它在一定程度上克服了概率论所面临的问题，它对信息的表示和处理更加接近人类的思维方式，它一般比较适合于在高层次上的应用（如决策），但是逻辑推理本身还不够成熟和系统化。此外，由于逻辑推理对信息的描述存在很大的主观因素，所以信息的表示和处理缺乏客观性。模糊集合理论对于数据融合的实际价值在于它外延到模糊逻辑，模糊逻辑是一种多值逻辑，隶属度可视为一个数据真值的不精确表示。在这个过程中，存在的不确定性可以直接用模糊逻辑表示，然后使用多值逻辑推理，根据模糊集合理论的各种演算对各种命题进行合并，进而实现数据融合。

⑧ 神经网络

神经网络具有很强的容错性以及自学习、自组织及自适应能力，能够模拟复杂的非线性映射。神经网络的这些特性和强大的非线性处理能力，恰好满足了多传感器数据融合技术处理的要求。在多传感器系统中，各信息源所提供的环境信息都具有一定程度的不确定性，对这些不确定信息的融合过程实际上是一个不确定性推理过程。神经网络根据当前系统所接受的样本相似性确定分类标准，这种确定方法主要表现在网络的权值分布上，同时可以采用特定的学习算法来获取知识，得到不确定性推理机制。利用神经网络的信号处理能力和自动推理功能，即实现了多传感器数据融合。

4.5.3 多传感器信息融合系统实例

随着多传感器数据融合技术的发展，应用的领域也在不断扩大，多传感器融合技术已成功地应用于众多的研究领域。多传感器数据融合作为一种可消除系统的不确定因素、提供准确的观测结果和综合信息的智能化数据处理技术，已在军事、工业监控、智能检测、机器人、图像分析、目标检测与跟踪、自动目标识别等领域获得普遍关注和广泛应用。

1. 军事应用

数据融合技术起源于军事领域，数据融合在军事上应用得最早、范围最广，涉及战术或战略上的检测、指挥、控制、通信和情报任务等各个方面。主要的应用是进行目标的探测、跟踪和识别,包括指挥自动化系统、自动识别武器、自主式运载制导、遥感、战场监视和自动威胁识别系统等,如对舰艇、飞机、导弹等的检测、定位、跟踪和识别以及海洋监视、空对空防御系统、地对空防御系统等。海洋监视系统包括对潜艇、鱼雷、水下导弹等目标的检测、跟踪和识别,传感器有雷达、声呐、远红外、综合孔径雷达等。空对空、地对空防御系统主要用来检测、跟踪、识别敌方飞机、导弹和防空武器,传感器包括雷达、电子支援措施接收机、远红外敌我识别传感器、光电成像传感器等。迄今为止,美、英、法、意、日、俄等国家已研制出了上百种军事数据融合系统,比较典型的有战术指挥控制、战场利用和目标截获系统、炮兵情报数据融合等。在近几年发生的几次局部战争中,数据融合显示了强大的威力,特别是在海湾战争和科索沃战争中,多国部队的融合系统发挥了重要作用。

2. 复杂工业控制

复杂工业过程控制是数据融合应用的一个重要领域。目前,数据融合技术已在核反应堆和石油平台监视等系统中得到应用。融合的目的是识别引起系统状态超出正常运行范围的故障条件,并据此触发若干报警器。通过时间序列分析、频率分析、小波分析,从各传感器获取的信号模式中提取出特征数据,同时,将所提取的特征数据输入神经网络模式识别器,神经网络模式识别器进行特征级数据融合,以识别出系统的特征数据,并输入模糊专家系统进行决策级融合;专家系统推理时,从知识库和数据库中取出领域知识规则和参数,与特征数据进行匹配(融合);最后,决策出被测系统的运行状态、设备工作状况和故障等。

3. 机器人

多传感器数据融合技术的另一个典型应用领域为机器人。目前,主要应用在移动机器人和遥感操作机器人上,因为这些机器人工作在动态、不确定与非结构化的环境中(如"勇气"号和"机遇"号火星车),这些高度不确定的环境要求机器人具有高度的自治能力和对环境的感知能力,而多传感器数据融合技术正是提高机器人系统感知能力的有效方法。实践证明,采用单个传感器的机器人不具有完整、可靠地感知外部环境的能力。智能机器人应采用多个传感器,利用这些传感器的冗余和互补的特性来获得机器人外部环境动态变化的、比较完整的信息,并对外部环境变化做出实时的响应。目前,机器人学界提出向非结构化环境进军,其核心技术之一就是多传感器系统和数据融合。

4. 遥感

多传感器融合在遥感领域中的应用主要是通过高空间分辨率全色图像和低光谱分辨率图像的融合,得到高空间分辨率和高光谱分辨率的图像,融合多波段和多时段的遥感图像来提高分类的准确性。

5. 交通管理系统

数据融合技术可应用于地面车辆定位、车辆跟踪、车辆导航以及空中交通管制系统等。

6. 全局监视

监视较大范围内的人和事物的运动和状态,需要运用数据融合技术。例如,根据各种医疗传感器、病历、病史、气候、季节等观测信息,实现对病人的自动监护;通过空中和地面传感器监视庄稼生长情况,进行产量预测;根据卫星云图、气流、温度、压力等观测信息,实现天气预报。

本 章 小 结

智能信息处理技术

4.1 信息处理技术概述：本节简要介绍信息处理过程的历史变革，梳理了各类关键技术，最后对信息处理技术的发展前景与挑战进行总结。

4.2 物联网中的信息交互技术：本节由物联网的特点入手，先介绍人机智能交互技术的发展情况，再针对设备类对象的交互提出了基本模型。由于目前对于物联网的信息交互还没有成熟的理论体系，因此本节针对信息交互技术的挑战进行相应的分析，并以具体应用实例给出未来信息交互的发展方向。

4.3 基于人工智能的信息处理技术：人工智能被称为世界三大尖端技术之一，机器学习则是人工智能的前沿。本节介绍了人工智能与机器学习的发展历程以及基础算法，重点介绍近些年受到广泛关注的人工智能基础：人工神经网络、贝叶斯神经网络、机器学习、深度学习与强化学习，针对常用模型和分类分别进行了详细叙述。

4.4 粗糙集信息处理技术：粗糙集理论作为一种数据分析理论，其可以从大量的数据中分析、推理、挖掘隐含知识及规律。本节首先简述了粗糙集的基本概念以及算法原理流程，然后通过一种粗糙集-粒子群神经网络图像分割方法来介绍其具体应用方法。

4.5 信息融合技术：本节首先对多传感器信息融合系统的结构作了简要概述，接着就其模型与算法展开详细介绍，最后以实例阐述其应用前景。

思考与习题

4.1　请简述信息交互技术在物联网中充当的角色。

4.2　总结不同数据融合方法的基本思想、组织结构和使用条件。

4.3　请分析为什么神经网络需要使用激活函数。

4.4　请分析神经网络中优化函数的表达式，并简述梯度下降算法的基本原理。

4.5　请简要论述人工智能、机器学习、深度学习、神经网络的区别与联系。

4.6　试分析如下等价关系 R 的约简与核。

$$R=\{R_1,R_2,R_3\}$$
$$R_1=\{\{x_1,x_2\},\{x_3\},\{x_4\},\{x_5,x_6\}\}$$
$$R_2=\{\{x_1,x_2\},\{x_3,x_4,x_5,x_6\}\}$$
$$R_3=\{\{x_1,x_2,x_4\},\{x_3,x_5\},\{x_6\}\}$$

4.7　某电子设备厂所用的元件是由三家元件厂提供的，根据以往的记录，这三个厂家的次品率分别为 0.02、0.01、0.03，提供元件的份额分别为 0.15、0.8、0.05，设这三个厂家的产品在仓库是均匀混合的，且无标志区别。

(1) 在仓库中随机地取一个元件，求它是次品的概率。

(2) 在仓库中随机地取一个元件，若已知它是次品，试求出此元件由三个厂家分别生产的概率。

第 5 章 异构物联网的资源共享与效率提升

5.1 概述

不同于有线传输采用电缆或光纤作为传输介质,无线传输承载信息的介质是无形的电磁波。为了避免不同的系统、不同的用户在传输过程中相互干扰,必须通过调制技术将不同用户的信号搬移到不同的频谱上,就如同不同的车辆在不同的车道上行驶,各行其道互不干扰。电磁波的传播特性决定了并不是所有的频段都能够承载无线信号。能够被用来承载无线信号的电磁频谱是非常有限的。因此,无线电频谱资源是一种非可再生的、有限的、但可重复利用的自然资源。

物联网不仅包括"人—人"之间的通信,还包括"人—物"和"物—物"通信,因此物联网终端和节点的数量必将远大于现有的任何网络。考虑到物联网无处不在的特点,在物联网感知延伸层以及网络层接入网侧采用有线传输方式将受到很大限制。而无线通信所具有的部署灵活便捷的特点,也使得它将在物联网的传输技术中占有举足轻重的地位。

物联网是频谱资源需求的大户,必须采用技术手段实现频谱共享,提升无线传输的频谱效率。原因如下:第一,物联网业务规模要比传统通信业务规模大数个量级。物联网设备基数方面,预计到 2025 年,全球物联网设备基数将达 754 亿台,2030 年预计将达到 1 000 亿台。其对频谱资源的需求是现阶段分配给无线通信的频谱无法承载的。其次,物联网业务流量呈现多样化特性,其中既有小流量的数据采集业务,也包含大量如远程视频监控等占用高带宽的应用,同时考虑到物联网业务的突发特性,如果大量高带宽应用同时接入网络,其对频谱资源的需求也是现阶段接入技术无法承载的。大量的无线终端和节点必然使得物联网对频谱资源的需求巨大,必须采用技术手段实现频谱共享,提升无线传输的频谱效率,这也正是本章讨论的主题。

本章首先介绍物联网的无线资源,并讨论物联网无线传输频谱需求的特点。随后介绍我们周围的电磁环境。最后介绍新型的频谱共享技术——认知无线电,该技术突破了传统的静态频谱划分,将动态频谱接入引入无线通信,能够大幅提高频谱效率,因此被认为是未来无线通信频谱短缺问题理想的解决方案。

5.2 物联网的电磁频谱管理

5.2.1 传统的电磁频谱管理

1. 电磁频谱管理的定义及特点

电磁频谱管理是指国家通过专门的频谱管理机构,运用法律、技术、行政、经济等手段,对电磁频谱资源以及卫星轨道资源进行研究、开发、使用所进行的,以实现公平、合理、经济、有效利用频谱资源以及卫星轨道资源的行为或者活动,也可以称为无线电管理。

电磁频谱管理有下列几个特点。

(1) 电磁频谱管理是国家行为,即频谱管理行为的实施主体是国家授权的政府机关或者相关部门。

(2) 电磁频谱管理的对象是研究、开发、使用频谱资源和卫星轨道资源的各种行为。

(3) 电磁频谱管理的最终目的是维护空中电波有序使用,以及保证电磁频谱资源和卫星轨道资源的利用有效性。

(4) 电磁频谱管理工作需要综合运用法律、行政、技术、经济的手段,以保证其最终目的的实现。

2. 电磁频谱管理的主要内容

频谱管理的主要内容包括:频率规划、划分、分配、指配;监测和检查无线电信号;制定或拟定电磁频谱管理方针政策、技术标准以及行政法规;处理和协调无线电干扰;对无线电设备的研制、生产、销售、进口实施管理;负责国家无线电的监测与检查,国内外无线电干扰事宜的协调处理;按照法律实施无线电管理活动;参加双边以及多边国际电磁频谱管理活动等。其中将重点内容列出如下。

(1) 频率规划、划分、分配、指配。无线电频谱资源是一种非可再生的、有限的、但可重复利用的自然资源,其使用价值极其重要,因此频谱资源的所有权与支配权归国家所有。电磁频谱资源管理机构对无线电资源进行规划、划分、分配、指配以实现其效能的充分发挥,有利于无线电资源使用的有序性,同时也保证了各类无线电业务的正常进行。

(2) 无线电监测。包括对各类无线电台(站)的发射参数(如频率、发射带宽、场强、调制度、杂散发射等)进行监测,对干扰源以及非法的无线电台(站)进行定位,同时也为指配频率和消除各种有害干扰提供一定的技术支持。

(3) 无线电检测。无线电检测是按照国家相关法规或者相应的技术标准,对进口、生产、销售的无线电设备质量进行监督的一种行为,以保证其技术指标符合国家有关规定。由于大多数干扰的产生是来自设备本身的,所以有必要对无线电设备进行检测工作,以减少设备使用期间产生相互干扰。另外,工业、科学、医疗领域的非无线电设备也容易对无线电业务产生有害干扰,因此也有必要进行检测。

(4) 电磁频谱管理方针政策、技术标准以及行政法规的制定。电磁频谱管理相关法律法规是国家规范、调整无线电各种关系与行为的依据。而相关技术标准是为了保证无线电设备能够满足电磁兼容要求。

（5）非无线电设备的电磁辐射管理。能够辐射无线电的非无线电设备一般指工业、医疗、科学等设备和各种电子器械或装置，包括高压电力线、电气化运输系统等。对于这些非无线电设备的电磁辐射管理包括以下内容：测试其对正常无线电设备产生有害干扰的辐射功率、频率范围等参数，对非无线电工程设施的选址进行审查，并及时发现与处理非无线电设备对正常无线电业务的干扰。

（6）双边以及多边国际电磁频谱管理活动。随着无线电领域技术的不断发展与进步，无线电设备的使用变得越来越广泛，无线电业务的种类也在不断增加，这些需求的出现促进了两个国家之间甚至多国间的频谱交流。因此，参与各种国际电磁频谱管理活动、维护国家频谱权益也是频谱管理机构的一项重要工作。

图 5.2.1 是电磁频谱管理系统示意图。

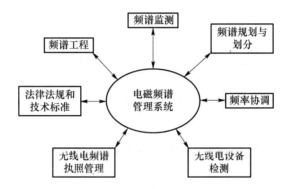

图 5.2.1 国家电磁频谱管理系统示意图

5.2.2 频谱管理的必要性

电磁频谱是一种有限的自然资源，与其他自然资源相比有着自己独有的属性。这些属性让科学管理与利用频谱资源显得尤为重要。

1. 频谱资源的有限性

电磁频谱除包括低频段的长波、中波、短波等频段之外，还包括红外线、可见光、紫外线以及射线等。然而对于无线电通信来说，可使用的资源是十分有限的。国际电信联盟（International Telecommunication Union，ITU）考虑到频谱不能超过可见光的最大范围限制，只将 3 000 GHz 以下的电磁频谱资源称为无线电频谱资源。目前，国际上也只是划分了从 9 kHz～275 GHz 的频谱使用范围，并且由于无线电波在空气中频率越高损耗越大的传播特性，实际上使用的频谱一般在几十吉赫以下，因此频谱资源的总量是十分有限的。ITU 在公约中明确指出，各成员国在使用无线电频谱时，必须牢记无线电频谱和静止卫星轨道是有限的自然资源。

2. 频谱资源的非消耗性

与其他自然资源如煤炭、石油、矿产、森林等一样，电磁频谱资源也属于国家所有。但是与其他自然资源不同，它又有其自身特有的属性，即具有非消耗性。这一点体现在用户对无线电资源的使用上，其本质只是用户在某一时间或频段或空间内"占用"，当数据传输完毕之后这一段频率依然存在,所以不存在再生或非再生的问题。由此我们可以得知,频谱资源是一种非常特殊的资源。因此,不使用频谱资源或者对频谱资源使用不当都是一种浪费。

3. 频谱资源的多维性

由上述频谱资源的非消耗性可以知道,对于频谱资源的使用实际上只是一种"占用",这种"占用"可以分为时间上占用、频率上占用、空间上占用三个维度。因此,电磁频谱资源具有时间、空间和频率的三维特性。怎样根据电磁频谱在时域、频域和空域方面的三维特性,研究单维或者多维的频谱复用技术,实现对频谱资源的合理使用,以提高频谱的有效利用率,在有限的资源中不断扩大使用空间,这是频谱资源管理和使用研究的重点。

4. 频谱资源的易受污染性

电磁波在空中传播易受自然噪声(如宇宙射线、太阳黑子爆发)和人为噪声(如各类无线电设备辐射电磁波)的干扰。除此之外,高压输电线和工业、科学、医疗电子设备等许多非无线电设备也能辐射电磁波,都有产生干扰的可能,从而影响正常无线电业务的进行。如果对频率使用管理不当,则会严重影响设备正常工作以及传递信息的准确性。如果发射设备的性能不符合国家与行业要求,或者无线电台(站)布局不合理,也可能会产生同频干扰、邻频干扰、谐波干扰、互调干扰等,影响其他无线电设备的正常工作。

5. 频谱资源的共享性

由于空间电磁信号传播的范围不受任何行政区域限制,既无省界也无国界,因此电磁频谱资源是一种人类共同拥有的资源,由全人类共享,即不论哪个国家或者哪个地区,都有权利使用频谱资源。但是,由于其资源总量的有限性以及传播范围不受当前行政区域和国家边界的限制,电磁频谱管理与使用规则的制定必须在全球范围内统一进行。目前在国际上无线电规则的制定、频谱资源的分配使用、无线电业务的划分及静止卫星轨道的划分分配是由国际电信联盟负责的。所以,频谱资源的共享性决定了我们必须加强电磁频谱管理与使用方面的技术水平,努力提高中国在国际无线电频谱领域中的声望和地位,保证在国际电信联盟中占有重要阵地,争取我国的合法权利。

电磁频谱资源的上述属性表明,我们必须对电磁频谱资源进行统一规划、科学管理、合理使用。不论哪个国家、部门、地区或个人都不得随意使用无线电频率,因为随意使用频谱资源有可能对其他国家、部门、个人造成危害。同时随着信息技术的高速发展和人民生活的不断改善,电磁频谱资源的使用个体将逐年大幅度增加,如果不进行科学管理,那么无线电信号就会出现相互交织、相互干扰的现象,并最终造成任何信息系统都无法正常运行的严重后果。

5.2.3 物联网相关频谱需求与规划

1. 不同发展阶段物联网频谱的需求分析

物联网的发展需要经历三个阶段,在不同发展阶段对频谱的需求及应用方式也有所差别。

第一阶段为机器互联阶段,即 M2M 业务阶段。在此阶段通信对象主要是机器设备,尚未扩展到任何物品。通信过程中也以使用离散的终端节点为主。业务类型如汽车信息服务、车队管理、远程医疗、远程计量等。对承载网而言,称为混同承载阶段,即直接采用现有移动网络承载物联网业务,网络本身不作大的改动,网络参数基本不变。由于现有移动网络不能区分是人与人的通信还是物与物的通信,主要通过终端侧的配置以及对终端的管理来缓解网络的压力,因此物联网业务直接依托运营商已有的 2G、3G 或 4G 网络的频率资源,频谱矛盾不显著。

第二阶段为局域感知阶段,在这个阶段"物"的范围不断扩大,传感网逐步引入。虽然传感网仍主要用作局域组网,但传感网已被视为通信网络终端节点的延伸,与通信网成为一个整体。运营商更加关注通信网络与传感网的融合,并通过物联网网关屏蔽传感网的差异性,使异构的传感网之间、传感网与通信网之间实现协同工作。此阶段对承载网而言,称为区别承载阶段(也称混合组网方式),是物联网业务发展中期。物联网应用规模的扩展对移动网络资源(如号码资源、传输资源乃至频率资源)造成了较大压力。这时需要对网络进行部分改造,使得网络能区分物与物的通信,从而采取不同的措施缓解网络压力,保证物联网业务质量。在这个阶段,物联网业务已有较大发展,通信业务量也有显著增加,将对运营商已有频谱资源造成较大压力。运营商除在已有频率中挖掘潜力为物联网业务所用之外,应积极寻求其他的频谱资源,以缓解物联网发展对频谱的压力。

第三阶段是广域感知阶段,在这个阶段传感网开始广域组网,遍布各处的传感网节点构成了全新的广域网络,并产生一些基于传感网的公共节点,这些公共节点作为物联网的基本组成部分,必然要实现广域管理,例如遵循统一的通信协议、实现广域寻址等。此阶段对承载网而言,也称为独立承载阶段。在独立承载阶段(也称为独立组网方式),物联网业务实现规模化发展后,将出现大量对通信质量要求较高的物联网应用,同时可能会产生通信相互干扰的问题。此时,应考虑采用隔离(物理/逻辑)的网络承载物联网,例如,建设独立的接入网,在核心网中也划分专门的互联子网等方案解决。在此阶段,由于 LTE 及 4G 业务已得到长足发展,原有及预测的频谱将被大量占用,而 5G、工业互联网、车联网、物联网等应用也进入了蓬勃发展期,新的频谱需求将十分迫切,频谱资源的供需矛盾将更加尖锐。

2. 物联网无线传输技术频谱划分现状

图 5.2.2 所示为物联网无线传输技术频谱划分现状。

物联网架构主要由 3 部分组成:感知延伸层、网络层及应用层。有频谱需求的部分主要是感知延伸层和网络层。感知延伸层主要涉及物理世界中的物理量、化学量、生物量的识别及短距离传输等。其中,涉及的无线通信技术主要有 RFID、无线传感器网络、蓝牙、红外技术、IEEE 802.11、ZigBee、NFC、UWB 等。网络层实现物联网数据信息和控制信息的传递、路由和控制,涉及的无线通信技术主要包括蜂窝移动通信技术(如 GSM、WCDMA、LTE 等)、宽带无线接入技术等。表 5.2.1 给出了感知延伸层所涉及的主要无线通信技术及现阶段所使用的频段。不难看出,物联网感知延伸层所涉及无线通信技术主要使用的频段为 ISM(Industrial Scientific Medical)频段,由于 ISM 频段为非授权频段,终端只需要遵守一定的发射功率且不对其他频段造成干扰即可免费接入使用。现阶段 ISM 频段已有很多应用,未来随着物联网应用的加入,其必然会加剧 ISM 频谱资源的短缺。此外,由于现阶段使用 ISM 频段的无线通信技术侧重单技术组网,并没有考虑多种无线通信技术的协同,未来随着物联网感知延伸层不同无线通信技术的接入,必会加剧不同无线技术之间的同频干扰。

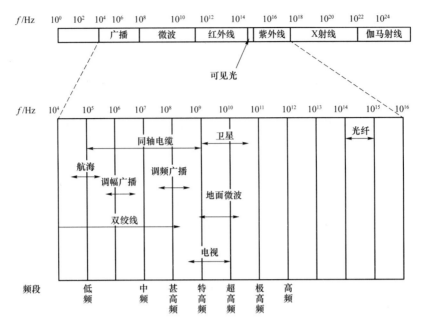

图 5.2.2　物联网无线传输技术频谱划分现状

表 5.2.1　感知延伸层无线通信技术及所用频谱

无线通信技术	RFID	ZigBee	蓝牙	IEEE 802.11 系列	UWB
使用频段	ISM 频段(433.92 MHz、2.4 GHz)、800/900 MHz 指配频段	868 MHz(欧洲)、915 MHz(美国)、2.4 GHz	2.4 GHz	2.4 GHz/5 GHz/60 GHz	3.1～10.6 GHz

表 5.2.2 给出了网络层所涉及的主要无线通信技术及现阶段所使用的频段。从物联网发展状况来看,针对物联网业务独立建设承载网的时机还未成熟,因此在物联网发展的初期,网络层对物联网业务的承载将会直接采用现有移动通信网络。现阶段移动通信网络频谱资源需求预测及分配是以人与人的通信为目标的,并未完全包括物与物及物与人通信的业务特征及流量模型。因此,使用移动通信网络承载物联网业务,可能会引发移动通信网络拥塞及资源分配不平衡等问题。

表 5.2.2　网络层无线通信技术及所用频谱(中国)

无线通信技术	2G	3G	4G	5G
使用频谱	890～954 MHz、1 710～1 820 MHz 等	1 880～1 900 MHz、1 940～1 955 MHz、2 130～2 145 MHz 等	1 900～1 920 MHz、2 570～2 620 MHz 等	3 300～3 600 MHz、4 800～5 000 MHz、2 515～2 675 MHz 等

5.3　电磁环境的频谱分析与信息建模

5.3.1　电磁环境概述

1. 电磁环境的定义

GB/T4365—2003 对电磁环境有这样的描述:电磁环境是指存在于给定场所的所有电

磁现象的总和。此定义包括两层含义:第一,电磁环境是指某一给定场所,有限定的地区范围;第二,电磁环境是在给定地区范围内所有电磁现象的总和,包括自然界电磁现象、人为电磁现象。电磁噪声是一种明显不传递信息的时变电磁现象,它可能与有用信号叠加或组合。电磁环境的优劣直接影响无线电设备的工作质量,恶劣的电磁环境会导致无线电设备不能正常工作,这就是我们常说的电磁噪声干扰。

无线电环境是指无线电频率范围内的电磁环境,指在给定场所内所有处于工作状态的无线电发射机产生的电磁场的总和,属于人为电磁现象(人工装置所产生的电磁现象)的范畴。

复杂电磁环境是指在一定的空间内由空域、时域、频域、能量域上分布的数量繁多、样式复杂、密集重叠、动态交叠的电磁信号构成的电磁环境。随着无线通信技术的快速发展,各种通信设备不断增加,信号种类也越来越多,而且信号的功率大,传输距离远,影响范围广。各种电磁设备交织在一起,所发送的信号共用无线通信环境,加上自然环境的影响以及各种背景噪声,形成了一个复杂快变的新空间——复杂电磁环境。电磁通信设备的工作质量受到复杂电磁环境的影响,通信质量受到各种电磁干扰的严重影响,在某些情况下电磁设备甚至会失效,造成通信中断。

2. 复杂电磁环境的特点

复杂电磁环境主要有以下特点。

(1)构成复杂

复杂电磁环境主要由民用电磁环境、雷达环境、光电环境、导航电磁 电磁环境的复杂性
环境、自然电磁环境等构成,各类电磁环境交织在一起,互相干扰,使得电磁环境复杂多变。

(2)形式多样

无线电设备数量众多,发送的信号样式多样,波形复杂,包括各种调制信号、雷达信号、干扰信号等,而且新的信号类型还在产生和运用。

(3)频谱密集

频谱上表现为拥挤重叠,极不均匀。无线电设备数量众多,波形复杂,发送的信号样式丰富,使得频谱分布不均,在某些频段信号重叠,频谱被密集使用,但某些频段却被闲置,未被使用。

(4)能量密度不均

能量上表现为密度不均,跌宕起伏。发射源分布不均,且发射的信号有强有弱,再加上在空间传播时受到不同程度的衰减,造成在不同空间信号的强弱不同。

3. 无线电干扰及其抑制措施

(1)同频干扰:是指干扰信号的载频与有用信号的载频相同,因而对接收同频有用信号的接收机造成的干扰。

抑制措施:科学规划频率,严格按规定使用频率;同频道复用距离的规划;重视天线的运用;平衡同网电台的调整。

(2)邻道干扰:是指来自相邻波道的信号干扰。因发射机边带扩展而产生邻道功率辐射以及发信机噪声和收信机的选择不佳而造成相邻频道的干扰。

抑制措施:提高中频滤波的选择性;限制发射信号带宽;降低中心台高度和功率;采用自动功率控制系统。

（3）互调干扰：两个或多个信号在非线性传输电路中互相调制，产生同有用信号频率相近的组合频率，干扰通信系统。

抑制措施：选用无三阶互调频道组；提高天线共用器的隔离度；动态发信机采用 APC 技术；扩大线性动态范围；保持接触良好。

4. 非无线电设施的干扰及其抑制

非无线电设施电磁干扰是人们早就发现的电磁现象。电磁干扰的传输方式大体分为空间传播的磁辐射耦合方式与电路传输的传导方式。

抑制措施：抑制干扰源，对于干扰源的抑制，必须要确定干扰源在何处，从而采取相关的措施进行抑制；切断电磁干扰耦合，对于辐射的干扰，可以采取屏蔽的技术以及分层技术；降低电磁敏感装置敏感度，对于电磁波敏感的装置会影响信号的接收，敏感度过高会受噪声的影响，所以要根据具体情况降低设备的敏感度。

5.3.2 电磁环境监测

1. 电磁环境监测设备

电磁环境的监测通常需要专用的设备来完成。电磁环境监测设备的要求不同于通信接收机，通信接收机用于再现一个信号，在接收这种信号时灵敏度和速度起着重要的作用。电磁环境监测设备用来测试电磁噪声以及无线电信号的电平和频率等指标，所测量的可能是干扰源，也可能是无线电信号。因此，对它的要求是测量精度。对于电磁环境监测设备，需要注意的是：防止输入端过载；选用合适的检波方式；测试前要进行校准；选择合适的预选器。

（1）监测接收机

由于在电磁环境测量中，经常出现具有不同带宽特性的信号，所以对监测接收机的互调特性也有严格的要求。为适应各种调制形式信号的测量，除能接收正弦波信号外，还要能接收脉冲干扰信号。因此，监测接收机应具有平均值检波、峰值检波和准峰值检波功能，依据不同的测量对象，选择检波方式。

实际测量的信号基本可以分为三类：连续波、脉冲波和随机噪声。连续波干扰（如载波、电源谐波和本振）是窄带干扰，在无调制的情况下用峰值、有效值或平均值检波器均可以检测出来，且测量的幅度相同。对于脉冲干扰信号，峰值检波器可以很好地反映脉冲的最大值，但反映不出脉冲重复频率的变化。这时，使用准峰值检波器最为合适，其加权系数随脉冲信号重复频率的变化而改变，重复频率低的脉冲信号引起的干扰小，反之加权系数大。而用平均值、有效值检波器测量脉冲信号，其读数也与脉冲重复的频率有关。随机干扰的来源有热噪声、雷达目标反射以及自然噪声等，这时主要分析平稳随机过程的干扰信号，通常使用有效值和平均值检波器来测量。

利用检波器的特性，通过比较信号在不同检波方式下的响应，就可以判别所测未知信号的类别，确定干扰信号的性质。

（2）监测天线

监测天线应具有水平和垂直两种极化方式，无方向性，以便更为详尽地监测电磁环境。使用定向天线时，要有尽可能低的方向性，在360°不同方向的增益变化不大于 6 dB。监测天线的高度以能够消除地表面反射波的影响为基本要求，一般监测天线高度距地表面（或房顶表面）不低于 6 m。

（3）系统噪声温度

监测系统的噪声温度直接影响监测的精度,因此对系统噪声温度的要求应根据监测精度要求而确定。系统的噪声温度 T_R 应在天线端口测量,因而包括低噪声放大器(Low Noise Amplifier,LNA)、外接滤波器和电缆损耗。通常的成品接收机或频谱分析仪的噪声温度都超过 2 000 K。因此,监测系统中需要加装低噪声放大器(LNA)和采用低损耗连接电缆,系统内部产生的虚假信号、谐波分量等要足够低。

2. 测量方法

在进行无线电磁环境测量时,对所要监测频段的扫描相对于一天中的时间频率覆盖应尽可能均匀。所设置的测量范围根据监测系统的扫描速率、步进、分辨率带宽以及测量的精度要求确定。对于保障监测的精度要求,重要的是设备的稳定性、测量参数的正确选择和全过程监测数据（原始数据）的完整记录以及对监测数据处理方法的准确性。

无线电磁环境的监测通常采用专门的设备完成,也可以利用无线电监测与测向设备来完成,如何使处理结果贴近于定义意义上的电磁环境描述是必须要解决的问题。

5.3.3 电磁环境分析

1. 相关参数及指标

（1）占用度

占用度是指在每个频段内所有信道测量的功率电平高于频段内中值功率 x dB 时信道数的百分比。通常以 6 dB 作为占用度的门限值。

（2）系统指标

系统指标主要是指系统增益噪声温度和匹配负载。这些指标均可以通过开、关噪声源的方法得到。

（3）场强及功率通量密度

电场强度是长度为 1 m 的天线所感应的电压,简称场强,习惯上以 E 表示。

对无线电磁环境的结果分析可用功率通量密度来表述。功率通量密度是电波入射到单位面积上的辐射功率,简称功率密度,通常以 S 表示。平均功率密度是指电波入射到单位面积上的平均辐射功率。电磁波测量单位也可以用平均电场强度表示。常用计量单位为伏/米(V/m),按自由空间中的平面电磁波计算。电场强度与平均功率密度换算公式如下:

$$E = \sqrt{P_d \times 377} \tag{5.3.1}$$

式中:E 为平均电场强度,单位为 V/m;P_d 为平均功率密度,单位为 V/m²。

场强的线性单位通常有 V/m、mV/m、μV/m,对应的电平单位分别为 dBV/m、dBmV/m、dBμV/m(常记为 dBμ)。

2. 复杂电磁环境复杂程度的参数

（1）空间覆盖范围:对于复杂电磁环境的评估,作用范围越广,则电磁环境越复杂。

（2）信号密度:单位时间内接收到的无线电通信信号数量,反映了电磁环境中信号的疏密程度。

（3）信号样式:信号样式即信号的调制方式及参数范围,反映了电磁空间中电磁信号的"种类"多少。

（4）功率密度:描述复杂电磁环境的功率强度。功率密度定义为:功率与带宽的比值,即功率密度=功率/带宽。

（5）持续时间：复杂电磁环境的信号所占用的时间长度，用以衡量复杂电磁环境的持续性。

（6）频率覆盖范围：反映了复杂电磁环境在频域上的作用范围。

3. 信号特征的处理及分析手段

（1）信号特征：指在监测过程中所发现的在用信号的信息，如频谱图、占用度、场强值、所处方位、占用带宽和调制类型等。

（2）特征处理：信号特征的处理可通过监测系统软件完成。系统软件自动处理，并将处理的结果记录到数据库中，作为测量时刻和测量地点的环境资料。

（3）信息分析：对比监测到的信号，完成信息分析和干扰分析。信号特征处理模块应具备本机数据库，包括实际测试数据库和监测数据库。

4. 电磁环境平台设计

（1）电磁环境分析系统软件的功能及要求

电磁环境分析系统软件应包括六种基本功能。

① 监测功能，如测试标准的选择、测试配置提示、测量参数的设置（测量带宽、检波方式、衰减器、扫频步进、每个测量点的驻留时间）等。

电磁环境信息
平台设计实例

② 信号测量功能。监测系统以一定的步进和速度进行扫频测量，判别和读出数据。

③ 数据处理功能。

- 将测量信号的电平值转换成处理结果值，并用线性或对数坐标显示出噪声背景电平和在用信号的特征，与相应标准极限进行比较，判别是否超标，并在图中表示出信号频谱与极限值的关系。
- 提供信号分析的基本功能。例如，仔细测量所关心点信号的幅度和频率，给出与极限的差值，在规定的范围内实时重复监测等。

④ 数据的存储和输出功能。测量软件能存放每次的测量数据列表，待需要时提取。

⑤ 提供分析工具的功能。如路径损耗模型分析、干扰分析、传输链路分析、频率指配（分配）、协调区计算和无线网络系统设计、干扰协调分析以及 IT 和国家有关的标准等。

⑥ 调用其他应用系统的功能。本功能主要是在已有应用系统的基础上，共享资源，如地理信息系统（Geographic Information System，GIS）、台站管理系统、无线电监测系统等。

这些功能在具体建设中，可根据具体情况进行选择。但要注意以下几点：电磁环境数据库的建立应以形式简洁、内容齐全翔实和便于查询为基本要求；电磁环境资料的输出最好能支持各种格式的转换和编辑，以便编写与之相关的报告；电磁环境查询的方式应具备模糊查询的能力。

（2）电磁环境分析系统的辅助应用

电磁环境分析系统的辅助应用大概有四项。

① 场强预测：可采用多种传播模型，支持 ITU 最新标准，根据台站技术参数和传播环境进行已设台站或拟设台站的场强覆盖计算，确定某区域的场强值；可以在电子地图上绘制场强等值线图以及场强态势图。

② 干扰分析：根据电磁环境资料，分析同频、邻频、互调干扰等各种类型的干扰，并能够根据用户申诉或监测数据，进行干扰特性的分析。

③ 理论频谱分析：以现有台站数据库数据为基础，进行理论频谱数据的计算，与实际监测数据进行对比。

④ 路径损耗分析：通过调用 GIS、台站信息以及监测信息，自动选用相适应的路径模型，完成对所选场地的路径损耗计算。

电磁环境分析系统应与无线电管理综合平台有机集成，各类应用系统的数据可以直接导入电磁环境分析系统中进行分析计算，结果数据保存到系统数据库中并能将结果在电子地图上显示，提供丰富的图表显示工具以不同的形式展现。

5.4　认知无线电与频谱共享

5.4.1　认知无线电的产生

在无线通信技术飞速发展的今天，频谱资源紧缺的状况日益突出。特别是在物联网高速发展的背景下，无线网络中传输的信息量将大幅度上升，如何合理利用有限的频谱资源，通过更少的频谱资源实现更高的传输速率必将成为影响物联网发展的关键因素。一方面，人们通过研究诸如自适应编码、多天线、多载波等技术来提高频谱效率；另一方面，人们开始关注灵活的频谱共享技术。

现阶段世界各国无线电管理部门均采用静态的频谱资源分配方案。这种静态的频谱分配方式将频谱资源分为授权频谱和无须授权的频谱两大类。授权频谱指的是该频段在特定的区域独占式地分配给了某种特定的业务，其他业务不得使用该频段，如常见的电视频段、广播频段等。表 5.4.1 所示为无线电频段划分以及不同频段中的应用业务类型。国内外许多研究机构都注意到目前已划分频谱的利用率较低这一现象，并进行了测量。图 5.4.1 给出了美国公司 Shared Spectrum 在纽约和芝加哥所做的频谱占用率测试的结果。我们观察到，高频段的利用率不超过 50%，其中有一半甚至低于 10%。由此可以看出，频谱资源短缺经常是因为频谱资源分配的不灵活性。由于受各个国家相关政策法规的约束，授权频段仅能够被授权用户所使用，即使在授权频段空闲时非授权用户都不能接入并进行通信传输。在频谱资源已被授权业务瓜分，剩余可分配频谱极其稀缺的背景下，低下的频谱利用率进一步激化了持续增长的无线通信需求与无线频谱资源匮乏之间的矛盾。

表 5.4.1　无线电频段划分以及不同频段中的应用业务类型

频率区间	频段分类	波长区间	主要应用业务类型
3～30 kHz	甚低频	100～10 km	无线心率监测、水下无线通信、导航、信标
30～300 kHz	低频	10～1 km	调幅的长波广播、导航、信标
300 kHz～3 MHz	中频	1 000～100 m	调幅的中波广播、导航
3～30 MHz	高频	100～10 m	调幅的短波广播、业余无线电
30～300 MHz	甚高频	10～1 m	调频广播、电视、商用移动通信、雷达
300 MHz～3 GHz	超高频	100～10 cm	无线局域网、地-空和空-空无线通信、移动通信
3～30 GHz	特高频	10～1 cm	无线局域网、雷达、微波设备、商用移动通信
30～300 GHz	极高频	1～0.1 cm	射电天文、微波中继

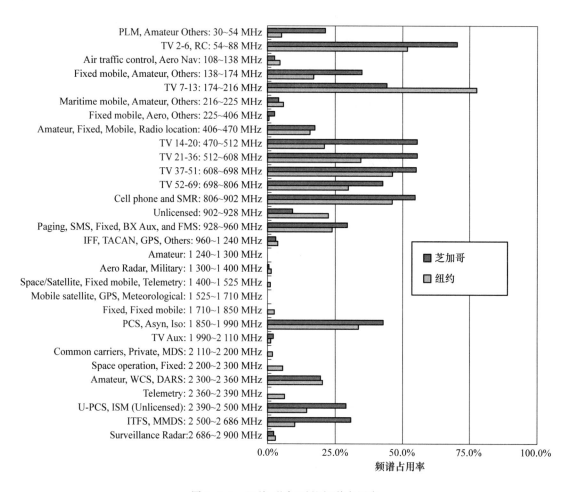

图 5.4.1 纽约、芝加哥的频谱占用率

更多的测试研究表明,所谓"频谱匮乏"并不是物理资源短缺,而是由于当前以及过去相当长时间内固定的频谱管理政策造成的。尽管这种固定的频谱分配策略有利于网络规划、运营、维护和管理,并且能够避免同频系统间的干扰,但是不断增长的频谱需求压力使得人们希望借助新的技术来提高授权频段的利用率,尤其是动态的频谱分配策略吸引了众多研究者的目光,因此作为这一策略的代表技术——认知无线电技术的产生与发展势不可挡。

认知无线电(Cognitive Radio,CR)的概念最初由瑞典皇家技术学院的 Joseph Mitola 博士提出。值得一提的是,Mitola 博士在 1992 年首次明确提出了软件定义无线电(SDR)的概念。认知无线电的产生与软件定义无线电有着紧密的联系,可以说认知无线电是软件定义无线电技术向市场迈进的过程中衍生出的新思想,不同的是前者有充足的智能来发现可用频谱、配置系统并开始工作,这个特点使得认知无线电成为解决"频谱匮乏"的重要技术之一。

5.4.2　认知无线电的定义

最初认知无线电产生于软件定义无线电,但是发展到现在,人们对认知无线电的研究不再局限于 Mitola 博士最初定义的范畴,不同的研究者或者研究机构从不同的层次给出了不同的定义,比较有代表性的是 Mitola、FCC、Haykin 等个人或组织先后给出的定义。

1. Mitola 定义的认知无线电

Mitola 认为软件定义无线电是实现认知无线电的理想平台,认知无线电是软件定义无线电的智能化。他在 2000 年的博士论文中将 CR 定义为:CR 这个概念确定了这样一个观点,那就是无线个人数字助理(Personal Digital Assistant,PDA)和相关的网络具有对于无线资源和相关的计算机与计算机之间通信足够的计算智能。作为 SDR 的一种,它结合了应用软件、界面和认知等功能,包括检测用户的通信需求并且提供满足这些需求的最适当的无线资源和服务。Mitola 对认知无线电的认识强调其学习和推理能力,认为认知无线电可以通过智能地感知环境,不断地学习,再通过自适应地调整通信参数来适应环境的变化。这种智能的核心是通过"无线电知识表达语言(Radio Knowledge Representation Language,RKRL)"来提高个人无线业务的灵活性。此外,他提出了认知循环的概念,如图 5.4.2 所示,包括观察、分析、规划、决策、学习等能力。

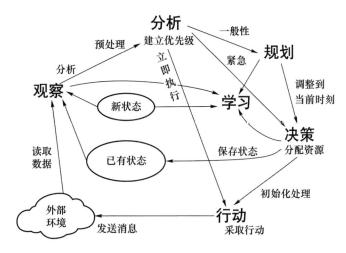

图 5.4.2　认知循环

2. FCC 定义的 CR

2003 年美国联邦通信委员会(Federal Communications Commission,FCC)着重从应用的角度对 CR 进行了定义。FCC 认为,CR 是一种基于与操作环境的交互动态改变发射机参数的无线电,其主体可能是 SDR,但对 CR 设备而言,不一定必须具有软件或者现场可编程的要求,FCC 建议任何具有自适应频谱意识的无线电都应该被称为 CR。

FCC 是一个频谱监管部门,因此主要从频谱管理的应用角度定义了 CR,并更多地关注如何提高频谱利用率。目前,CR 的应用大多基于 FCC 的观点,因此也称 CR 为机会频谱接入无线电。从 FCC 给出的定义可以看出,CR 具备的两大基本功能是认知能力和重配置能力。认知能力能够使 CR 感知环境并分析,进而作出决策,采用合适的通信参数来适应无线环境。重配置能力有点类似于软件定义无线电,执行认知能力获得的任务。

3. Simon Haykin 定义的 CR

2005 年,著名学者 Simon Haykin 根据前人的相关研究和自己的理解,对 CR 作出了如下定义:CR 是建立在 SDR 基础上的智能无线通信系统。它能够感知环境并利用人工智能技术从中学习,通过实时改变某些操作参数,使其内部状态适应接收到的无线信号的统计性变化,以达到以下两个目的,即任何时间、任何地点均要保证高度可靠通信和对频谱资源的有效利用。根据这一定义,Simon Haykin 阐述了 CR 要解决的三个关键问题:无线环境分析、信道状态估计与预测建模以及发射功率控制与动态频谱管理。此外,Simon Haykin 在相关论文中提出了基本认知循环,集中阐述上面的三个关键问题,如图 5.4.3 所示。

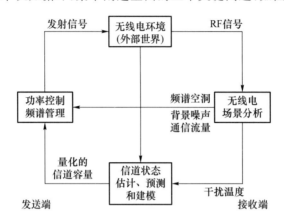

图 5.4.3　基本认知循环

　　除了上述三种对 CR 的不同定义,IEEE 1900.1 认为 CR 可以采用人工智能技术,也可以采用一些简单的控制机制来实现。此外,还有一些学者将 CR 直接纳入软件无线电的范畴,称其为自适应智能软件无线电。

　　通过以上分析,我们可以看出,针对不同的应用环境或者技术领域,CR 有多种定义。Mitola 博士提出的是理想的认知无线电,他从 CR 作为软件无线电的智能化角度讨论了基于认知环的理想 CR 的实现,从图 5.4.2 中我们可以发现,这个理想的认知环是比较复杂的,其高度的智能性使得实现这样的应用尚需时日;FCC 则是作为频谱监管部门从应用的角度对 CR 进行定义,侧重于感知射频环境,并根据一定的学习和决策算法实时自适应改变系统工作参数,从而达到提高频谱利用率的目的,我们可以把这种 CR 称作频谱感知 CR,这也是目前人们更为关注的一种认知无线电;Haykin 定义的 CR 主要从要解决的三个关键问题入手阐述了对 CR 的理解,他提出的基本认知循环很清楚地说明了一个基本的认知周期要经历的三个基本过程——信道识别、功率控制和频谱管理。

5.4.3　认知无线电研究的主要问题

1. 频谱感知

　　频谱感知是认知无线电的基础和前提,是认知无线电的首要任务。频谱感知是一种从用户无线通信设备对接收到的信号进行检测,发现“频谱空洞”的技术。它体现了认知无线电最显著的特征:能够感知并分析特定区域的频段,找出适合通信的频谱空洞。频谱空洞又称为频谱机会,指已被分配给某授权网络的某段频率带宽,但在特定时间和具体位置该网络中的授权用户并没有使用或正在使用,当前功率很低,只相当于低功率噪声干扰信号,这样就在频谱上形成了一段空白的地方。频谱空洞可以为认知无线电系统的通信提供频谱资源。根据频谱资源中的射频信号可以将待查的频段分为 3 种类型:黑洞、灰洞和白洞。黑洞大部分时间内存在高能量的射频信号;灰洞在大部分时间内存在着低能量的射频信号;白洞只存在环境噪声而没有其他的射频信号。那么频谱感知的任务就是查找适合认知无线电业务的白洞,有些情况下可以对灰洞加以适当利用,同时对工作频段在黑洞(或灰洞)和白洞之间的转变进行实时的监测。因此,频谱感知的两大基本功能为:一,感知频谱空洞,充分利用所有频谱机会;二,检测授权用户的出现,避免对授权用户造成干扰。前者是在充分保证后者的条件下进行的。

此外,可以将频谱空洞按照主用户收发机来分类,分为发射频谱空洞和接收频谱空洞,如图 5.4.4 所示,若主系统发射机正在使用频率 f_1、f_2、f_3,那么我们就将主系统发射机未使用的频率称为发射频谱空洞。从系统使用发射频谱空洞不会对主系统接收机造成干扰。

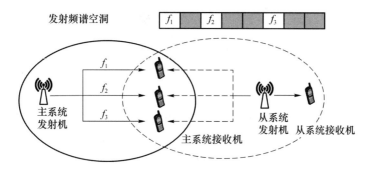

图 5.4.4　发射频谱空洞检测

认知无线电将会面对不同种类的用户,也就要求不同的灵敏度和感知速度,因此对不同的频谱环境采用的检测方法也有所不同。目前研究较多的方法有匹配滤波器法、能量检测法、循环平稳特定检测法等,这三种方法都属于发射机检测。此外,还有基于接收机的检测、合作检测和基于干扰的检测。在物联网中,由于节点较多,因此可以考虑合作检测来提高频谱感知的正确性。

2. 频谱分析

通过频谱感知我们可以获得频谱空洞的频谱特征信息,如中心频率、带宽、干扰等级、路径损耗、信道误码率、链路层延时和持续时间等。其中,干扰等级不仅包括使用该频谱可能对授权用户的干扰,而且包括对其他邻近 CR 节点的干扰,这体现了在保证授权用户不受干扰的前提下优化 CR 网络整体性能的思想。对于路径损耗,不仅取决于收发机间的距离、传播地形等因素,还需要考虑到频率越高路径损耗越大这一关系,想要解决路损大的问题也不能单纯依靠增大发射功率实现,因为较大的发射功率会带来干扰。信道误码率和链路层延时受制于具体的调制编码方式以及当时的信道衰落情况。由于在频谱使用上授权用户具有更高优先级,因此对于 CR 用户,实时监测授权用户的频谱占用情况,并获取其统计特征,将有助于估计频谱机会的出现和结束时间,并将这些统计数据用于频谱决策模型中以提高接入效率。

在频谱感知的基础上,需要对各种特征参数进行频谱分析,为频谱决策等无线资源管理算法提供必要依据。频谱分析是频谱管理的一部分。具体到不同的物联网中,由于不同网络有着不同的性能要求,因此具体需要获得哪些频谱特征信息的分析结果要视情况而定。

3. 频谱决策

基于频谱分析对所有感知到的频谱空洞的描述,显然需要进行频谱决策来选择一个合适的工作频段满足当前传输的 QoS 需求和频谱特性。CR 用户的传输需求可能根据具体的通信服务而变化,如信道容量、数据率、可接受错误率、延时限度、传输模式以及带宽需求等。需要指出的是,频谱决策的结果是在无线环境、频谱政策、干扰限制等约束条件共同影响下产生的,因此需要对有着不同性能需求和决策目标的物联网制定相应的决策规则,并且优化相应的决策参数,并不是将这些参数随机进行简单联合。

频谱分析和频谱决策是连接物理层和更高层的桥梁。根据物理层获得的感知信息和更高层(如应用层)对具体性能参数的要求进行参数分析,最终决定选择一组合适的频带提供给认知用户。例如,不同的物联网有着不同的业务和性能要求,那么认知无线电网络需要设置不同的分析参数,并按照不同的目标函数作出决策。

4. 频谱共享

频谱共享技术是认知无线电网络中最重要的技术,机会式频谱利用的核心就是频谱共享,主要包括动态频谱分配和动态频谱接入。频谱共享既包括认知用户与授权用户的频谱共享,也包括认知用户间的频谱共享。

通常情况下,在认知无线电网络中由于授权用户有着绝对的优先频谱使用权,CR 用户对于授权用户来说是完全透明的,即授权用户只考虑自身网络的状况,可以认为 CR 网络是不存在的。这样,CR 用户要接入授权频谱既要获得足够的资源保证 QoS 要求,同时又不能影响授权用户和网络中其他 CR 用户的 QoS,有效的频谱接入控制是实现优化频谱分配的基本前提。此外,有些学者指出,可以将授权网络作出相应修改,使得 CR 用户可以与授权用户协调使用授权频谱,但是在实际应用中由于设备成本等问题,这种方案不易实现。

这里必须强调一点,由于认知无线电是机会式的频谱共享技术,因此 CR 用户的一切行为都要在保证授权用户 QoS 的前提下进行,这就要求 CR 用户严格考虑各种相关参数(如干扰温度限制)来设置 CR 用户的发射功率,避免对授权用户的干扰。在物联网中,很多场景中需要布置大量的传感器节点,参数限制变得尤为重要,否则,两个网络间会因为相互干扰碰撞使用户无法正常工作,最终导致网络瘫痪。

认知无线电的核心就是机会式频谱共享,这里的机会式可以理解为不确定性,CR 用户处于一个实时动态的状态。实际可用频谱信息不断变化,相应地频谱分析、决策以及接入分配等操作也要进行相应调整。

5. 频谱移动性管理

一个 CR 用户使用的频谱发生改变叫作频谱移动。触发频谱移动的原因主要有以下四种:

- 授权用户的出现;
- 认知用户当前通信的信道质量恶化;
- 当认知用户从一个地方移动到另一个地方且两地的可用频谱不一致时需要转换通信频段;
- 由错误感知结果造成的假警报、恶意用户模仿授权用户信号等攻击行为使得认知用户错误认为当前信道不可用而需要进行频谱切换。

以上四种触发原因中,后 3 种在传统无线网络中也存在,而第 1 种则是认知无线电网络区别于其他网络的一个重要原因。如图 5.4.5 所示,若 CR 用户所使用的信道检测到授权用户的出现,那么该 CR 用户要想继续通信就必须进行频谱切换。

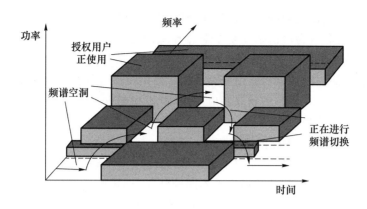

图 5.4.5　授权用户出现引起的频谱移动

切换判决主要用于决策是否进行频谱切换,其机制大多是针对触发原因进行设计的。当频谱移动触发条件发生时,依据切换判决机制决定频谱切换,现有的切换执行机制主要有以下三种:

- 信道预留机制;
- 切换请求排队机制;
- 感知并切换到其他可用频谱空洞。

其中,信道预留机制就是系统专门预留出一部分频谱资源供需要频谱切换的用户使用,但是这部分资源不可以用来接入新的 CR 用户,也就是说信道预留机制是通过提高阻塞率来降低强制终止率,因为对于用户来说终止通信远比不让其接入系统更不能忍受。切换请求排队机制是针对一些对时延不敏感的业务来说的,若发生频谱切换但却没有可用信道时,这些业务可以进入虚拟缓冲器排队,直到系统中有空闲频谱,而对于那些对时延敏感的实时业务来说没有可以切换的频谱资源,那么这些用户只能被强制终止。第三种机制是较为简单的一种,但是一旦发生频谱切换再去感知其他可用频谱会带来时延,这种机制用网络的简易性换取了整体性能的优化,对那些成本要求低廉、时延要求较低的物联网可以采用该机制。

6. 认知无线电的安全问题

认知用户动态利用频谱极大地提高了频谱使用率。但是认知用户在频谱感知过程中对主用户发送的信号不加区别地对待和信任容易受到恶意用户的欺骗,这将使认知无线电技术面临严重的安全困扰,除此之外作为一种无线通信技术,传统无线网络中的安全问题依然在认知无线电网络中存在。

频谱感知技术是认知无线电实现频谱有效利用的首要任务,频谱感知环节最容易遭遇安全问题。频谱感知中可能遭受到两种攻击方式的威胁:主用户伪造攻击(Primary User Emulation,PUE)和频谱感知数据篡改攻击。所谓主用户伪造攻击是指其他用户出于自私竞争或者恶意破坏的目的发送模仿主用户信号特征的信号,阻止要接入或者切换的 CR 用户通信。频谱感知数据篡改攻击是指恶意用户发送错误的感知结果给数据融合中心,使数据融合中心得出错误的频谱分析结果。

在认知无线电网络中,除了上述安全问题当然也存在着传统网络中的安全问题,如拒绝服务攻击、自私行为攻击、路由安全以及密钥协商等,但这些安全问题并不是简单地移植到认知无线电网络中,会出现新的特点。具体来说,拒绝服务攻击就是阻止或延缓合法 CR 用户获取频谱资源;自私行为攻击指在基于非合作式的分布式网络架构中每个 CR 用户以自身获得最优频谱资源为目的争夺资源,损害了网络整体性能;与传统无线网络相比,CR 网络中,频谱也在动态变化,这就给路由安全带来了新的挑战,同时,多次频谱切换带来的时延会引起密钥损耗攻击。在具体的物联网应用中,可以根据网络的具体环境特点设计具体的方案、协议,减少安全隐患。

7. 认知无线电网络的传输层协议

认知无线电是机会式利用频谱,CR 用户在通信过程中频繁的频谱切换会导致链路往返时间的变化。一方面,不同的信道有着不同的特性,会影响链路往返时间的变化;另一方面,频谱切换带来的延时也会对链路往返时间产生影响。链路往返时间的变化会导致重传超时。传统的传输层协议能感知到重传超时,并认为有包丢失,然后启动拥塞避免机制,重传实际上并没有丢失的包,显然将会导致吞吐量的降低。

通过以上分析我们可以发现,传统的传输层协议不能直接应用于认知无线电网络中。因此,为了减少频谱切换的不利影响,一种方案是设计能够对频谱切换透明的传输层协议,另一种方案是传输层可以预测到频谱切换然后作出相应调整。因此,需要设计链路层与传输层合作的跨层设计方案。

8. 认知无线电网络的跨层设计

认知无线电是一个智能的无线网络,它实时地与其所处环境进行交互,根据用户 QoS 需求来自适应动态的无线环境。由于需要考虑的参数涉及协议栈的各个层,因此 CR 网络很有必要进行跨层设计。所谓跨层设计就是指打破传统 OSI 参考模型中严格分层的束缚,通过在协议栈层与层间传递特定信息来协调协议栈各层间的工作,使之与无线通信环境相适应。跨层设计使用了网络整体优化的思想,使系统工作在最佳状态。

基于认知无线电的特殊性,可以针对以上提到的八个研究问题分别设计针对性的跨层方案。例如,如图 5.4.6 所示,对频谱分配进行跨层设计时,我们要考虑频谱分配的动态性带来的信号带宽、路径损耗以及误码率等物理层信道参数的变化,还要考虑由此引发的网络层路由选择过程的变化和传输层协议的性能。跨层设计的方法有很多,具体选用哪一种要针对具体的物联网性能要求来设计。

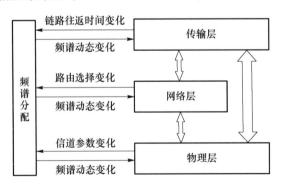

图 5.4.6　频谱分配的跨层设计模型

5.4.4　基于 CR 的频谱共享

1. 频谱共享的过程

频谱共享即允许部分认知用户在不影响主用户的前提下动态共享部分频谱,从而实现对频谱资源的再利用,有效解决频谱资源稀缺的问题。从实现的角度看,频谱共享主要包括图 5.4.7 所示的 4 个步骤。

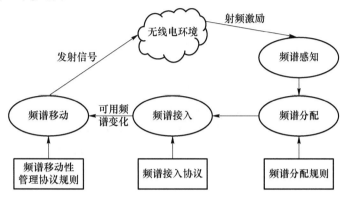

图 5.4.7　频谱共享过程框图

2. 频谱共享的分类

在 CR 技术中,通常称工作频段的授权用户为第一类用户,而认知用户为第二类用户。频谱共享就是通过无线场景感知进行频谱空洞检测,根据感知结果调节各个发射机功率输出,以适当的调制编码策略选择最合适的频段进行可靠的通信,自适应时变的无线射频环境,实现认知用户与第一类用户之间以及认知用户与认知用户间的频谱共享。

频谱共享技术的分类

(1) 集中式与分布式频谱共享

基于网络架构的不同,频谱共享技术被分为集中式和分布式两种类别。集中式网络架构中,设有一个中央控制单元,它负责动态收集整个网络的可用频谱信息、控制频谱资源的分配和接入。在这种架构中,频谱感知仍然可以是分布式的,网络中的每个分布式节点都把自己探测感知的频谱信息汇集到中央控制单元,中央控制单元负责各个认知用户的频谱配置,兼顾不同用户的不同需求,尽可能地避免认知用户间的相互干扰。如图 5.4.8 所示,图中箭头表示中央控制单元与认知用户的信令和控制信息的流动,基于收集到的可用频谱信息,中央控制单元建立频谱分配映射图。基于建立起的频谱分配映射图,频谱资源被合理配置给相应的认知用户,同时频谱效率和用户接入公平性也得到很好的平衡。

分布式解决方案主要应用在不能构建集中式结构的场合,在这种情况下,每个分布式节点都参与频谱分配,这可能会大大降低系统部署的复杂度,提高网络的可扩展性,但同时也可能引起认知用户间的相互干扰,进而造成频谱利用率下降,影响整个网络的性能。近年来的相关研究表明,分布式频谱共享方案可以逼近集中式频谱共享的性能,而网络部署的复杂度和节点间需要交换的信息量都可以极大地降低。

(2) 协作式与非协作式频谱共享

基于频谱分配行为的不同,频谱共享技术被分为协作式与非协作式两种类别。协作式

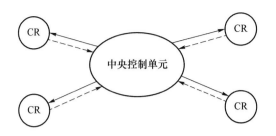

图 5.4.8　集中式频谱共享网络架构

频谱共享方案考虑节点通信对其他节点产生的影响,在节点间共享干扰信息,因为每个节点的感知能力有限,协作行为可以为它们提供必要的信息,以解决全局性的问题。协作行为考虑了公平性,提高了频谱的利用率和网络的吞吐量,但要求用户间信息的共享,这会引入额外的通信开销。集中式解决方案可以看作协作式的,同时也存在着分布式的协作方案。一个更通用的方案是,网络中若干相邻认知用户组成认知用户群,每个认知用户群内部共享本地干扰信息,而用户群与用户群之间是相互独立的。这样既可以获得一定的协作性能,又可以把系统复杂度控制在一定范围内。

与协作式频谱共享方案相反,非协作式方案仅考虑节点自己的行为,因而这种方案也被称作是"自私"的,频谱分配和接入基于本地的规则执行,因此能大大减少通信的开销,但会导致频谱利用率下降。研究表明,协作式频谱共享方案性能优于非协作式方案,甚至可以近似逼近全局优化方案性能。

此外,协作式频谱共享方案还能获得更好的用户接入公平性能,以及更高的系统吞吐量性能。非协作式频谱共享方案需要更少的节点间信息交互,相应地也就需要消耗更少的功率,从这个角度来看,在吞吐量和公平性性能等方面的劣势又可以得到一定程度的弥补。

（3）Underlay 和 Overlay 频谱共享

基于频谱接入技术的不同,频谱共享技术被分 Underlay 和 Overlay 两种类别。Overlay 频谱共享本质上是一种基于认知无线电的窄带通信技术,它使用授权用户没有使用的一部分频谱接入网络,这样可以最小化对第一类用户系统的干扰。认知用户选择频谱资源时遵循以下两个原则:第一,该部分频谱资源没有被第一类用户占用;第二,认知用户占用该部分频谱资源后对第一类用户的干扰尽可能小。认知用户一旦发现在自己的干扰范围内有第一类用户要占用自己正在使用的频谱资源,它会立即释放该部分频谱,因此,认知用户需要通过感知功能获得第一类用户的具体位置以及是否进行数据传输。

Underlay 频谱共享使用已开发的用于蜂窝网络的扩频技术,认知用户占用系统的整个带宽。这样,任何单个认知用户的干扰信号在第一类用户看来就近似于高斯白噪声,但多个认知用户的干扰叠加仍然能对第一类用户造成严重干扰。

5.5　物联网绿色通信

5.5.1　绿色物联网

从物联网的概念提出至今,各界大力投入物联网的研究和建设工作中。当前,物联网主要集中在传统的技术设计和行业应用方面,作为信息技术产业的重要组成部分,其建设和发展必然受到能源和成本问题的制约,绿色节能也是目前关注较多的一个领域。

通信行业已经成为耗电大户,排在全国各行业的第 12 位。巨额的用电成本不仅阻碍了行业的发展,也意味着碳排放量的大幅度升高。物联网作为一种全新的网络形态,除包括无线传感器网络之外,还包括无线和有线接入网、IP 核心网以及大型计算处理管理平台,几乎包含 ICT 产业的各个领域。庞大的网络规模所带来的电力消耗成为限制 ICT 产业节能减排的最大瓶颈;同时受到物联网自身特点的限制,其发展也非常依赖低功耗、高能效的绿色技术的研究与应用。所以,做好物联网"绿化"工作,既是经济社会发展的要求,也是自身产业发展的需要。

5.5.2 绿色无线通信技术

信息通信技术对于节能减排的重要意义主要体现在两个方面:一方面,信息通信产业自身的发展有助于减少社会经济活动对部分物资的消耗,从而减少生产这些物资的能源消耗;另一方面,将信息通信技术应用于其他产业可以带来更大的节能效果。

1. 认知无线电

认知无线电是智能无线电,它能和周围环境进行交互而改变发射机参数,达到某种系统优化的效果。它的首要任务是频谱感知,也就是在认知节点通过对无线电频谱进行监测,发现频谱空洞,伺机接入授权频谱,在不干扰主用户的情况下共享频谱资源。认知无线电通过这种方式极大地提高了频谱利用率,解决了频谱匮乏问题。根据香农容量公式,在一定的通信容量下,所用功率和带宽是互换的。也就是说,通过对频谱进行动态管理,获取更大的信道带宽,就可以极大地节约功率资源,达到节能的目的。同时,认知无线电通过认知无线环境,动态地调整发射机参数,例如,选择信道衰落较小的频谱和相应的调制和编码方式,可以降低所需的功率消耗。当然,认知无线电不仅在频谱利用方面绿色节能,在网络方面的认知和重配置也将对绿色通信起到巨大的作用。目前,无线移动通信领域技术体制和标准众多,出现了各种独立的系统和网络平台,这在一定程度上满足了各种业务需求。但这种异构无线接入技术并存的现象导致了网络建设成本的增加和运营管理的困难,用户也不能获得无缝而满意的服务,造成电力能源的极大消耗。为了解决网络异构性融合问题,构建统一的网络体系结构,需要采取认知无线网络技术。认知无线网络通过对无线资源、网络、业务等多域信息进行交互,改变网元属性,进行自适应管理、资源优化和重配置,形成新网络。认知无线网络和绿色无线通信的关系表现在:网元通过认知信息流获取重配置因素,从而通过重配置进行统一规划和改变终端软件来省掉重复建设。因此,将极大地节约资源和能源,达到节能环保的目的。

2. 协作中继

在无线信道进行信息传输时,会发生路径损耗、阴影效应和各种衰落。要达到可靠的数据连接,基站必须发射足够的功率来保证小区覆盖,这种大功率的发送导致基站和手机的能耗大大增加。然而,如果采用多跳通信,也就是中继的方式,将基站和移动用户之间的路径分为若干较短的链路,则可以降低各种损耗和衰落对无线信号的影响。研究表明,中继方式可以减小系统的传输功率,延长电池寿命。协作中继通信可分为两种方式,一种是设置固定的中继节点,另一种是设计网络和终端,使移动用户成为中继。在网络覆盖范围内的中继节点作为一个网元,拥有对数据的存储、转发、调度和路由功能,而不仅仅起到放大发送的作用。对于固定中继,可以通过提升基站密度的方式来实现,此时也可达到降低能耗的目的,但建设新基站将浪费大量资源。而协作中继节点却有良好的特性。它可以在覆盖一定区域的条件下以较低的高度和低功率发送,和基站及移动用户无线连接,省去了繁杂的线路和接口,并且不需要复杂的路由算法等。对于移动用户中继节点,其拥有位置灵活,可以增加数据速率和系统的稳健性,不需要专门设置固定中继等优点,但终端需要有算法和协议的支持,增加了系统的复杂度。

3. 云计算

分布式计算也即云计算技术,是指通过网络将庞大的计算处理程序自动拆分成无数个较小的子程序,再交由多部服务器所组成的庞大系统,经搜寻、计算分析之后将处理结果回传给用户。通过此项技术,网络服务提供者可以在数秒之内处理数以千万计的信息。由于移动设备体积小,处理信息、运算和存储能力有限,要想高速处理多媒体信息,可以利用云计算,在移动互联网的条件下,完成所需的任务。和云计算相关的技术有软件无线电技术和射频拉远技术。软件无线电是一项发展较快的无线通信技术,它采用开放的模块化结构,基带处理可通过不同的软件模块来实现,并且软件可以随着器件和技术的发展不断更新或扩展。基于通用处理器的软件无线电系统可以降低通信系统开发和调试的复杂度,极大地节约硬件成本和人力成本。射频拉远技术是将基站分为远端无线射频单元和基带单元。无线射频单元通过光纤或光传送网与基带单元相连,负责无线信号的发送与接收,放置于远离基带单元的远端站点,体积小巧。基带单元负责基带信号的处理,多个基带单元可形成集中式基站,其中包含一个高容量、低时延的交换网络来支持多个基带载波单元的互联互通。集中式基站可以避免基带单元负载的不均衡,提高设备利用率。云计算和软件无线电及射频拉远的关系在于,集中式的基带单元经过软件化,通过高带宽、低时延的网络,可组成一个巨大的实时云计算基带池。这样,远端射频单元收发无线信号,实现多种无线网络覆盖,光纤和负载转换器连接远端射频单元和虚拟基站,虚拟基站利用实时云计算基带池动态分配计算资源以实现基带数字信号处理。

4. 提高能量效率的软实时传输

在网民广泛使用的数据业务中,非实时业务占主导地位,但是用户期望的体验是实时的,所以非实时业务的传输占用了实时业务的大量通道。在目前的优化中,主要集中于基于比特的传输优化和基于媒体形式的传输优化,而基于内容传输优化的研究较少。因为利用内容感知的软实时信息传输会达到较好的优化效果,所以我们提出软实时传输以实现绿色新设计,基本出发点包括:有效利用无线信道资源,减少非实时信息的实时传输;将广播与点播结合,实现成本与个性化的折中;将智能终端与智能搜索引擎结合,实现内容感知的存储与回放。

利用软实时传输可以得到以下好处:以内容为基准的容量衡量标准,使能量和频谱效率都提高了;利用广播信道可极大地提高无线传输效率;利用用户行为预测与终端智能信息管理技术,软实时信息传输可为用户提供个性化服务,给用户实时业务的感受;分优先级的业务分发使用户选择可接受的业务成本,可划分为高优先级服务(即点即放)、中优先级服务(如4小时内播放)和普通服务(如8小时内播放)。软实时业务传输实际上是以时间换取能量,在一定时间内存储了一定的信息,然后一起广播出去,从信息内容上来看是一样的。通过对实际网络中用户访问信息的行为进行分析,可以发现这一行为具有趋同性,即在一定的统计时间内,大多数用户访问了少量相同的信息内容,因此,如果部分信息内容通过软实时方式传输,随着广播率的提高,带宽需求会下降。但从另一个角度出发,如果有的信息没有用户感兴趣,广播实际上是一种浪费,在有一定的点播率的情况下,带宽才能得以有效利用。

5.5.3　应用场景

随着通信技术、信息技术和汽车工业的发展,以智能化和网联化为特征的智能网联汽车已成为汽车产业发展的必然方向,作为网联化代表的车联网是实现智能网联汽车的支撑技术。特斯拉发生的交通事故表明,在相当长的时期内,车辆的智能化难以做到完全替代人的决策,需要基础设施的配合,尤其需要车联网的必要技术帮助实现车—车(Vehicle to Vehicle,V2V)、车—路、车—人、车—云之间的通信和信息交换。据咨询公司埃森哲预测,在 2025 年全球新车市场中,网联汽车的渗透率将从 2015 年的 35% 增至 100%,即所有新车都将具备联网功能。由此可见,车联网将逐渐成为全球研究和关注的热点。

通信技术是车联网的关键技术,决定了车联网信息传输的实时性和有效性,是车联网的"命脉"。目前,世界上用于车联网通信的主流技术包括专用短程通信(Dedicated Short Range Communication,DSRC)技术和基于蜂窝移动通信系统的 C-V2X(Cellular-Vehicle to everything)技术,其中,C-V2X 技术包括 LTE-V2X 和 5G NR-V2X。无线电频谱资源归国家所有,是具有重要战略意义的稀缺资源,实现智能网联汽车通信的前提条件之一就是要有充足的频谱资源作为支撑。但目前分配给 DSRC 技术和 C-V2X 技术的专用频谱资源均有限,例如,美国联邦通信委员会(FCC)分配给 DSRC 技术的频段仅为 75 MHz(5.850~5.925 GHz);我国将 20 MHz(5.905~5.925 GHz)的频段作为基于 LTE-V2X 技术的车联网直连通信的工作频段。为车联网分配专用频谱资源的主要目的是满足辅助驾驶、防碰撞、车道偏离预警、驾驶员疲劳检测等安全类服务的高可靠、低时延通信需求。随着以自动驾驶为代表的汽车产业的兴起,人们对智能网联服务的需求呈现多样化特点,包括交通效率类(如事故、路障和拥堵提醒等服务)、车辆信息类(如智能汽车支付、车辆诊断等服务)和车载娱乐类(如多媒体音/视频等服务)等各种非安全类服务。随着上述非安全类服务的爆发式增长,对频谱的需求量迅速增加。鉴于大部分非安全类服务对通信可靠性和时延的要求比安全类业务要求低的客观事实,已有研究指出,在车联网中采用认知无线电技术,即组建认知车联网,通过感知授权用户的空闲频段与用户共享此频段,为解决车联网中的频谱资源不足问题提供了有效的解决途径。因此,车联网中服务的多样性使得采用认知无线电技术进行频谱感知和共享成为可能。随着辅助驾驶技术的发展,尤其是自动驾驶时代的到来,为了更好地满足多种服务的需求,车辆将配备大量高清摄像头和激光雷达等高精度传感器,这些传感器通常需要将收集的大量数据上传至数据处理中心进行处理。据预测,每辆自动驾驶模式的汽车消耗数据流量的速度为 5 Tbit/h,数据平均传输速率为 1.4 Gbit/s。日益紧缺的频谱资源已不能满足多种服务对带宽的需求,频谱供求矛盾更加尖锐。为了缓解上述矛盾,现有研究考虑在共享传统 sub-6 GHz 频段的基础上,将具有丰富资源并且传输性能高的毫米波频段引入认知车联网通信。传统 sub-6 GHz 频段有广播电视白频段、DSRC 频段、蜂

绿色通信促进产业低碳化

窝频段等。通过上述研究,sub-6 GHz 和毫米波等多个异质频段均可以实现共享,为自动驾驶时代的认知车联网提供了充足的通信保障。

综上所述,为了缓解车联网频谱资源紧缺导致的供求矛盾,车联网服务需求的多样性使得引入认知无线电技术成为解决车联网频谱资源紧缺问题的有效途径,可以实现与授权用户共享 sub-6 GHz 和毫米波的异质频谱资源。认知车联网通信示意如图 5.5.1 所示,其中,V2X 通信可复用传统蜂窝频段和毫米波频段。车辆或路边单元执行具有不同用户服务质量要求的业务,如车辆间转向、变道信息共享的协作碰撞避免信息传输业务(Collision Avoidance Information Transmission Service,CAITS),车辆行驶轨迹、驾驶意图、传感器数据交互的自动驾驶信息传输业务(Automatic Driving Information Transmission Service,ADITS)等。其中,CAITS 关注信息传输的实时性和可靠性;ADITS 数据量大,在一定的时延容忍范围内更关注吞吐量。

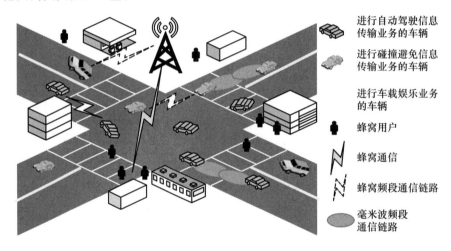

图 5.5.1　认知物联网通信示意图

本 章 小 结

```
异构物联网的频谱
共享与效率提升
    ├─ 5.1概述
    ├─ 5.2物联网的电磁频谱管理:叙述了频谱管理的必要性及内容,介绍了物联网的频谱资源划分现状。
    ├─ 5.3电磁环境的频谱分析与信息建模:复杂的电磁环境会使物联网的通信质量受到影响,介绍了电磁环境监测的设备、相关指标及其平台设计要求。
    ├─ 5.4认知无线电与频谱共享:动态分配频谱,解决频谱资源紧张的难题。
    └─ 5.5物联网绿色通信:引入物联网绿色通信的概念,并介绍相关的绿色通信技术及其应用。
```

思考与习题

5.1　请简述认知无线电技术中,集中式与分布式频谱共享的联系与区别。

5.2　物联网绿色通信技术还可以应用在生活中的哪些方面?

第6章 泛在网与网络融合

泛在计算摆脱传统桌面计算的模式,计划实现以人为本、无处不在的信息计算,其中物联网可以视为泛在网的初级阶段,信息物理融合系统也随之进入人们的视野。随着物联网业务的扩大,越来越多的新应用对网络时延、带宽和安全性提出更高的要求,行业普遍认为,移动边缘计算是应对"海量数据、超低时延、数据安全"发展要求的关键。此外,为应对计算场景和接收设备多样化,异构计算成为新的研究热点。同时,可通过网络融合来提高网络的安全性、灵活性、接入能力等,扩展网络服务的场景。

6.1 泛在计算

6.1.1 泛在计算概述

泛在计算

1. 泛在计算的提出

"泛在"的英文是 ubiquitous,来自拉丁语,原意指天神,是"无所不在,普遍存在"的意思。1991 年,施乐实验室的首席技术官马克·威瑟尔(Mark Weiser)提出泛在计算(Ubiquitous Computing,UC)的概念,也称为普适计算(Pervasive Computing),它集移动通信技术、计算技术、小型计算设备制造技术、小型计算设备上的操作系统及软件技术等多种关键技术于一体。通过将泛在计算设备嵌入人们生活的环境中,使通信服务以及其他基于信息网络的"以人为中心"的计算和信息访问服务在任何时候、任何地点都成为可能。

在计算机技术发展经历过大型机时代(多人一机)、个人计算机时代(一人一机)之后,泛在计算在未来的一人多机时代将成为占主导地位的计算模式。这种全新的计算模式彻底地改变了"人使用计算机"的传统方式,让人与计算环境更好地融合在一起,在不知不觉中达到"计算机为人服务"的目的。泛在计算技术以人的需求为中心,从根本上改变了人去适应机器计算的被动式服务模式,超越了传统桌面计算的人机交互模式,强调用户能在不被打扰的前提下主动、动态地接受网络服务。

2. 泛在计算的体系结构

泛在计算体系结构主要包括泛在计算设备、泛在计算网络、泛在计算中间件、人机交互和觉察上下文计算四个方面。

（1）泛在计算设备

一个智能环境可以包含不同类型的设备，如传统的输入输出设备、无线移动设备和智能设备。在理想状态下，泛在计算应包括全球范围内嵌入的具有主动或被动智能的每一个设备，并能够自动搜集、传递信息，且根据信息采取相应行动。

（2）泛在计算网络

随着计算机软硬件技术的发展，泛在计算设备的数量将成倍增长，这对现有技术提出了更高的要求。除了扩展基本结构以适应需要以外，全球化网络也必须修改现有的应用来完成泛在计算设备到现实社会系统的集成。

（3）泛在计算中间件

除了分布式计算和移动计算，泛在计算还需要中间件来完成网络内核与运行在泛化设备上的终端用户应用程序之间的交互。泛在计算中间件应从用户的角度出发协调网络内核和用户行为间的交互，并且保持用户在泛化计算空间的自然感。

（4）人机交互和觉察上下文计算

泛在计算使计算和通信能力无处不在地融合在人们生活和工作的现实环境中，人机交互的不可见性是必需的。因此，泛在计算提出了一种新的人机交互方式——蕴涵式人机交互，它需要系统能觉察在当时的情景中与交互任务有关的上下文，并据此做出决策和自动提供相应的服务。在泛在计算模式下，上下文将随任务而变化，而且工作环境是现场，其中的背景情况复杂且动态变化，使上下文的动态性问题更加突出。

3. 泛在计算的研究进展

20世纪90年代后期以来，泛在计算得到广泛关注，许多相关的研究计划纷纷启动。目前，推动泛在计算研究的力量主要来自3个方面：学术界、政府和产业界。其中比较具有代表性的相关研究和项目如下。

（1）学术界方面

• 麻省理工学院的Oxygen研究计划

Oxygen计划是美国国防部高级研究计划局（DARPA）资助下的一个研究计划，该计划由MIT的人工智能实验室和计算机科学实验室共同主持，2000年正式实施，是最早追求"普适计算理想"的一个经典研究计划。其研究目标是"让人们自由地使用计算和通信资源，如同呼吸空气一样"。在其设想中，未来世界将是一个充斥着嵌入式计算机的计算和通信环境，这些计算机设备已经融入人们的日常生活中，不可见也不可缺。

• 伊利诺斯大学的Gaia研究项目

该项目将传统的计算机系统扩展到各种相关设备及围绕设备的实际物理空间，实现虚、实两种对象的无缝交互，交互空间即物理空间，建立起一种全新的物理空间环境来搭建虚、实两种对象之间的桥梁，并把这种物理环境融入人们的日常工作与生活以方便用户使用。

• 清华大学的Smart Classroom项目

该项目将泛在计算与远程教育结合，建立智能远程教室。在智能远程教室中，教师的操作包括调用课件、在电子黑板上做注释、与远方的学生交流等。系统根据对教师动作的理解，在不同的场景下向远方的学生转发相应的视频镜头或电子黑板内容，并自动记录上课的内容。

（2）政府部门的支持

近年来，欧美各国政府对泛在计算的研究都比较重视。在美国，国防部高级研究计划局（DARPA）、美国标准技术研究院（National Institute of Standards and Technology，NIST）不仅对泛在计算提供经费支持，DARPA 还专门成立 Ubiquitous Computing 项目，资助 5 个相关研究计划；在欧洲，由政府部门资助的项目有 Ubiquitous Computing Europe 计划、英国的 Equator 计划等。

国内也非常重视泛在计算的研究，并将其列入国家自然科学基金委信息科学部 2003 年资助的 18 个重点项目之一。国内的研究主要在泛在计算环境中间件、泛在计算中私有信息保护问题、泛在计算环境的协调管理、软件结构、觉察上下文计算、人机界面几方面展开。

（3）产业界的应用

• IBM 公司 Watson 研究中心的 Dream Space 研究项目

该研究项目支持用户在共享的空间进行合作。允许"听"声音命令，"看"手势和身体位置，像人和人交流一样进行人机交互。计算机能理解用户的指令，用户则更加专注于实际对象和信息的理解和推理，从计算机的限制中解脱。该系统使用三维图像和声音来进行人机交互，而没有传统的键盘、鼠标、导线、遥控器等。

• 微软公司的 Easy Living 研究项目

该研究项目计划建立一个方便人与计算机和设备交互的智能环境，人们可以更加自由地使用计算机。在其构想未来的办公室和居家环境里，计算设备就像电灯和自来水一样自然。借助计算机视觉、响应手势和声音等，计算机自动感知所处的物理空间和能力，且易于扩展。该系统的三个特征是：随意访问、自我感知的空间和可扩展性。

6.1.2　泛在计算的应用领域

泛在计算目前主要有泛在网和物联网两大应用领域。相对权威的物联网（Internet of Things，IoT）描述来源于国际电信联盟（International Telecommunication Union，ITU）的《ITU 互联网报告 2005：物联网》。在这个报告中，ITU 将"物联网"形容为一个无所不在的，在任何时间、任何地方、任何人、任何物体之间都可以相互连接的计算及通信网络。对比泛在计算的内涵描述，可以发现，物联网其实包含着很深的泛在计算理念，两者既有虚的一面，也有实的一面。物联网强调泛在计算实的一面，因此，物联网更像是泛在计算的一种具体应用。而泛在网则更关注泛在计算虚的一面，它以哲学的方式描述基于互联网的未来社会场景，明确获得服务的主体是个人和社会，它告诉人们在互联网的基础上，人们可以做哪些事情，可以获得哪些服务。

1. 泛在网络

日本野村综合研究所将泛在计算模式应用到网络服务中并提出"泛在网络"的概念，2004 年 3 月，日本总务省召开了"实现泛在网络社会政策座谈会"，并于 2004 年 5 月向日本经济财政咨询会议正式提出以发展泛在社会为目标的 u-Japan 计划构想。2004 年 3 月，韩国情报信息部公布了 U-Korea 战略，旨在使所有人可以在任何时间、任何地点享受信息技术的进步所带来的便利，并通过融合不同通信网络和业务应用，为公众提供无所不在的"泛在网络"服务。新加坡也将泛在网络的构建纳入了国家战略中，新加坡资讯通信发展局于 2005 年 2 月发布名为"下一代 I-Hub"的新计划，旨在构建一个安全、高速、无所不在的网络。除亚太地区外,欧盟和北美也展开了泛在网络相关课题的研究。欧盟启动了环境感知智能(Ambient Intelligence)项目——嵌入式智能系统先进研发项目与技术(Advance Research and Technology for Embedded Intelligence and System,ARTEMIS),北美提出了普适计算(Pervasive Computing)等说法,这些概念与泛在网络不尽相同,但是其理念都是一致的。

2008 年国际电联提出了"泛在网络"的研究课题,并宣布将从标准化的角度实现高效系统地推进"无所不在的"网络,并从局部应用变为规模推广。2009 年 9 月,国际电联在 Y.2002 (Y. NGN-UbiNet)标准中对泛在网络进行了定义,即在预订服务的情况下,个人或设备无论何时、何地、用何种方式以最少的技术限制接入服务和通信的能力。同时提出了未来泛在网络的关键特征"5C+5Any",其中 5C 分别是融合(Convergence)、内容(Content)、计算(Computing)、通信(Communication)、连接(Connectivity);5Any 分别是任何时间(Anytime)、任何地点(Anywhere)、任何服务(Any Service)、任何网络(Any Network)、任何对象(Any Object)。基于一系列标准化工作的推进,泛在网络的研究和应用受到了学界和产业界的极大重视,并向纵深方向进一步发展。

中国对泛在网络也进行了深入研究。在 2004 年世界无线研究论坛北京会议上,中国专家们提出了移动泛在业务环境(Mobile Ubiquitous Service Environment,MUSE)的概念。中国通过推进新一代宽带无线移动通信,将宽带移动通信、宽带无线接入及 RFID/NID/ UWB 等 WPAN/WRAN 技术有机集成融合,构建有中国特色的宽带泛在无缝连接的网络。已经开展的 U-北京、U-青岛研究项目就是其中的典型代表,在中国的奥运通信中,也已经使用了一些泛在网络技术,充分体现了泛在网络中应用无处不在的精髓。2014 年 11 月 19 日,习近平总书记在向首届世界互联网大会致贺词中提道:当今时代,以信息技术为核心的新一轮科技革命正在孕育兴起,互联网日益成为创新驱动发展的先导力量,深刻改变着人们的生产生活,有力推动着社会发展。互联网真正让世界变成了地球村,让国际社会越来越成为你中有我、我中有你的命运共同体。在"十二五"期间,中国 03 专项研究以新一代宽带公众蜂窝移动通信为主,以宽带无线接入与短距离无线互联为辅,物联网与泛在网作为补充,以拓展移动通信新业务、开发面向泛在网络的技术和产品为重点。

2. 物联网与泛在网络

物联网与泛在网络既相互区别,又密不可分。从概念上来说,物联网强调的是信息的采集和应用服务,因此物联网着重将传统互联网的"人-人"交互进一步扩展到"物-物"和"人-物"的交互。通过传感网络将人的感官延伸出去,通过智能云处理实现对海量数据的分析并为用户提供各种应用服务。泛在网络强调的是无所不在的接入、无所不在的网络基础设施、无所不在的终端应用服务,即任何人都能在任何时间、任何地点获得网络的接入服务。通过上述分析可以看到,物联网的概念实际上已经被包括在泛在网络中。通俗地说,泛在网络是比物联网更大、更全面的网,物联网是服务应用的整合,而泛在网络则是网络的完全融合。对用户来说,泛在网络屏蔽了不同网络的差异性,用户置身于一张无所不在的无形大网之中,随时随地地获得各种服务,其中包括物联网相关的服务。

图 6.1.1 显示了传感网、物联网、泛在网以及异构、三网融合、认知技术之间的关系,其中异构和认知技术都将是实现物联网和泛在网络不可或缺的重要技术。三网融合也是实现物联网和泛在网络的重要步骤,同时三网融合后的网络又是一个异构网络。

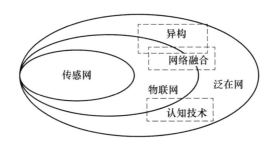

图 6.1.1　网络概念之间的关系

　　以上从概念上分析了物联网和泛在网络的关系,下面从网络融合的角度阐述物联网和泛在网之间的联系与区别。从网络融合的角度来说,物联网是信息感知与应用服务的融合,部分场景下也包含了接入网络的融合。而泛在网络不仅仅包括信息感知和应用服务的融合,还包括网络基础设施的融合,即无时无刻、无所不在的接入网络。因此,物联网可以理解为泛在网络的初级阶段。上述关系如图 6.1.2 所示。值得一提的是,三网融合主要涵盖了三大网络的接入网以及支撑接入网的骨干网络的融合,同时包括部分业务的融合。

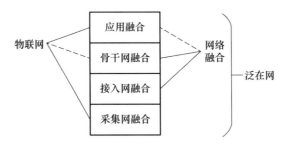

图 6.1.2　物联网与泛在网的联系

　　综上所述,物联网是迈向泛在网络的第一步,随着物联网相关服务的展开,市场的驱动力将使得通信技术逐渐走向一体化,最终形成一张看不见的无形大网,时时刻刻地为社会的方方面面提供必要的信息接入服务。

6.2　物联网的移动边缘计算

物联网的移动
边缘计算

　　随着 5G 商用的推进以及大数据、物联网等业务的蓬勃发展,越来越多的新应用对网络时延、带宽和安全性提出了更高的要求。行业普遍认为,移动边缘计算(Mobile Edge Computing,MEC)是应对"海量数据、超低时延、数据安全"发展要求的关键。

6.2.1　移动边缘计算概述

　　移动边缘计算是一种基于移动通信网络的分布式计算方式,构建在无线接入网侧的云服务环境,通过使一定的网络服务和网络功能脱离核心网络,实现节省成本、降低时延和往返时间(Round-Trip Time,RTT)、优化流量、增强物理安全和缓存效率等目标。基于MEC,终端用户可以获取更加极致的体验、更加丰富的应用以及更加安全可靠的使用。

1. 边缘计算的定义

用来描述边缘计算及其周边技术的词语非常多,包括边缘、雾、边缘计算、雾计算等。这些名称都是基于某一特定方面,适用于某些特定技术。在这里,将边缘计算理解为一组核心功能,并对其描述词汇做出严格的限制,用"边缘计算"一词涵盖以上所有的方面。

边缘计算的计算模型是分布式的,并能支持各种交互和通信范例。边缘计算存在于现实世界的物体之间,从边缘节点(Edge Node)层到数据中心(Data Center),由 IoT 设备进行监视和控制,运营、生产、监督和安全控制可以在边缘节点中实施,各个子系统之间也可通信。为了支持多个供应商、旧设备和协议,避免发生供应商锁定,需要将多个供应商提供的硬件和软件组装到一个可以无缝互操作(Interoperate,又称互用,指不同的计算机系统、网络、操作系统和应用程序一起工作并共享信息)的系统中。

图 6.2.1 的拓扑结构网络使 IoT 系统利用边缘节点层和网关将 IoT 设备和子系统与各种类型的数据中心互连。云是"最高一级"的资源,包括公有云、私有云和混合云,处理和存储特定垂直应用的数据。边缘节点则执行本地处理和存储操作。

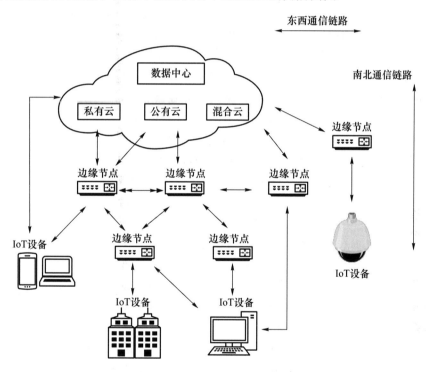

图 6.2.1　边缘计算拓扑结构示意图

边缘节点可以与传统的物联网网络元素(如路由器、网关和防火墙)一起工作,也可以将这些功能纳入具有计算和存储能力的设备中。南北数据通信链路连接各层,而东西通信链路则互连相似层上的节点。其中一些节点是公开和共享的,一些则是私有的,还有一些是公私混合的。处理和存储功能在最能满足应用需求的任何节点和层上执行,以此降低成本。总体来说,边缘计算包含:

- 计算和存储资源,通过数据中心和现实世界物体之间的边缘节点层来实现;
- 对等网络,例如,监控摄像机与其监控范围内的对象进行通信;

- 跨 IoT 设备、边缘节点和数据中心的分布式计算；
- 分布式数据存储，用于保存 IoT 设备、边缘节点和数据中心中的数据；
- 分布式安全功能，如数据分割、身份验证和加密等。

借助边缘计算，数据、存储和计算可分布在 IoT 设备到数据中心之间的整个边缘节点层中，从而将云的规模经济分布于整个 IoT 系统中。

2. MEC 的发展现状

随着 5G 商用时代的全面推进，MEC 边缘云成为助力 5G 网络数字化转型和差异化创新应用服务的强力助推技术，是各 OTT 头部企业、设备厂商、垂直行业和运营商等竞相抢占的具有新机遇和挑战的领域。

(1) 国内外 OTT 头部企业

国内外 OTT 头部企业的边缘演进是从中心云下沉，依托中心云服务基础和各自生态，逐渐向边缘计算行业拓展，试图将自身生态延伸至边缘。这种演进模式，除了依赖 OTT 公有云厂商自身生态之外，也依赖运营商的边缘计算作为承载底座，对边缘计算提出了生态整合和云边协同的新要求。AWS(Amazon Web Services)发布了边缘服务平台 Wavelength，在边缘计算上也与 Verizon、Vodafone、KDD 和 SK 电信等运营商合作，共同提供边缘计算服务。微软发布了面向边缘的云平台 Azure IoT Edge，将人工智能和分析工作下沉到网络边缘，并与 AT&T 达成边缘计算的合作伙伴关系。Google 也推出了 Anthos 的边缘框架，计划将 Anthos 生态通过 AT&T 的网络，推送到企业客户和个人客户。在国内，阿里云推出了 Link IoT Edge 物联网边缘计算解决方案，通过管理用户的边缘节点，提供将云上应用延伸到边缘的能力，并与云端数据联动。百度推出了智能边缘计算的"端云一体"解决方案 Baidu IntelliEdge，包括智能边缘本地运行包和边缘云端管理套件。腾讯采用"CDN＋边缘计算"模式，在视频直播、游戏等大场景上进行探索。

(2) 设备厂商

设备厂商的演进是从边缘终端逐渐上移，设备厂商积极研制符合 MEC 部署要求的通用硬件基础设施，同时针对边缘计算具体场景推出更具专业特性的产品。戴尔推出针对物联网的易安信边缘计算网关 Edge Gateway，并与 VMware 联合推出 Dell EMC SD-WAN Edge 集成平台，提供 MEC 解决方案。华为推出针对边缘计算服务器市场的 Ascend 310 芯片，并开发了基于 Ascend 310 的边缘计算服务器，与奥迪在自动驾驶领域合作。

(3) 各垂直行业

各垂直行业也聚焦边缘计算作为交付多种服务的关键技术，以满足自动驾驶、工业互联网、远程医疗等应用对大带宽、低时延、安全私密性的需求，使能企业数字化升级。

(4) 全球主流运营商

全球主流运营商也积极拓耕 MEC 领域，希望通过边缘计算，实现从管道经营到算力经营的转变。美国电信公司 AT&T 将边缘计算定位为 5G 战略三大支柱之一，与微软、Google 等联合部署基于 5G 网络的边缘云平台，并主导发起了 Airship、Akraino 等边缘开源项目，加快边缘计算生态建设和商用部署。中国联通推出的 CUC-MEC 边缘云平台，根据 3GPP 和欧洲电信标准化协会 (European Telecommunications Standards Institute, ETSI) 相关规范标准，秉承"源于标准、高于标准"的理念，在标准基础上做了大量的深度优化，实现了通信技术 (Communication Technology, CT)＋信息技术 (IT)＋ 运营技术

（Operational Technology，OT）的融合。中国移动与中国电信也做出了 MEC 领域的战略部署。

6.2.2　计算迁移

在资源受限的移动设备上运行计算密集型的应用程序会消耗大量的资源和能量，为了解决该问题，计算迁移的概念应运而生。通过将移动设备的计算任务/应用程序迁移到网络中的服务器去执行，可以增强移动设备的计算能力，减少移动设备运行应用程序时的能量消耗。

1. 计算迁移的一般模型

在移动设备端运行的应用程序需要包含代码分析器、系统分析器和决策引擎这 3 个组件：代码分析器的职责是确定应用程序/计算任务是否可以迁移以及哪些部分支持迁移（这取决于应用程序的类型和计算任务的特征）；然后，系统分析器负责监控各种参数，如可用带宽、待迁移的数据量或在用户设备本地执行计算任务所消耗的电池能量；最后，决策引擎基于迁移决策算法决定是否执行计算迁移。图 6.2.2 所示为移动边缘计算环境下计算迁移的一般模型。

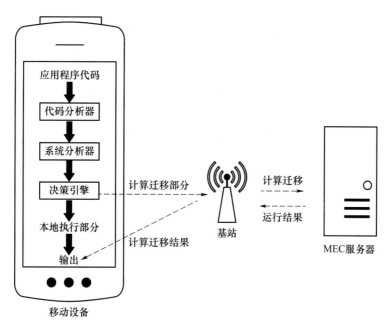

图 6.2.2　移动边缘计算环境下计算迁移的一般模型

2. 研究场景

从研究场景的角度来看，可以划分为单移动设备场景和多移动设备场景。

（1）单移动设备场景

在单移动设备场景下，影响计算迁移决策的因素主要有计算任务队列长度、本地计算单元的执行状态、传输单元的状态等。用户端的决策引擎需要收集与这些因素相关的数据，并且基于这些数据对应用的执行时延和能量消耗做出预测，最终决定是否执行计算迁移。

（2）多移动设备场景

多移动设备场景下的计算迁移问题要比单用户场景下更加复杂。在多移动设备场景下，影响迁移决策的因素要更加复杂一些，因为网络带宽资源、MEC 计算资源、移动设备数量都是在动态变化的。

3. 影响计算迁移决策的因素

计算迁移决策是一个非常复杂的过程，会受到用户偏好、网络连接质量、移动设备性能等因素的影响。在这些因素当中，一个重要因素是应用程序的类型，它决定了待迁移的任务是否可以被分割，哪些任务支持迁移到远程去执行以及如何迁移。可以按照以下 3 个标准对运行在移动设备上的应用程序进行分类。

（1）根据应用的可迁移性

支持迁移的应用可以分为两种类型。第一种类型的应用可以被分为多个可迁移的部分，所有的这些部分都可以迁移到远程的服务端去运行。由于每个可迁移部分所需的计算能力和数据量可能不同，因此有必要决定哪些部分应该迁移到 MEC。第二种类型的应用则包含多个可迁移的部分和一个不可迁移的部分，不可迁移的部分必须在本地执行。

（2）根据应用执行的连续性

一种是非连续性执行的应用，如人脸识别、病毒扫描等，预先知道待处理的数据量；另一种是连续性执行的应用，如在线交互式游戏，由于无法估计待处理的数据量，更不可能预测该类应用的运行时间。

（3）根据迁移任务的并行性

同一应用的各个计算任务之间的关系可以是并行的也可以是串行的：在并行情况下，迁移到远程执行的各个任务可以同时迁移以及并行处理；在串行情况下，计算任务之间的关系是相互依赖的，后一个任务的执行必须要等待前一个任务的结果，不适合执行并行迁移。

4. 计算迁移的方案

对于移动设备端，计算迁移的关键部分是做出计算迁移决策。

如图 6.2.3 所示，通常，计算迁移的决策会有以下三种方案。

（1）本地执行：所有计算任务在本地处理。

（2）完全迁移：将所有的计算任务迁移到 MEC，由 MEC 服务器处理计算任务。

（3）部分迁移：一部分计算任务在本地处理，其余部分则迁移到 MEC 处理。由于 MEC 的计算能力强于移动设备，因此，同样的计算任务在 MEC 上的处理时间更短。

5. 服务端的资源分配

如果移动设备端做出了计算迁移决策，那么 MEC 服务器需要对 MEC 资源进行适当的分配。MEC 资源的分配同样会受到任务并行性的影响。如果被迁移的计算任务/应用程序是不支持并行计算的，则只能分配一个物理节点执行计算任务。而如果被迁移的计算任务/应用程序是支持并行执行的，那么可以通过多个 MEC 节点合作的方式来处理迁移的任务/应用。

（1）有云中心场景下 MEC 资源的分配

在有云中心参与的场景下，若 MEC 节点的计算资源不足，则可以通过 MEC 和云中心协作的方式来提高移动边缘计算的服务质量。在用户做出计算迁移决策之后，由应用程序的优先级和 MEC 服务器中计算资源的可用性决定被迁移的应用程序应该放置在哪里（云中心或 MEC）。迁移的应用程序首先交付给 MEC 内的本地调度器。调度器检查本地 MEC

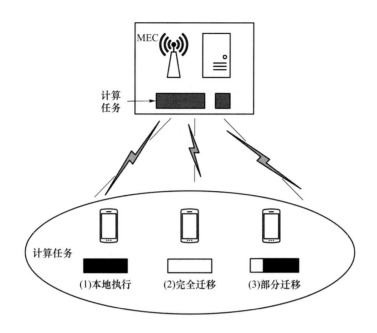

图 6.2.3　计算迁移的三种方案

节点是否有足够的计算资源；如果 MEC 节点具有足够的可用资源，则将运行着该应用程序的虚拟机分配给该 MEC 节点；如果 MEC 服务器提供的计算能力不足，则调度器将该应用程序委托给远程的云中心。

（2）无云中心场景下 MEC 资源的分配

在无云中心的场景下，服务端的资源分配只能在 MEC 服务器之间进行。一方面，从移动设备的角度出发，资源分配方法中最重要的问题是选择合适的 MEC 服务器执行计算迁移；另一方面，站在 MEC 服务器的立场上，如何合理地构建 MEC 集群才能达到系统整体性能的优化，是服务端需要重点考虑的问题。

6. 服务质量的衡量

计算资源是移动网络的重要资源。近些年出现了许多计算密集型的应用，如增强现实、高清视频流传输和交互式游戏等。但是，移动设备的计算能力是有限的。尽管计算迁移能够为移动用户的使用体验带来多种多样的有益影响，但不同的应用程序可能有不同的性能需求，计算迁移的研究工作中常见的服务质量衡量指标如下。

（1）时延。时延是影响用户体验的重要性能指标。5G 网络对于时延的要求是 1 ms 的往返时间，相比 4G 网络缩短了近 10 倍。对于实时应用程序，将任务/应用迁移到云中心所造成的时延是不可接受的。将计算能力赋予移动网络的边缘设备是一种更可行的方法。

（2）能耗。对于未来 5G 网络环境下的计算迁移，应该同时考虑用于计算和传输任务的能量开销，以最小化网络侧和移动设备侧的能量消耗。

（3）时延和能耗之间的权衡。单纯地优化时延忽略移动端的能量消耗，会导致电池电量迅速下降，进而导致 CPU 降频运行，降低用户的使用体验；同理，单纯地优化能耗也会降低用户的使用体验。因此，需要恰当地解决能耗和时延之间权衡的问题。

6.2.3　边缘缓存

计算迁移和资源分配的研究工作主要是为了解决如何高效使用 MEC 计算资源的问题。而如何高效使用 MEC 服务器的存储资源,存在着很多难点有待进一步攻克。内容本地缓存的应用场景主要包括如下两种。

- 传输受限场景:包括传输困难的业务突发场景和传输资源不足的热点区域。对于传输困难的业务突发场景,无线侧可临时扩载波,但传输扩容难度大,可部署无线缓存进行业务保障。对于传输资源不足的热点区域,可部署无线缓存保障业务,同时降低传输扩容需求,节省投资。
- 降低时延场景:包括高业务质量要求场景和高价值区域。高业务质量要求场景(如营业厅、业务体验厅)通过部署无线缓存提升用户体验;对于高价值区域,在机场、高档写字楼等重点区域对 ISP 内容(如视频网站广告)、自有业务等进行定向缓存,向 ISP 提供增值服务。

1. 内容流行度衡量

MEC 具备在网络的边缘提供存储资源的能力。为了决定在 MEC 服务器中要缓存什么内容,应该考虑内容的流行度,尽量最大化边缘缓存的命中率,即用户的内容请求在 MEC 服务器的缓存里命中的概率。可以将衡量内容流行度的模型分为静态模型和动态模型两种。

(1)静态模型

目前,大多数关于边缘缓存的研究工作都假设内容流行度是静态的,并采用独立参考模型:内容请求是基于独立的泊松过程产生的,该过程的速率与基于二八法则的内容流行度相关,常用的流行度模型是在 Web 缓存中观察得到的 Zipf 分布。

(2)动态模型

静态模型无法反映随着时间的流逝而发生变化的真实内容流行度。常用的动态模型有散粒噪声模型的动态流行度衡量模型:该模型使用具有两个参数的脉冲来模拟每个内容,脉冲持续时间反映了内容的流行周期,脉冲高度反映了内容的瞬时流行度;还可通过机器学习的方法来预测内容的流行度。

2. 缓存策略

传统的缓存替换策略有最近最少使用(Least Recently Used,LRU)和最近最少访问频次(Least Frequently Used,LFU)等。对于相同规模的内容,这两种策略简单而且高效,但是,它们会忽略内容的下载时延以及内容的数据量。最受欢迎视频(Most Popular Video,MPV)策略根据全球视频流行度的分布来缓存最受欢迎的视频内容,但是与内容交付网络相比,移动网络的高速缓存大小非常有限,这导致 MPV 策略实现的缓存命中率在移动网络环境下太低。利用大数据和机器学习的方法研究网络边缘缓存,通过利用网络大数据,并采用机器学习的方法进行内容流行度的估计和主动缓存策略设计,进而改善网络的性能,缓解对无线资源日益增长的需求。

3. 边缘缓存的性能目标

边缘缓存能够带来的有益之处是多种多样的。不同的应用程序或系统可能有着不同的性能需求,边缘缓存的常见性能目标如下。

（1）系统整体容量：现有的边缘缓存方面的工作已经证明，在网络边缘缓存热门的内容可以显著提高系统整体容量。

（2）时间延迟：由于边缘节点与移动设备之间的距离很近，利用网络边缘的 MEC 服务器执行内容缓存可以显著减少内容传输延迟。

（3）能耗效率：能耗效率是未来 5G 网络的另一个重要性能指标。

6.2.4 MEC 典型应用

MEC 作为 5G 重要技术之一，在靠近用户侧的位置上提供 IT 服务环境和云计算能力，能更好地支持 5G 网络中低时延、高带宽的业务需求。MEC 和 5G 基站、边缘大数据系统配合，结合 AI 技术，在边缘业务场景智能化、无线网络的开放化等方面，将发挥重要作用。根据 MEC 的智能化阶段，典型的智能化应用场景如表 6.2.1 所示。

表 6.2.1　MEC 典型应用场景

智能化阶段	传统 MEC	初级智能化	中级智能化	高级智能化
网络侧应用场景	本地分流	网络与业务协同的 TCP 优化	（1）基于无线网络感知的本地优化 （2）基于 AI 特征库的频谱共享和干扰协同 （3）CDN 智能调度	车联网智能切片
业务侧应用场景	—	定制化视频识别	新能源电池生产工艺过程优化	智能驾驶

除此之外，MEC 在新媒体、智能制造、智能家居、智能电网、智慧港口、智能车联、智慧教育、智慧医疗和智感安防等场景都有着积极应用。

各行业的 AI 需求将会持续旺盛，人类将步入 AI 社会。MEC 计算能力与 5G/B5G 网络能力深度融合形成算力网络，以算网一体的方式向全社会提供普适性、确定性的 AI 算力，使算力成为继话音、短信、专线、流量之后的新一代普适性标准化服务。在算力网络中，以提供 MEC 服务为代表的边缘计算节点贴近用户，数量众多，基础设施条件较好，是算力网络的重要组成部分。当然，移动边缘计算在可靠性、高效性和安全性方面还面临着许多新的技术挑战，不断增强 MEC 能力来满足个人、家庭和政企用户多层次、多方面的智能化需求。

6.3　物联网的异构计算

物联网的异构计算

随着计算应用场景的多样化，云计算、边缘计算以及各种智能设备接入物联网，使得计算面临的硬件和网络结构日趋多样，同时也促进了处理器向多样化发展，导致计算机体系结构日趋异构化。当前主要的异构计算机体系结构包括 CPU/协处理器、CPU/众核处理器、CPU/ASIC 和 CPU/FPGA 等。异构混合并行编程模型或者是对现有的一种语言进行改造和重新实现，或者是现有异构编程语言的扩展，或者是使用指导性语句异构编程，或者是容器模式协同编程。异构混合并行计算架构会进一步加强对 AI 的支持,同时也会增强软件的通用性。

6.3.1 异构计算机的体系结构

随着计算机应用对处理器算力要求的提高,以及计算需求的不断多样化,处理器得到了迅速发展。虽然处理器提供的计算能力越来越强,但是由于处理器中集成电路已达到纳米级,处理器的频率提升越来越困难,单核计算能力的提升空间已经十分有限,因此通过多个核心并行计算来提升处理器整体的计算能力成了新的研究热点。

1. CPU 的协处理器

CPU 的协处理器是一种芯片,用于承担系统微处理器的特定处理任务。一个协处理器通过扩展指令集或提供配置寄存器来扩展内核处理功能。一个或多个协处理器可以通过协处理器接口与 ARM 内核相连。在数据并行设计中,当使用协处理器与通用 CPU 耦合提升性能时,通常需要修改代码,以减少 CPU 和协处理器之间数据编组的成本。

ARM 微处理器可支持多达 16 个协处理器,这些协处理器可用于各种协处理操作,在程序执行过程中,每个协处理器只执行针对自身的协处理指令。ARM 的协处理器指令主要用于 ARM 处理器初始化、ARM 协处理器的数据处理操作,以及在 ARM 处理器的寄存器和 ARM 协处理器的寄存器之间传送数据、在 ARM 协处理器的寄存器和存储器之间传送数据。协处理器架构如图 6.3.1 所示。

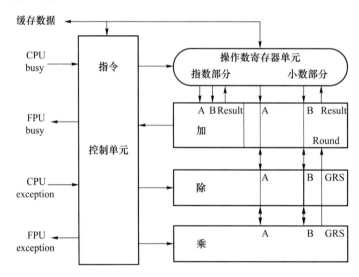

图 6.3.1 协处理器架构

2. CPU＋众核处理器

基于图形处理器的结构设计用于通用计算的图形加速处理器,这种加速器一般拥有几百甚至上千个核心,因此被称为众核处理器。众核处理器由于拥有大量的计算核心,并且有与传统 CPU 不同的指令调度和执行机制,其并行计算能力迅速得到提升,与 CPU 一起构成的异构计算系统比传统的对称处理器系统更有性能优势。

众核处理器通常有着特性较低的时钟频率(如 1.4 GHz),一般作为外设通过 PCIe 总线与主机相连,由 CPU 进行控制,通过 PCIe 总线传输指令和数据。多个 GPU 组成的众核处理器被称为 GPGPU,与传统的多核 CPU 相比,这种 GPGPU 的计算核心数目可以达到几千个,并行计算能力非常强大,适用于评估高度向量化、计算密集型的算法。

3. CPU+ASIC

ASIC 是专门为满足特定应用需求而定制的 AI 芯片,具有体积小、功耗低、可靠性高、性能好、保密性强和成本低等优点。ASIC 通常通过总线与 CPU 相连,作为一种外设受 CPU 控制,CPU 将数据发送到 ASIC 上进行计算。在单个节点的层次上,ASIC 比 CPU、GPU 和 FPGA 有更高的能效和性价比。中国科学院计算技术研究团队针对深度学习场景发布的神经网络处理器芯片"寒武纪",通过分析利用深度学习中大规模层的局部性特性,获得了小面积、低能耗、高吞吐量等优化。DianNao 加速器的结构如图 6.3.2 所示。

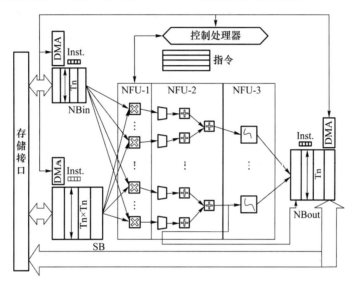

图 6.3.2 DianNao 加速器的结构

ASIC 的缺点也比较明显:高度定制性虽然增加了它的计算能力,但也限制了它的可移植性;一旦 ASIC 出现使用问题,所有的部件都会被丢弃,这对于个人和小型组织来说是昂贵且不友好的。

4. CPU+FPGA

FPGA 器件属于专用集成电路中的一种半定制电路,是可编程的逻辑列阵。在异构加速平台中,基于 FPGA 的方法被认为是最有前途的方法之一,因为 FPGA 提供低功耗和高能量效率,可以重新编程以加速不同的应用。FPGA 采用硬件的方式来实现逻辑和算法,不需要发射和解析指令,可以针对需求设计多种计算部件来同时实现数据并行和流水线并行。

FPGA 一般也是通过总线(如 PCIe、QPI 以及嵌入式的 SOC 等)与 CPU 相连,但是 FPGA 需要依靠硬件来实现所有的功能,速度上可以媲美专用芯片,但设计的灵活度与通用处理器相比有很大差距。FPGA 的可重编程性和灵活性使得可编程设备的系统可以在现场方便地进行升级或校正。FPGA 更适合需要快速投放市场并支持远程升级的小型项目。

根据 CPU 模块和 FPGA 加速模块耦合程度的不同,CPU+FPGA 异构架构可分为以下 4 类。

（1）FPGA作为外部独立的计算模块，通过网络、数据总线、I/O接口等机制与处理器进行连接。

（2）FPGA作为共享内存的计算模块，被用作可重构计算器件置于Cache高速缓存和内存之间。

（3）FPGA作为协处理器，与CPU共享缓存。

（4）FPGA集成处理器架构，将处理器高度嵌入FPGA可编程器件中，实现了CPU与FPGA的紧耦合。

图6.3.3所示为CPU+FPGA混合处理器框架。假设通过循环队列进行通信的三个任务中有一个任务的任务量较大，需要转移到FPGA上。在常规方法中，需要同时开发SW和HW。一个运行在CPU上的发送函数将从环队列中检索输入数据，并将其发送到FPGA。硬件接收模块将数据提取并输入硬件电路上实现复杂的任务。在具有混合处理器的方法中，实现了可以以软件方式直接访问DPDK循环队列的硬件模块，即检查循环队列的读/写指针获取/放置数据，以及从FPGA更新读或写指针。这种方法不需要在软件端进行修改，因此可以缩短开发时间并实现轻松迁移。由于缓存一致性，可以实现有效的循环队列访问。

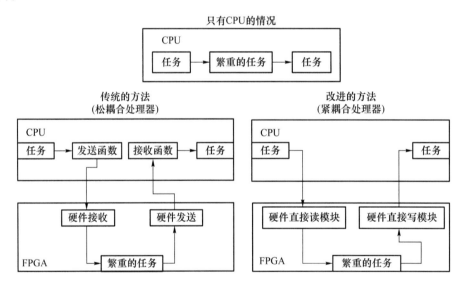

图6.3.3 CPU+FPGA混合处理器框架

6.3.2 异构计算的关键技术

1. 异构处理器之间的并行任务划分

根据异构协同计算模式的不同，在异构处理器之间进行并行任务划分主要有两种模式。一种是MP模式，也就是在不同的处理器上执行不同的任务程序；另一种是用户模式，在不同处理器上执行同一任务程序，但是处理的数据不同。例如，CPU+加速器模式的一种主流配合是：CPU上执行逻辑控制程序，而加速器执行大量的数值计算；另一种较少见的配合是：CPU和加速器执行同样的计算任务，只是计算的数据不同。

并行任务的划分要注意异构处理器上的负载均衡问题；另外，分配的计算任务要与处理器的计算特征一致,这样才能充分发挥异构处理器的计算效率。任务的划分可以根据处理器的特点和任务的性质来确定。当根据处理器特点划分时,提高各处理器的利用率是最终目的。

2. 异构核心上的任务映射

把多个计算任务映射到计算核心上进行并行计算,是一个 NP 问题,它存在四种模式。

(1)把计算任务作为独立的进程,通过操作系统的进程调度模块把计算任务调度到计算核心上运行,MPI 并行模型就是这种模式。MPI 编程的并行程序是基于消息传递的并行协同,消息传递指的是并行执行的各个进程具有自己独立的堆栈和代码段,这些进程作为互不相关的多个程序独立执行,进程之间的信息交互完全通过显示地调用通信函数来完成。

(2)把计算任务作为整个执行进程中的线程调度到计算核心上执行。OpenMP 是专为多处理器/核和共享内存机器所设计的一种并行编程模式,通过线程来完成并行。

(3)把计算任务映射为异构处理器上特定的执行单元,由处理器特定的调度单元执行指令的发射。英伟达公司针对自身提供的 GPU 编程框架 CUDA 定义了一种面向数据并行的多线程并行网格,通过定义线程网格的维度和线程来划分数据,由 GPU 的硬件调度单元来进行线程块的调度,向流处理器发射执行指令。

(4)执行任务由处理器硬件实现,由处理器特定的数据发射单元向硬件计算单元发送数据。一些专用功能的处理器,如 AI 处理器和 FPGA,一般在处理器内部固化了特定的计算功能,如矩阵运算、卷积运算以及 CNN 计算等,编程人员不需要另外编写上述计算的并行程序,只要组织好数据并传给处理器计算即可获取处理结果。对于提高任务映射的调度效率问题,不但要充分提高处理器自身的利用率,而且要减少任务映射带来的额外开销,降低并行效率。

3. 异构处理器之间的数据通信

异构协同编程中异构处理器之间的通信对其性能具有较大影响。异构处理器之间通过总线进行通信(如 PCIe、Infiniband 和 NVLink 等)或直接通过网络进行通信。异构处理器之间的通信有同步和异步两种模式。异步通信能够实现通信和计算的重叠,隐藏通信时间。

4. 异构处理器的数据访问

异构处理器的数据访问包含多个层次。第一层次是对主机主存的访问;第二层次是对设备端的主存访问;第三层次是对缓存的访问;第四层次是对寄存器的访问。利用数据访问和计算的重叠,可以隐藏数据访问时间。提高数据访问的效率,主要从减少数据访问次数、提高读取数据的有效性、提高缓存数据的命中率、使用延时更低的存储器等方面进行优化。

5. 异构协同的并行同步

由于程序存在逻辑和数据上的依赖关系,在多个执行的进程或线程之间需要进行执行过程的同步。如果同步的时间太短,一些任务就会面临协调问题;而如果分配了大量的时间进行同步,就会产生失速系统。

同步的方式有 4 种:操作系统级别的信号量、加锁机制、同步命令和函数、同步调度机制。信号量一般是针对进程或线程之间的过程控制同步。加锁机制是对并行程序临界区访问的控制。同步命令和函数则是利用系统提供的同步命令和函数来实现多线程的同步操作。同步调度机制是指众核处理器对计算核心上的计算线程的批量调度机制,同一批的线程将被同时调度到对应的核心上运行,并同时从核心上卸载下来。

6. 异构资源的流水线并行

异构混合的计算系统拥有多种不同的计算资源,如 CPU 与加速器上的计算单元、通信总线和计算核心、访存控制器和运算部件等。这些计算资源可以完成不同的计算任务,也可以构成一个任务级别的流水线,实现任务级别的流水线并行,充分提高异构资源的使用效率。

6.4 信息物理融合系统的资源管理

信息物理融合系统
的资源管理

计算机与互联网正在改变人们的信息管理方式和生活方式,在人类社会中逐渐形成了一个虚拟的信息世界。传统的计算系统主要关注信息世界中信息的表示、存储和理解,而物理系统主要关注事物的物理属性和空间属性,这导致了信息世界(Cyber Space)和物理世界(Physical Space)的分离,这种分离导致集合信息世界与物理世界的复杂系统对物理环境信息采集困难、资源浪费严重等问题。为了解决上述问题,伴随着物联网的发展,信息物理融合系统(Cyber-Physical System,CPS)进入人们的视野。CPS 支撑信息化和工业化的深度融合,通过集成先进的感知、计算、通信、控制等信息技术和自动控制技术,构建了物理空间与信息空间中人、机、物、环境、信息等要素相互映射、适时交互、高效协同的复杂系统,实现系统内资源配置和运行的按需响应、快速迭代、动态优化。

6.4.1 信息物理融合系统概述

2006 年,美国国家科学基金会的 Helen Gill 提出了 CPS 的概念,并将其列为重要的研究项目。此后,掀起了对 CPS 研究的浪潮,尤其是在欧美地区,对 CPS 的研究尤为热烈。目前在对 CPS 的研究中,由于领域和着眼点的不同,研究人员对 CPS 有着不同的理解,由此出现了几种 CPS 的外延。德国"工业 4.0"旨在促使制造产业迈向高值化,以 CPPS(Cyber-Physical Production System)打造的智能工厂即为"工业 4.0"的精髓。中国工程院院长周济《关于中国智能制造发展战略的思考》的报告中提及 HCPS(Human-Centered Cyber-Physical System)这一概念,强调了传统的制造过程在智能制造战略下将从"人-物理系统"的二元体系关系向"人-信息-物理系统"的三元体系关系转变。

1. CPS 的逻辑结构

CPS 技术的主要目的是构建具有一定智能性的复杂系统。CPS 技术是在对物理世界信息进行感知的基础上,通过深度融合计算技术、通信技术和控制技术,实现信息世界和物理世界的交互和融合,完成对物理世界资源的优化调度和配置。CPS 的人、机、物融合能力将使人类能够在能源、工业控制等领域实现无所不在的信息监视和精确控制,真正实现人类对复杂系统的全面管理。

CPS 的运行方式如图 6.4.1(a)所示,物理世界通过在现实环境中部署大量的传感设备收集各种数据,然后将未处理的数据利用网络通信技术传输给信息世界,而信息世界对接收的数据进行处理后向控制器发出指令,控制器根据指令信息来实现对物理世界的操作。

CPS 中的信息世界和物理世界是两个交互的世界:物理世界的对象是真实存在的事物,对象间互相联系;信息世界则是由众多智能设备组成的。CPS 的逻辑结构如图 6.4.1(b)所示,信息世界与物理世界通过对 3C(Computation,Communication,Control)技术的利用实现信息、数据、指令的传输以及信息世界与物理世界的交互。CPS 以数据或信息为中心,实现了对物理世界的感知与控制。

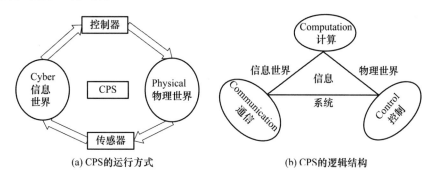

(a) CPS的运行方式   (b) CPS的逻辑结构

图 6.4.1　CPS 的运行方式和逻辑结构

2. CPS 的体系结构与运行流程

信息物理融合系统中包括众多传感、计算、控制、执行等设备,通过将这些设备组织在一个网络中,实现信息与物理世界的交互。CPS 的体系结构如图 6.4.2 所示,通常划分为物理层、网络层、决策层、应用层四层。CPS 的物理层指处于现实环境中的众多设备,如传感器、雷达等。CPS 的决策层是系统的核心,主要是各种包括存储器与控制器的设备,可以实现对数据的保存以及对数据分析发出指令。CPS 的应用层可以为使用者提供交互式的服务,如各种应用软件。

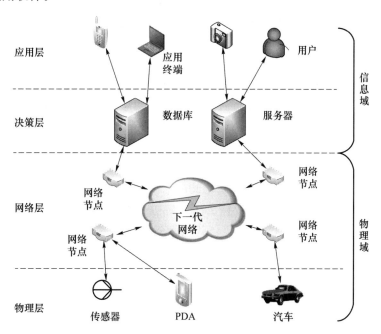

图 6.4.2　CPS 的体系结构

CPS 的运行流程一般是:处于物理层的各种设备对象感知周边环境获得各种数据,对这些数据进行筛选得到有效的信息,然后将有效的信息经过网络层发送到决策层,决策层对这些有效的信息进行处理分析,形成决策反馈给物理层,实现对物理层设备的操作和控制。应用层为使用者提供友好的用户交互界面等,通过这些终端可以向决策层发送指令信息,为使用者提供相关的服务。

3. CPS 的特点

由 CPS 的结构与运行方式可知,其有以下特点。

(1) 异构性:CPS 通常包含各种子系统和组件,它们的结构和功能都不尽相同,这也确定了 CPS 是一种异构、分布式系统。

(2) 时间关键性:CPS 系统在时间响应方面有极高的要求。特别是在国防、精细制造、列车控制等领域,系统的实时性极其重要。

(3) 安全关键性:因 CPS 系统相对复杂多变,所以系统的安全性极其重要,其不仅影响 CPS 系统的性能,还对系统后期的运行维护提出更高的要求。

(4) 深度嵌入性:相比一般的嵌入式工具,CPS 将有计算和通信能力的传感和执行器等设备嵌入物理系统中,把计算资源分散到每个组件中,每一个节点都是一个小型的 CPS 系统。

(5) 时空一致性:在 CPS 系统中,物理实体需在开展任务中按照指定的时间确保空间位置的转移,以实现预期目标和工作。

(6) 自适应性:自适应性是 CPS 系统的显著特征。与其他系统相比,CPS 可以感知到物理对象所处环境的改变,并能及时地响应,确保 CPS 的正常运行。

(7) 以数据为中心:数据是 CPS 系统中的重要组成部分。CPS 系统在运行时会产生海量的包括空间位置的实时数据,这些数据会随着时间而变化,并在 CPS 各层、各个组件中频繁传输。CPS 的组件和子系统都为上一层提供支持,通过逐层分析、处理,最终为用户提供全面而准确的信息。

4. M2M、IoT、CPS 的区别

物联网的概念是基于互联网的,是一个各领域相互借鉴、融合的过程,但是在不同的信息领域对物联网又有不同的见解,各行各业都有自己的认知和构想。各领域对物联网的理解还有很大的差异性,甚至有各自的称谓,有三种定义较为明确:M2M、IoT、CPS,这三种概念又有何区别呢?

(1) M2M

M2M 就是指人、设备、信息系统三者之间的信息互通和互动。

"M2M"的概念主要是由通信行业提出的。最初 M2M 主要是指:不具备信息化能力的机械设备通过移动通信网络(无线网络)与其他设备或信息系统(IT 系统)进行通信。通信行业认为,网络在满足了人与人之间的通信需求后,还可以使得"物与物"之间进行通信连接,构成更高效的信息化应用。此后,M2M 的概念又延伸出了"人与机器"或"机器与人"的概念。M2M 的概念主要强调的是通信实现,网络在其技术框架中处于核心地位。通过"无线连接"的技术手段,实现"端到端"的可靠连接。在物与物"连接"的基础上,实现资产集中监控、设备远程操作、物流仓储管理、移动支付等应用。

(2) IoT

IoT 的概念主要强调的是互联网交互,互联网的全球化、开放性、互操作性、社交性是支撑 IoT 理念的基础。

IT 行业认为，IoT 的概念最早可以追溯到 1990 年施乐公司的网络可乐贩售机（Networked Coke Machine）。而后，1999 年美国麻省理工学院自动识别中心在 RFID 技术的基础上提出了一个物联网的概念，在其定义中强调了"信息传感设备与互联网连接"的理念。

如今，IoT 是互联网企业、软件企业乃至整个信息产业力推的物联网概念。在实现了人与人的社交互联后，互联网企业希望物和物之间也能通过互联网进行通信。智能产品一旦有了"网络身份"，便可以衍生出各种互联网应用：产品租赁（共享智能产品）、信息服务（如定位服务、电子支付、大数据分析等）、可穿戴产品应用等。IoT 的基础仍然是互联网，是互联网的延伸和发展方向。

（3）CPS

CPS 强调的是物理世界和信息世界之间实时、动态的信息反馈、循环过程。

2006 年，美国国家科学基金会的 Helen Gill 提出了 CPS 的概念，并将其列为重要的研究项目。它深度融合了各类信息技术：传感器、嵌入式计算、云计算、网络通信、软件，使得各种信息化能力（3C）高度协同和自治，实现生产应用系统自主、智能、动态、系统化地监视并改变物理世界的性状。CPS 的目标就是实现信息系统和物理世界以及各信息系统之间的深度融合：在感知、互联互通（标准的通信、应用协议）、能力开放（互联网服务接口、应用程序接口）、安全可控（身份认证、安全加密）、应用计算（数据计算、信息控制）的基础上，构建一个巨大、融合、智能化的生产服务系统。

6.4.2　信息物理融合系统的资源服务

CPS 具有广阔的应用领域，包括国防、智能电网、智能交通、智慧医疗、航空航天等。由于 CPS 应用于这些安全攸关的领域，目前对现有智能系统的性能需求不再局限于各种功能的扩充与集成，而是对系统资源的优化配置与合理调度、实时准确可靠节能的任务执行等提出了更高的要求。但是 CPS 中资源种类繁多、数量庞大、资源之间的异构性强，并且具有大量重复的物理实体，不同物理实体所处的物理环境不同且具有不同的执行性能（QoS），在系统运行过程中需要这些资源有效地协作、协同、调度来完成任务，因此资源管理成为 CPS 研究的重点。

CPS 中的资源包括：①传感器；②处理器，包括具有计算能力的模块，此处的计算泛指任何形式的数据或信息处理；③执行器，也称激励器（Actuator），包括控制单元和机电模块；④以上资源的组合体，如机器人，具有独立功能的 CPS 单元等。

1. 面向资源服务的 CPS 体系架构

面向服务的体系架构（Service-Oriented Architecture，SOA）是在分布式的环境中将各种功能以服务的形式提供给最终用户或者其他服务，如 Web 服务，其思想是将各种软件资源封装成服务并部署到互联网上，从而实现异构系统的组合复用和互操作。CPS 中存在很多资源，在借鉴 SOA 思想构建的面向服务的 CPS 体系结构中将 CPS 分为四层，从下到上依次为节点层、网络层、资源层和服务层（图 6.4.3），在 CPS 整个体系中安全管理、时钟与并发控制、数据处理和人机接口在每层都存在，它们是 CPS 正常运行的保证。

（1）节点层

节点层是 CPS 与物理世界交互的终端，也是 CPS 中最关键的一层，无论在 CPS 研究还

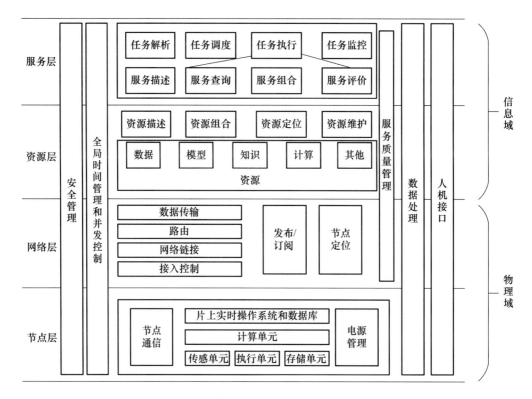

图 6.4.3　面向服务的 CPS 体系框架

是系统开发中,该层都是体现 CPS 概念的基础层。节点层包括的元素有传感器、执行器、嵌入式计算机、PDA、机器人等,该层包含了多种技术及其融合,如嵌入系统技术、传感器技术、节点之间的无线有线通信技术、连接与覆盖技术、路由技术、电源管理、片上计算机和数据库技术、智能控制、移动对象管理等,该层涵盖了 CPS 研究和开发的大部分新技术。

（2）网络层

网络层是 CPS 实现资源共享的基础,CPS 中通过网络将各种远程资源有效连接,实现资源共享。现有的 Internet 已经提供了比较成熟的网络技术,如 TCP/IP、XML、HTML、Web Service 等。计算机网络中许多技术都可以在 CPS 的网络层使用,如接入控制、网络连接、路由、数据传输、发布/订阅的数据共享模式,但是在 CPS 中仍然有很多不同于传统计算机网络的新技术,这些新技术包括:异构节点产生的异构数据描述和语义解析、因节点移动性导致的节点定位问题、感知能力的覆盖问题、大量数据传输带来的网络拥堵等。

（3）资源层

资源是 CPS 中实体存在的抽象,资源层将对 CPS 中的各种资源进行有效管理。CPS 除了节点层的各种资源以外,还有信息处理资源,如数据库、巨型计算中心、模型库、知识库等,这些都由相应的硬件来完成,但是,实际上硬件提供的是信息处理"能力"。该层将这些信息处理能力以及节点的感知和对物理过程的影响能力描述成资源,然后通过对资源查询、组合、定位和维护实现资源有效管理,为 CPS 各种任务的完成提供保障。

（4）服务层

服务层是 CPS 中资源能力的抽象层,该层将资源的"能力"包装成服务提供给用户。资源是实体的一种存在方式,而资源反映在信息空间中应该表现为能力。CPS与物理环境交互存在实时性和不确定性,因此该体系框架中任务产生模式是事件/信息触发的。当用户向服务层申请服务时,服务层首先对任务进行解析,然后再为用户提供相应的服务。该层的功能包括任务解析、任务调度、任务执行、任务监控、服务描述、服务查询、服务组合、服务评价。该层着眼于服务,以任务为驱动,研究为任务完成提供服务的各种技术和方法。

2. 资源的能力描述方法

正如人们在日常事务处理过程中并不关心资源的外在形态和内部参数而只关心当前资源的能力一样,CPS任务执行时,也不必关心资源的具体参数和状态,只要对资源的能力进行考虑就可以查询到满足任务需求的资源。但是,资源的能力与状态是密切相关的,这里的状态包括时空状态、资源能量状态、资源的功能、资源的空闲状态等一系列能够影响资源能力发挥的因素。

(1) 能力(Capability)

能力是指资源在所处环境和状态下,能够完成指定任务的本领。能力描述的是资源在某一确定状态下能够做出的行为并完成的任务。能力的描述必须相对于属性与状态而言。例如,一辆性能良好且加满油的小轿车具有在高速公路上连续行驶 500 km 的能力,小轿车能够连续行驶 500 km 就是小轿车的一种能力。此时小轿车的属性信息中就必须包含小轿车的品牌、油耗等信息,状态信息中就必须包含小轿车现在的位置信息(在高速公路上)以及性能状态(性能良好且加满油)等。

在 CPS 的基础资源中包括四种类型的基本能力,即感知能力、执行能力、计算能力和通信能力。感知能力负责从物理环境中获取信息,具有感知能力的资源包括各种传感器,如摄像头、红外扫描、雷达等,某些 CPS 资源包含了多重感知能力(如机器人、复杂传感系统)。执行能力是 CPS 中能够作用于物理世界并对其产生影响的组件,就如人的手一样,执行能力主要是通过向物理世界传递能量的方式来改变物理系统状态。计算能力是 CPS 的神经系统,负责处理 CPS 中的信息和知识,并做出决策,控制执行部件。通信能力是信息传递与共享的基础。图 6.4.4 描述了 CPS 中的资源能力分类情况。

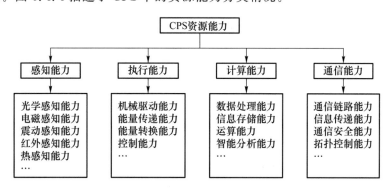

图 6.4.4 CPS 中的资源能力分类

资源能力是针对任务而提出的,因此资源的能力是不能脱离主体和客体的关系而独立存在的,资源具有某种能力指它具有完成某种任务的能力,任务类型是考量资源能力的基准。资源能力建模是将资源空间、状态空间和任务空间映射到能力空间的过程,如式(6.4.1)所示:

$$\text{Capability}_{\text{modeling}} : \{R, S, T\} \rightarrow C \qquad (6.4.1)$$

其中,R 表示资源,S 表示状态,T 表示任务,C 表示能力,能力模型描述了不同资源在不同状态下对不同任务表现出的能力。影响资源能力的因素主要是资源的状态,资源当前的位置、自身性能情况、能维持当前状态的时间等,决定资源能力的因素主要是资源的功能,如果一个资源不能完成某种任务,则它的能力为零。任务是资源能力描述的前提,图 6.4.5 表示出了资源能力模型体系的关系。

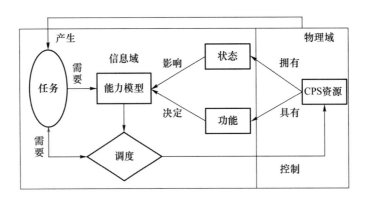

图 6.4.5　资源能力模型体系

(2) 资源能力(Resource Capability,RC)

资源能力指资源在所处环境和状态下,能够完成各种任务的本领。关于资源能力的描述有多种形式,包括本体描述方法、矩阵描述方法、描述逻辑方法和面向对象的描述方法。本书描述能力的目的在于为资源调度提供简便依据,因此采用基于矩阵的描述方法。资源能力是任务类型和资源状态到能力空间的映射。

(3) 支持资源(Supporting Resource,SR)

支持资源指能够满足指定任务所需能力要求的资源集合。CPS 中包含了丰富的资源,目前 CPS 资源管理技术尚未得到深入研究,CPS 的资源管理具有重要研究意义和挑战。虽然学术界对 P2P 和网格系统中资源管理的研究已经比较成熟,但是 CPS 中的资源不同于只具有纯计算资源的 P2P 或网格系统,CPS 具有比网格和 P2P 更加复杂的环境。当一种资源接入 CPS 系统时,能够向系统中其他资源描述自己,告诉其他资源它具有什么样的能力,以便向其他资源提供完成特定的任务所需要的能力。

3. CPS 中的任务描述

CPS 中的任务通常需要多类资源共同完成,由传感器资源收集和采集数据,由计算资源负责对数据进行分析和计算,由执行器资源执行最终的指令,这一过程完成了信息世界和物理世界的交互。用户在向系统提交任务时,其最重要的信息是任务的需求描述。从任务的执行阶段来说,包括对不同类型资源的需求描述,而这些描述通常又包含以下几方面内容。

(1) 对资源的时间需求

对资源的时间需求指任务对不同资源所要求的开始和结束时间或最大完成时间、软时限或硬时限要求(此处软时限指任务可以延迟完成,硬时限则相反)。

（2）对资源的处理能力需求

对资源的处理能力需求指完成该任务的资源所需的处理能力。例如，对于传感信息物理融合系统的资源分配器资源来说，可以指数据采集的精度等；对于计算资源来说，可以指处理单元的个数、内存的大小等；对于执行器资源来说，可以指物理部件的参数，如无人机的巡航速度、最大飞行距离等。

（3）对资源的位置需求、主要任务的空间和位置要求

位置约束的表示有两种形式：第一种根据位置的不同将问题分解为多个子问题，在考虑子问题的资源分配时，事实上去除了位置约束。这种方法存在的问题在于，某些可移动的资源或者位置范围较广的资源需要约束在不同的子问题内，降低了最终解的最优性。第二种将位置约束描述为布尔（Boolean）形式。位置约束从根本上讲是任务与资源的位置是否匹配，而表现在模型中则为布尔形式。

6.4.3 信息物理融合系统中的资源分配

资源分配是 CPS 资源管理技术的核心。目前，智能系统的发展不再局限于各种功能的线性叠加与集成，对系统资源的优化配置、合理分配以及多样化的任务调度提出了更高的要求。CPS 中包含大量通过高速网络相互连接的异构资源，不同资源的功能不同，且对于具有相同功能（类型）的资源来说，其能力也不尽相同。例如，对于传感器资源来说，精度和范围等参数决定了其能力，计算资源、网络资源、存储资源等亦是如此。对于需要调度执行的任务来说，不同任务对资源能力的需求不同，执行时间也不相同，这些都给 CPS 的资源管理与分配带来了巨大挑战。此外，资源分配策略决定着系统的任务处理效率，影响着系统的负载性能，而负载性能则与系统稳定性密切相关。高效的资源分配算法是在保证质量的前提下使用最少的资源完成给定的任务，提高系统的处理能力，增强系统的稳定性。

1. CPS 中资源分配问题的分类

从任务的角度看，根据是否延时执行可分为延时类任务和非延时类任务，分别对应任务调度中的离线调度方式和在线调度方式（或者称为静态调度和动态调度）。

根据完成时限的不同可分为软时限任务和硬时限任务，其中硬时限任务指的是任务的完成不可逾期，软时限则无此要求，而一般会有逾期百分比参数。根据任务对执行时间要求的不同可分为仅有截止期（Deadline）的任务和区间任务，其中前一种对任务的执行时间没有具体要求，而区间任务则有明确的任务开始和结束时间。

从资源的角度看，具有相同功能的资源可看作一种资源。在相同类型的资源中，可按照能力的不同对其进行分类，能力的不同主要体现在 3 个方面：处理能力、时间约束以及空间约束。其中，处理能力指的是资源能力描述中能够量化或者间接量化的部分；时间约束指的是该资源的可用时间长度或时间段；空间约束指的是资源与位置相关的可用信息。例如，对于摄影航拍类无人机来说，其处理能力指的是像素大小、巡航速度等相关的资源能力，而时间约束则指的是无人机能够处理任务的时间段以及续航时间，空间约束指的是无人机所能及的位置范围。再如，对于计算资源来说，其处理能力一般指 CPU、内存、存储容量等，时间约束指其可用时间，且在网络条件下无空间约束。

2. 面向资源分配的 CPS 建模方法

下面主要介绍两种典型的面向资源分配的 CPS 建模方法。首先基于最优化方法给出

目标函数和约束函数,其次基于排队论的思想给出基于排队论的 CPS 模型,用于计算系统的运行参数和研究系统稳定性,指导资源最优分配方法。

（1）基于最优化理论的 CPS 建模方法

最优化理论是数学中的一个重要分支,其所研究的问题是如何从大量候选方案中选出最佳的方案。随着最优化理论的发展,其迅速成为一门新的学科,且包括线性规划、整数规划、动态规划、网络流等分支,在很多领域发挥着越来越重要的作用。最优化问题数学模型的一般形式为

$$
\begin{aligned}
&\min \quad f(x) \\
&\text{s.t.} \quad c_i(x)=0 \quad i=1,2,\cdots,m \\
&\qquad\qquad c_i(x)\geqslant0 \quad i=m+1,\cdots,p
\end{aligned}
\tag{6.4.2}
$$

如式（6.4.2）所示,该类问题的描述由目标函数和约束条件组成,$f(x)$ 和 $c_i(x)$ 可为线性函数或非线性函数。最优化问题的解法有很多种,如基本的搜索算法、动态规划算法等,也可使用启发式算法进行求解,如遗传算法、粒子群算法等。在 CPS 的资源分配问题中,常见的优化目标主要有以下两种情况。

- 在所有任务均需执行的情况下,寻找使得 cost 最小的资源分配方法。此处 cost 指的是每执行一个任务所需的代价。
- 在资源有限的情况下,且给定价值矩阵（资源 i 执行任务 j 所获得的价值）后,寻找使得总价值最大的资源分配方法（不是所有任务都被执行）。

对于约束条件来说,参照前文所述的能力约束有以下几种形式。

- 任务的处理能力约束:在进行资源分配时,资源的处理能力需满足任务的需求。
- 任务的时间约束:任务的完成时间需满足 Deadline,在区间调度中,在同一资源上执行的不同任务的执行时间不能有重叠等。
- 资源的时间约束:资源在处理任务时的运行时间需在可行范围内,不能超过最大运行时间。
- 资源和任务的位置约束匹配。
- 可抢占或不可抢占的约束。
- 由于资源分配问题的解往往为资源和任务的一一对应,故亦存在变量的离散约束。

（2）基于排队系统的 CPS 建模方法

CPS 由众多功能和能力不一的资源组成,用户在使用 CPS 中的资源时,可看作是 CPS 为不同用户提供服务的过程。特别是当资源供不应求或者是对热点资源的请求较为频繁时,将资源分配建立在排队系统的基础上可以对请求的丢弃率、丢弃概率以及平均延迟进行有效的分析控制,用于指导资源最优分配决策。在面向区间调度的资源分配问题中,由于在硬时限条件下任务不能延迟处理,故基于排队系统的描述方法仅从任务量（包括任务数量和任务平均持续时间）的大小方面对系统进行分析,而非一种任务调度或资源分配方法。

基于排队系统的 CPS 请求处理流程如图 6.4.6 所示。当一个服务请求到达时,首先在排队系统中等待,若存在能够执行该请求的资源,则该请求被准入;若在一定的等待时间内,依然无法执行该请求,则该请求被溢出。

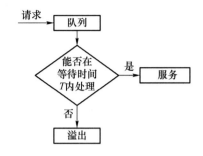

图 6.4.6　基于排队系统的 CPS 请求处理流程

网络融合的发展
现状和关键技术

6.5　网络融合的发展现状和关键技术

　　网络融合即在同一网络上使用多种通信模式,以提供便利、灵活以及独立基础设施无法实现的多项优势。5G R16 的标准已经发布,使得 5G 预期解决增强移动宽带(Enhanced Mobile Broadband,eMBB)、超可靠低时延通信(Ultra Reliable Low Latency Communication,URLLC)和海量机器类通信(Massive Machine Type Communication,mMTC)三个需求的标准初步完备。网络融合是 5G 发展的内在需求,在后5G 阶段将持续深化。本节以网络融合为主线,从固定移动融合(Fixed Mobile Convergence,FMC)、空天地一体化融合、通信技术(CT)与运营技术(OT)融合这 3 个角度,分析 5G 架构在网络融合的深度及广度上的发展趋势。

6.5.1　网络融合的演进

　　网络的融合是移动通信技术一直追求的重要主题。标准化组织 3GPP 在 3G 时代就开始对融合的网络架构进行标准化,对 3GPP 标准定义的蜂窝网(简称 3GPP 网络)和非 3GPP 定义的网络(简称非 3GPP 网络),如码分多址(Code Division Multiple Access,CDMA)、无线局域网(Wireless Local Area Network,WLAN)等,进行了融合的架构设计。

　　在 4G 时期,网络的融合架构更加全面,既考虑了可信和非可信的接入类型,也考虑了实现融合所采用的不同技术,如基于终端的协议和基于网络的协议。以 T-Mobile USA 为代表的运营商在其网络中部署了对非可信 WLAN 接入支持的能力,实现了基于 Wi-Fi 的语音通话业务;然而,由于不可信的融合方案需要终端与网络建立 IPSec 安全隧道,对终端能力的要求高,导致产业支持度一直不好。Apple 公司在 2013 年的 iOS7 系统中引入了对多路径传输控制协议(Multipath Transport Control Protocol,MPTCP)的支持,用以提升其 Siri 应用识别话音的业务体验。这是 4G 时代又一个网络融合与协同的标志性进展,它不仅提升了网络对应用的响应速度,还能辅助用户在蜂窝网和 Wi-Fi 网络平滑灵活地切换。随后几年,Apple 公司把 MPTCP 扩展到其他应用中,如 Apple Map 等。

　　5G 网络架构的融合设计来自 3 个主要驱动力。

　　(1)增强网络接入带宽。以多接入能力、4G/5G 融合为代表,"网络总是拥塞的"在任何时代都是成立的。新冠肺炎(COVID-19)疫情在欧洲爆发后,YouTube 将欧盟和英国的视频降为标清,以避免成千上万的欧洲人在家工作导致网络崩溃。此前,Netflix 也宣布降低在欧洲播出的一切流媒体视频质量和大小。4G/5G/Wi-Fi/固网仍然是提升带宽最直接的手段,因此,这些网络的融合与协同仍然非常重要。

(2)提升运维管理效率。对于提供固网和移动网的全业务运营商来说,依托蜂窝网在接入管理、控制、计费等方面一系列的优势,实现统一运维是降本增效的重要手段。此外,统一运营也有利于实现用户业务体验的一致性和综合网络服务能力,从而增强用户黏性。

(3)扩展网络服务的场景。5G 最主要的特征是服务垂直行业能力的扩展,这也体现在网络架构的融合上。从地面接入为主到融合卫星接入,从面向为人服务为主扩展到面向生产和制造的服务。这就需要网络支持生产制造场景下的数据传输类型及特有的场景。

6.5.2 网络融合技术

1. 固定移动融合

"内生的融合"是 5G 系统设计之初的目标。5G 设计之初,宽带论坛(Broadband Forum,BBF)与 3GPP SA2(系统架构组)在 2017 年 2 月召开了联合会议。运营商希望 5G 具备统一接入的能力,实现"接入无关性"。这就要求不同的接入方式统一使用 3GPP 的接入标准:终端采用 N1(5G 信令(5G Non-Access-Stratum,5G NAS))协议,接入网采用 3GPP 定义的 N2(控制面)和 N3(用户面)接口。在具体方案设计时,考虑到现有旧的设备(如固网的家庭网关)难以升级,3GPP 进行了折中的架构设计。根据安全程度、接入类型、终端能力 3 个维度,固定移动融合分成多种接入架构。3GPP 在 R15 定义了非可信接入的场景,在 R16 进行扩展支持了可信接入及固网接入的场景。

(1)安全程度

安全程度可分为可信接入及非可信接入。可信接入是指该接入网与运营商的网络同属于一个安全域,终端通过可信非 3GPP 接入网关功能(Trusted Non-3GPP Gateway Function,TNGF)后能直接接入 5G 核心网(5G Core Network,5GC)。在非可信接入场景下,接入网需要通过非 3GPP 互通功能(Non-3GPP InterWorking Function,N3IWF)后再接入 5GC。

(2)接入类型

接入类型分为无线接入(如 Wi-Fi)和固定接入(固定宽带接入,如家庭网关)。蜂窝网和 Wi-Fi 网络的融合能力是相对完善的,也是最主要的场景。随着 Wi-Fi 6 能力的引入和北美对非授权频段的支持,可以预见,Wi-Fi 与 5G 的融合仍将是最重要的融合能力。在对 Wi-Fi 融合接入支持的基础上,3GPP 在 R16 定义了通过家庭网关接入 5G 核心网的架构。

(3)终端能力

终端通过非 3GPP 接入 5GC 时,又分为具备或不具备 5G NAS 能力两种类型。5G 家庭网关(5G-Residential Gateway,5G-RG)是一类新的终端,具备 5G NAS(N1 接口)信令能力,能接入 5G 核心网,对 5G 网络来说可以被看作一个 5G 终端。固网家庭网关(Fixed Network-Residential Gateway,FN-RG)代表一类旧的、非原生 5G 接入的终端,本身不支持 5G 信令,需要通过有线接入网关(Wireline Access Gateway Function,W-AGF)的 5G 信令接入 5G 核心网。在网络融合接入中,终端具有很大的主动性。终端将根据诸如设备配置、用户偏好、历史记录、当前可用的网络信息等因素选择是通过可信还是非可信的方式接入网络。不论终端选择了可信还是非可信的接入,终端的接入和移动性管理功能(Access and Mobility Management Function,AMF)仍然是唯一的。虽然终端和网络的信令参考点 N1 是两个(非 3GPP 的 N1 连接与 3GPP 的 N1 连接),但是公共陆地移动网(Public Land Mobile Network,PLMN)是同一个。终端无感知的网络融合方式仍将是后续技术发展的方向。从 3G/4G 网络融合的应用来看,终端的数量大、种类多、能力参差不齐等因素往往是制约网络融合统一的关键,因此,尽可能降低对终端的影响、降低用户使用的难度、避免业务体验的影响,往往是运营商选择融合方案实施的主要考量。

2. 空天地一体化融合

4G 引入的"永远在线"是指终端开机即完成注册认证、地址分配、连接建立的过程,以便于快速地发起数据业务。但在偏远地区、海上、沙漠/草原等特殊环境下,缺少了基站的覆盖,这种"永远在线"也不复存在。卫星接入可以让 5G 终端解决这些场景下的接入问题。

卫星接入与 5G 的融合在 3GPP 进行 5G 设计之初就受到了关注。众多卫星公司,如休斯公司等,都已积极参与到 3GPP 的 5G 系统设计工作中,在 R15 的周期内研究了卫星接入的空口信道,并在 R16 周期内对卫星接入的网络融合架构进行了研究。卫星接入正式的标准制定已在 R17 启动。这既涉及接入网的工作,也涉及核心网架构的工作。

卫星网络主要通过两种方式和地面移动网络进行融合,即卫星作为非 3GPP 无线接口技术(Radio Interface Technologies,RIT)或 3GPP RIT 接入 5G 核心网。卫星作为 3GPP RIT 接入时,如图 6.5.1 所示,卫星的空口采用 3GPP 增强协议,基站的部分或全部功能部署在卫星上。5G 核心网对功能、接口进行增强和优化以适应卫星接入的特点。卫星作为 3GPP RIT 接入 5G 核心网时,存在如下 3 种可能的组网方案。

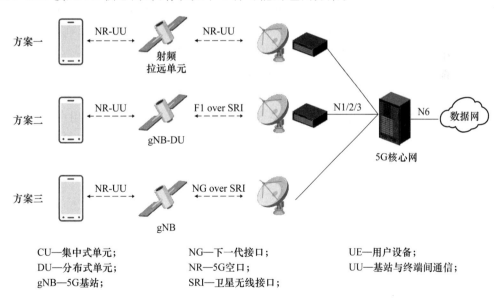

CU—集中式单元;　　　NG—下一代接口;　　　UE—用户设备;
DU—分布式单元;　　　NR—5G 空口;　　　UU—基站与终端间通信;
gNB—5G 基站;　　　SRI—卫星无线接口;

图 6.5.1　卫星作为 3GPP RIT 和移动网络融合的架构

方案一:卫星作为基站的射频拉远单元,透明传输地面基站和终端之间的无线信号。卫星和终端以及卫星和基站之间采用 3GPP 的空口。

方案二:分布式单元(Distributed Unit,DU)和集中式单元(Centralized Unit,CU)间的

前传接口通过卫星无线接口(Satellite Radio Interface,SRI)传输,卫星具备基站的部分功能,5G基站的DU部分部署在卫星上,卫星和地面基站的核心网共用,但需要进行移动性管理、会话管理等功能增强。

方案三:基站与核心网间的接口(N2/N3接口)通过卫星空口传输。卫星具备5G基站的全部功能,DU、CU均部署在卫星上,卫星和地面基站的核心网共用。

除了卫星接入的融合,5G为空中无人机的接入及管理也提供了基础手段。美国联邦航天管理局(Federal Aviation Administration,FAA)在2019年12月发布了对航空飞行器的监管要求,要求在美国的无人机飞行器都能对其标识进行辨识、对飞行器的飞行进行跟踪。3GPP在R17也启动了无人机控制的项目,通过设计无人机管理架构来实现对无人机飞行器的连接、标识和跟踪。

3. 面向工业互联网的 CT 与 OT 融合

工业互联网越来越被认为是5G的重要应用场景之一,这在5G标准的后续版本中得到了充分体现。例如,5G局域网(5G Local Area Network,5G LAN,R16)和工业互联网(Industrial Internet of Things,IIoT,R17)在3GPP中得到了产业界的支持。这是CT网络与OT网络的融合在5G网络上最直观的反映。

对工业互联网的支持需要5G能够为多种工业场景下的数据传输提供通道。事实上,5G在第一个版本(R15)中就提供了对以太网的支持。ETSI在2020年4月也成立了非IP网络(Non-IP Networking,NIN)的工作组,其目的是为5G的应用场景研究比IP更适合的协议。在这之前,ETSI已经完成了"下一代协议(Next Generation Protocol,NGP)"的研究工作。NIN指出,在20世纪70年代IP协议为固定网络和网络互连而设计,在5G时代需要研究非IP技术来应对诸如降低音视频及体感网的时延、现场对海量接收者的直播、网络服务可持续保障、更高效的频谱和处理能力的使用等。

3GPP在R16引入了对时间敏感网络(Time Sensitive Network,TSN)的支持。5G系统对外表现为TSN"逻辑桥",即作为一个黑盒呈现。在控制面,应用功能(Application Function,AF)作为翻译器,用于适配5G系统接口和TSN协议及参数。在用户面,5G系统通过TSN的翻译器(终端翻译器DSTT和网络翻译器NWTT)向TSN网络提供TSN端口特性。在实现方式上,NWTT和转发面网元(UPF)合一部署,DSTT和终端合一或者独立部署。

需要指出的是,3GPP R16对TSN的支持仍然非常有限。3GPP从IEEE的26个TSN典型协议中选择支持最基本、相对简单的5个协议:IEEE 802.1Qbv(出口门控列表)、802.1AS(时间同步)、802.1Qci(入口的流过滤)、802.1AB(网络拓扑发现)、802.1Qcc(网络管理模型)。

以TSN为代表的CT与OT融合技术将是一个长期的过程。TSN的技术本身仍在发展中:IEEE在2018年以来陆续发布相关技术标准并将继续丰富完善;相关产业发展仍有较长的路要走,TSN控制器的实现复杂性高。在应用时,考虑到时间同步、时延、维护业务转发状态等方面的要求,TSN初期应用在小范围网络中。5G对以TSN为代表的行业应用的支持仍在继续增强。

本 章 小 结

泛在物联网与网络融合

- 6.1 泛在计算：本节首先介绍了泛在计算的概念和体系结构，然后介绍了泛在计算的研究进展，最后介绍了泛在计算的两大应用领域——泛在网络和物联网。

- 6.2 物联网的移动边缘计算：本节分析了边缘计算的拓扑结构、发展现状和应用场景，并详细阐述了计算迁移和边缘缓存的具体内容。

- 6.3 物联网的异构计算：本节介绍了异构计算的四种主要体系结构和六大关键技术，并展望了异构计算的未来。

- 6.4 信息物理融合系统的资源管理：本节叙述了CPS的逻辑结构和运行流程，比较了M2M、IoT、CPS的不同之处，对CPS的资源服务和资源分配进行了系统的介绍。

- 6.5 网络融合的发展现状和关键技术：本节在介绍网络融合的演进之余，解释了固定移动融合、空天地一体化融合、面向工业互联网的CT和OT融合这三种网络融合方式。

思考与习题

6.1　请分析泛在网络与物联网之间的关系。

6.2　请分析 MEC 中计算迁移的一般步骤和计算迁移方案，并思考这些计算迁移方案应分别应用在什么场景。

6.3　请举例说明异构计算系统的组成与原理。

6.4　请分析比较 M2M、IoT、CPS 等概念的异同。

6.5　请展望空天地一体化融合可能用到的信息处理技术。

第 **7** 章 物联网智能信息处理应用实例

由于物联网概念的渗入以及信息化时代发展的必然需求,物联网应用开始出现在个人应用市场,民用化趋势愈加明显,这在一定程度上标志着物联网行业的发展愈加成熟,越来越融入智能生活、智慧城市中。下面让我们一起走进物联网的应用世界。

7.1 电力物联网与智慧城市

7.1.1 面向智慧城市的电力物联网

1. 城市的智慧时代

从城郭到城市,从集市到城市,人类从原始步入了文明。城市的演进展现了人类从草莽未辟状态繁衍扩张到全世界的历程。伴随城市的演进、时间的沉淀、物质的积累、技术的进步,在城市内发展生产的张力成为城市智慧产生的动力,智慧的结果就是让我们能持续不断地享受到创新的产品与服务。

然而城市作为人类生活的主要载体之一,面临着城市空间布局、资源分配、环境保护、城市可持续发展等问题。随着信息通信技术的发展以及生产、生活方式的转变,近几年,国家加快了城镇化发展步伐,将城市发展与物联网等技术融合,提出了以和谐发展与绿色可持续发展为核心的智慧城市的基本概念。智慧城市作为城市可持续发展与新一代信息技术应用相结合的产物,近年来在世界范围内蓬勃发展。

面对向智慧城市发展这一趋势,国内外的不同机构与组织提出了各有侧重的智慧城市概念。2014 年,国家发改委、住建部等部委联合印发了《关于促进智慧城市健康发展的指导意见》,提出运用物联网、大数据、云计算等新一代信息技术开展智慧城市建设,在城市民生服务、社会管理、服务智慧化、网络安全等方面实现理念创新与模式创新,这一概念更多地侧重于信息技术在城市中的应用,注重建设信息化、互动化城市。到了 2020 年,中国社科院信息化研究中心与国脉智慧城市研究中心联合发布了《第十届(2020)中国智慧城市发展水平评估报告》。从该报告中可以看到,智慧城市已经成为数字社会建设的重要支柱。而从城市发展需求本身出发,智慧城市则不仅仅是信息化、数字化,需要解决当今城市化的制约性问题,包含更为丰富的内涵。

为充分体现智慧城市的内涵,在建设方面应做到统筹兼顾、全面发展,使智慧城市的优越性得以体现。而作为主要的能源载体,电力物联网在促进城市绿色发展、确保城市用电安全可靠、构建城市神经系统、拉动城市相关产业发展以及丰富城市服务内涵等方面,对城市智能化发挥着巨大的推动作用。

2. 电力物联网

(1) 电力物联网概述

电力物联网是围绕着电力系统各个环节,充分应用移动互联、人工智能等现代信息通信技术,实现电网万物互联、人机交互,且具有状态全面感知、信息高效处理、应用便捷灵活特征的智慧服务系统。面对当前电网形态的重大变化及其带来的一系列挑战,电力物联网将成为强有力的解决方案,它能够快速提升电网的感知、互动、调节能力,从而保障电力系统"发、输、变、配、用"五大环节的安全、稳定、高效、持续运行,同时充分利用"大、云、物、移、智"等现代信息技术和先进通信技术,提高电力系统的智能化水平,推动能源互联网建设,真正实现电力行业的可持续发展。

(2) 建设电力物联网的意义

电力物联网通过电力网络与通信网络的深度耦合,实现电力系统运行状态全面感知和数据信息的高速传递,保障电网"发、输、变、配、用"五大环节的安全稳定运行,建立标准化、智能化、规范化的电力系统,如图 7.1.1 所示。

图 7.1.1　电力物联网对电力系统的作用

(3) 对发电部分稳定性运行的作用

发电厂作为电能的制造单位,是整个电网的支柱,稳定的发电环节为整个电网的高效运行奠定了基础。随着分布式发电设备接入类型与数量的快速增加,电网复杂程度不断提升,结合物联网技术建设分布式发电系统是未来的发展趋势。

（4）对输电网部分稳定性运行的作用

输电网在电力系统中承担着输送电能的重要任务，具有电压等级高、输送容量大、输送距离远等特点。输电线路是我国电力系统的核心部分，其故障将给电力的正常供应造成很大的负面影响，保证输电线路运行的稳定性是供电系统安全稳定运行的基础。在输电网中，利用电力物联网技术可以有效提高对输电线路运行状况的感知能力。

（5）对配电网部分稳定性运行的作用

配电网是电力系统中连接输电与用户两端的关键环节，具有分布广泛、设备众多等特点，其安全性和可靠性对于电力系统的稳定运行起到至关重要的作用。未来的配电网具有高度信息化、异质能源混杂的特点，网络与用户之间的界限越来越模糊。电力物联网技术可以对现有的配电网规划方法进行改进，实现配电系统与其他系统的统一协调规划。

（6）对变电网部分稳定性运行的作用

电力系统变电网主要通过变电设备，如变压器，对不同电压等级的电能进行变换、接收和分配，控制电力的流向。多个变电站通过匹配连接差异化等级的线路，将不同距离和功率的线路连成电网，提高整体安全性。随着电力物联网的发展，智能变电站可大幅度提升监测量，实现变电站感知智能化、故障预警专业化及设备检修状态化，极大地提高变电站运行的稳定性。

（7）对用电部分稳定性运行的作用

用电部分是电力系统中客户密切关注的关键环节，其稳定运行可保证客户日常生活、生产的顺利进行。目前电网与用电客户的交流沟通仍存在用电过程不透明等问题，提升用户的用电体验迫在眉睫。通过推进用电侧电力物联网建设，不断提升服务水平，能够增强客户参与度、满意度和获得感，为用户带来用电新体验。

3. 电力物联网的发展现状

目前，我国电力物联网正处于欣欣向荣的发展潮流中，它应用云计算、大数据、移动互联、人工智能等信息化新技术，可以实现电力网络与通信网络的深度耦合，具有广阔的发展前景。首先，电力物联网将进入万物互联的发展新阶段。智能电表、智能巡检机器人、智能有序充电桩、电能计量器等数以万计的海量终端设备接入网络，使得电力物联网的规模增长了数十倍，今后仍有爆发增长的趋势，这些将促使电力系统朝着智能化、自动化、信息化、网络化的方向转变。其次，三大应用场景对电力物联网提出新需求。电网中智能分布式配电自动化、精准负控和分布式能源调控等控制类业务对时延的要求已达毫秒级、可靠性要求达99.999%；低压集抄、配电房视频综合监控、分布式电源检测等采集类业务对终端接入数量和带宽提出更高的要求；智能巡检、移动式智能管控、应急现场自组网综合应用等移动类业务需要满足高覆盖、高传输速率和低时延的通信需求。最后，电力物联网产业竞争出现新生态。电力物联网建设是电网企业的主要努力方向，我国正积极构建生态产业体系，开展产业布局，促使电力物联网应用步入低碳环保、低成本的发展轨道之中。

虽然电力物联网的稳步建设推动了信息通信技术的发展，但由于其具有设备数量多、分布广泛、数据突发性高以及业务场景复杂等特点，也为通信网络带来了众多挑战。在接入网方面，电力物联网不断增加的网络负载以及新业务的新需求等为其带来巨大的压力，如海量传感终端的并发接入导致拥塞和过载等问题，高可靠低时延业务需要更强大、更敏捷的数据处理能力等,传统的接入网设备部署方式已经无法适应新的需求。在传输网方面,由于传统电网在机房、光纤等物理资源上的差异性,传输网在基站的接入方式上存在多样性,组网场景也日趋复杂化,因此未来传输网需要满足多种接入介质、多样组网方式下基站的灵活、快速接入。在核心网方面,针对网络中存在多种无线制式、多种接入技术长期共存的现象,如何高效运行和维护多张不同制式的网络,实现多种通信网络的融合,不断降低运维成本是电网公司急需解决的问题。

面对电力物联网建设的新形势与新挑战,第五代移动通信(5th-Generation,5G)技术以超高用户体验速率和峰值速率、超大连接数密度和流量密度、超低端到端时延等特点成为当前电力物联网发展的支柱性无线通信技术,将持续赋能电力物联网,为电网的人、机、物互联提供了强大的基础设施支撑能力。5G可以全面感知电力设备的运行状态,将企业、供应商和电力客户的数据相关联,进而通过平台实现数据共享,促进"三型"企业建设,服务上下游企业及电力客户。采用网络切片技术,将物理网划分为多个虚拟网络,根据时延、带宽、安全性及可靠性等服务需求,灵活适应不同网络应用场景;在电力杆塔上安装5G基站,合理利用电力杆塔资源,可以实现电力杆塔与通信基础设施资源合作共享,提高电网资源利用率;用5G替代光纤,可以大幅减少光纤部署,降低部署难度,实现降本增效;利用5G大连接特性,一方面实现大电源并网,打破孤岛运行局面,改善区域信息采集现状,另一方面连接海量智能电表,可以实现高级计量,为用户提供智能用电等个性化需求;将5G模组用于配电自动化、智能电表、无人机、巡检机器人、高清摄像头等终端,建设5G电力专网,可以大幅提升电力数据的交互能力。未来,电力物联网与5G的深度融合将进一步释放物联网在电力领域的应用潜力,推动电力行业的整体发展与进步,满足诸多电力业务的差异化通信需求。

7.1.2 电力物联网智慧能源管理网络切片方案

1. 网络切片技术

5G基础知识:
网络切片

未来,随着移动互联业务场景在连接性能、网络功能及网络安全可靠性等方面的差异化需求增大,现有的第四代移动通信(4th-Generation,4G)网络难以满足电网关键业务隔离的要求。同时,单独搭建不同业务场景的专用通信网络将产生巨额投资,使电网提供商望而却步。

5G网络切片技术在同一个物理基础网络上划分多个互相隔离的虚拟网络,网络切片间完全隔离,在某一切片发生错误和障碍时不会对其他切片产生影响,每个虚拟网络根据不同的服务需求来搭建,以灵活地应对不同的网络应用场景。网络切片使通信服务运营商可以动态地分配网络资源,提供网络即服务(Network as a Service,NaaS),为行业客户带来更敏捷的服务、更强的安全隔离性和更灵活的商业模式,目前已应用于电力、游戏、娱乐、银行、医疗、自动驾驶等多个领域。在电力行业,网络切片可为用户打造定制化的"行业专网"服务,从而更好地适应未来电力多场景、差异化业务灵活承载的需求,有力地促进电力物联网智慧能源管理等能源互联网诸多新兴业务的应用创新。

2. 电力物联网智慧能源管理网络切片概述

当前能源产业得到了前所未有的发展,但集中发电、单向流动的传统能源系统已成为分布式、多样化可再生能源大规模渗透的阻碍。由于可再生能源的间歇性和波动性、电动汽车的随机充放电行为和负荷分布、可再生发电机和电动汽车与配电网的高度集成,系统的波动和干扰大大增加,停电、限电等故障时有发生。因此,迫切需要智慧能源管理,根据不同业务需求动态优化网络切片编排,挖掘可再生能源的巨大应用潜力。

智慧能源管理将能源系统的各个部分与新兴信息技术深度融合,通过数百万的传感器和控制器频繁更新负载供应情况和系统运行状况等实时信息,利用开放的通信接口增强异构系统之间的互操作性,实现可再生能源的灵活控制和自我部署。然而,智慧能源管理所需的机器对机器通信(Machine to Machine,M2M)网络还存在诸多问题。首先,传统的面向应用的方法需要针对特定的应用场景对 M2M 平台进行完整定制,无法适应快速变化的业务需求。随着系统的复杂性,硬件、互连和部署场景之间的异构性不断增加,庞大的 M2M 设备管理极其低效。其次,应用程序和面向任务的硬件紧密耦合,运营商需要为新增应用程序部署不同硬件,这将导致过高的资金和维护成本。最后,电网应用程序在延迟、突发大小、吞吐量和包到达率等方面有不同的服务质量(Quality of Service,QoS)要求。在同一通信网络中,保护、控制、监控和计费业务的共存对 M2M 通信网络资源的有效分配提出了新的挑战。

部分学者和研究人员尝试将软件定义网络与 M2M 集成,分别基于软件定义网络对M2M 通信虚拟资源分配、接入云架构、动态服务器选择和流量重定向、核心网容量等方面进行了研究。然而,这些工作主要集中在常规 M2M 网络上,在利用软件定义的 M2M 网络进行智慧能源管理时往往忽视了具体的技术特点和应用场景。

3. 电力物联网智慧能源管理网络切片架构

针对上述问题,软件定义 M2M(Software-Defined M2M,SD-M2M)面向具体应用场景及其技术特点,基于软件定义网络和网络切片技术,根据电网能量调度、差动保护、运行监控、高级计量等不同属性的业务需求优化网络切片编排,将可靠性、时延等实际性能与约束条件之间的差距作为反馈信号,基于闭环反馈控制动态调整不同虚拟网络间资源的分配,实现了资源分配的按需定制与灵活适配。如图 7.1.2 所示,SD-M2M 包括数据层、控制层、应用层以及管理和接入控制层四层架构。

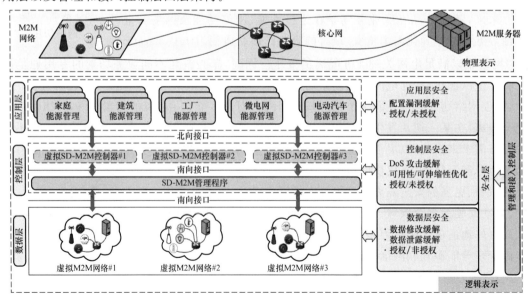

图 7.1.2　SD-M2M 架构模型

数据层由 M2M 通信涉及的所有可编程设备和网络元件组成,包括传感器、制动器、智能电子设备(Intelligent Electronic Device,IED)、智能仪表、网关、基站、交换机、路由器等,它们对于支持智慧能源管理中的自主数据采集和传输至关重要。通过数据控制解耦,无须理解数百种通信协议,可以极大地简化数据层设备。

控制层由一个 SD-M2M 管理程序和多个异构或同构的 SD-M2M 控制器组成。通过在数据层设备和控制器之间插入一个管理程序,可以实现物理 M2M 网络的虚拟化。管理程序通过基于标准的南向接口查看数据平面设备并与之交互,将抽象的物理基础架构切成多个隔离的虚拟 M2M 网络,每个网络由其各自的控制器控制。系统管理程序还可以通过南向接口将抽象信息发送到控制器。集中式 SD-M2M 控制器根据网络状态的最新全局视图做出决策,并从单个逻辑点对相应的虚拟 M2M 网络进行独立于供应商的控制。这有助于具有提高网络资源利用效率并且增强 QoS 供应能力的细粒度控制策略的实现。

应用层涵盖了一系列智慧能源管理应用,如家庭能源管理(Home Energy Management,HEM)、工厂能源管理(Factory Energy Management,FEM)、建筑能源管理(Building Energy Management,BEM)、微电网能源管理(Microgrid Energy Management,MEM)和电动汽车能源管理(Electric Vehicle Energy Management,EVEM)。借助控制层和应用层之间的标准化应用程序接口(Application Programming Interface,API),智慧能源管理应用程序可以通过北向接口将其要求以编程方式明确地传达给各自的控制器,因此可以在一个虚拟 M2M 网络上运行,不必依赖物理基础设施。

管理和接入控制层为其他三层(即数据层、控制层、应用层)提供管理和接入控制功能。它包含设备设置与管理、隐私和安全策略配置、固件和软件更新、性能监测等静态任务。安全层保护数据层免受各种安全威胁,如流量规则修改、未经授权的访问控制和侧通道攻击。在控制层,安全层为控制器访问授权和身份验证、拒绝服务(Denial of Service,DoS)或分布式 DoS(Distributed DoS,DDoS)攻击缓解、控制器可用性和可伸缩性优化等提供解决方案。此外,安全实施机制可以保护应用层,使其免受未经授权和未经身份验证的应用程序、欺诈规则、配置漏洞和其他特定于应用程序的安全威胁。

7.1.3 基于 5G 的电力物联网信息采集装置

1. 基于 5G 的电力物联网信息采集装置概述

电力物联网中大数据、云计算等新技术的应用,要求系统中的信息采集装置必须具备多元化的数据采集能力、强大的数据处理能力、快速的数据传输能力、友好的用户互动能力和大容量的数据存储能力。目前电力物联网中信息采集装置的通信主要分为远程通信和本地通信两种,其中远程通信主要依靠 2G/4G 无线公网、光纤专网以及 230 MHz 无线专网等网络;本地通信则主要采取窄带载波、RS-485 总线等方式。电力物联网在建设发展过程中,逐步凸显出一些不足,尤其是通信方面表现出来的本地通信数据传输速率过低以致无法承载实时性业务需求、远程通信信号质量波动较大、覆盖不均匀且传输速率过低等问题。因此,需要将 5G 通信技术应用到电力物联网的信息采集装置之中,利用 5G 提供的大带宽、大容量、高速率推动信息采集装置的远程通信和本地通信逐渐向高带宽、高实时性发展,从而改变现有信息采集装置只能采集基本的电能数据且采集频率低、存储容量小、传输速度慢等现状,并满足不断丰富和日益增长的业务需求。

2. 硬件架构与软件架构

（1）硬件架构

如图 7.1.3 所示，电力物联网信息采集装置从物理上可以分为电源单元、处理单元、通信单元、功能单元四部分，各个组成部分在物理上隔离。

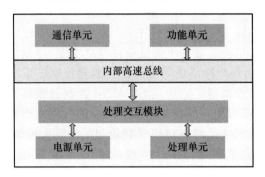

图 7.1.3　信息采集装置物理架构

电源单元是整个信息采集装置的供电系统。结合信息采集装置的使用环境，电源单元使用交流三相或单相进行供电，当电源出现断相故障或三相四线供电时任意一根或两根电源线断开的情况时，采集装置仍然可以正常工作，大大提高了采集装置工作的稳定性与可靠性。

信息采集装置的核心是处理单元和人机交互单元，装置采集到的所有数据都需要经过处理单元的汇总与处理之后，才能回传给主站。处理单元能够使得统一的高速总线系统与其他各功能单元进行交互；提供统一的功能接口设计，功能模块可以任意地插拔和选配，方便用户针对现场进行功能配置；实现采集装置故障点的监测和隔离，在出现异常情况时，处理单元可以采取及时切断故障模块电源的方式隔离故障点，从而避免故障的扩散。

通信单元包括远程通信单元和本地通信单元两大类。远程通信单元实现采集装置与系统主站之间的通信；本地通信单元实现采集装置与监测点之间的通信。通信单元主要采用5G 通信标准模块，基于该模块，可以大大提高采集数据的传输速率与传输容量，使得主站对电力系统的任何异常都可以迅速作出反应，极大地提高了电力系统的运行稳定性。

功能单元是指采集装置的采集与输出单元，主要包括交流模拟量采集、直流模拟量采集、状态采集、控制输出等。基于功能单元，可以实现对环境中各种信息的采集以及完成控制命令的下发，从而实现控制功能。

（2）软件架构

"文件"和"进程"是操作系统的两个最基本的实体和中心概念，操作系统的所有操作都是以这两者为基础的。如图 7.1.4 所示，整个操作系统的核心大体上可以分为内存管理、进程管理、文件系统、设备驱动程序以及网络接口五部分。

对于任何一台信息采集设备而言，它的内存资源以及其他的资源都十分有限。为了提高有限内存的利用率，让有限的物理内存满足应用程序对内存的大量需求，操作系统采用了"虚拟内存"的内存管理机制。借此可以以有限的内存尽可能地满足更多的需求。

进程是某个应用程序的一个运行实体。一台信息采集装置可能需要同时对多路信号进行采集，所以在操作系统中，同时会运行多个业务的进程。为了保证多个进程可以有条不紊地运行、采集装置可以稳定可靠地进行多路信号采集，需要操作系统对所有的进程进行管理,即通过在较短的时间内轮流运行这些进程从而实现所谓的多任务、多进程。我们将这个较短的时间间隔称为"时间片",将使得多个进程轮流运行的方法称为"进程调度",将完成进程之间调度的程序称为调度程序。进程调度本质上就是控制进程对 CPU 进行访问,控制进程有序地占用 CPU 的资源。

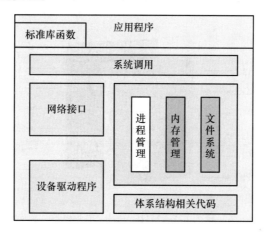

图 7.1.4 信息采集装置软件逻辑架构

信息采集装置一般都需要将采集到的数据进行打包,以文件的形式传送至大数据平台。统一操作系统将独立的文件系统组合成一个层次化的树形结构,并且由一个单独的实体来代表这一文件系统,将新的文件系统通过一个称为"挂装"的操作将其挂装到某一个目录之上,从而达到让不同的文件系统结合成一个整体的目的。

设备驱动程序是统一操作系统内核的主要部分。它和操作系统的其他部分类似,设备驱动程序运行在高特权级的处理器环境中,从而可以直接对硬件进行操作,也正因为如此,任何一个设备驱动程序的错误都有可能导致系统的崩溃。设备驱动程序实际上操控着操作系统和硬件设备之间的交互。设备驱动程序提供一组操作系统可以理解的抽象接口来完成和操作系统之间的交互,而与硬件相关的具体操作细节则由设备驱动程序来完成。在信息采集装置的 5G 通信模块这部分便有很多的设备驱动需要安装,不论是通信接口还是软件升级接口都需要安装相应的驱动程序,只有这样通信模块和采集装置才能正常运行。

网络接口提供了对各种网络标准的存取以及对各种网络硬件的支持。网络接口大体上可以分为网络协议和网络驱动程序两部分。网络协议部分负责实现每一种可能的网络传输协议,其中包括信息采集装置内部各个模块之间的通信协议以及采集装置与大数据平台的通信协议。TCP/IP 协议是 Internet 的标准协议,同时也是事实上的工业标准。统一操作系统的网络实现支持 BSD 套接字,支持全部的 TCP/IP 协议。统一操作系统内核的网络部分由 BSD 套接字、网络协议层和网络设备驱动程序组成。

3. 5G 通信模组

5G 通信设备的核心是 5G 通信模组,而模组的核心则是 5G 芯片。随着 5G 芯片的研发与发布,国内众多的生产厂家也开始了 5G 通信模组的开发与生产,华为、联发科和紫光展锐为国内的主要 5G 芯片生产厂商,研发出 MH5000-31、虎贲 T7520 等多个 5G 通信模组。

(1) 华为 MH5000-31 5G 工业模组

MH5000-31 是华为基于巴龙 5000 芯片开发出来的 5G 工业模组,该模组采用高可靠性器件以及独特的工艺设计,其核心器件主要包括主芯片、PMU、射频模块等;该模组支持非独立/独立(NSA/SA)双模组网,可以广泛地应用在视频监控、工业路由、智慧农业、智能机器人和无人机等众多场景,帮助行业用户灵活地接入不同模式的5G网络。如图7.1.5所示,该模组拥有丰富的硬件接口,可以很好地适应多样的工业环境,并满足工业设备接口需求。

图 7.1.5　MH5000 5G 工业模组

MH5000-31 工业模组的具体参数如表 7.1.1 所示。

表 7.1.1　MH5000-31 工业模组的参数

各项参数	参数描述
基本物理特性	尺寸:52 mm×52 mm×3.75 mm 形态:LGA 封装 存储器:Flash 4 Gbit,RAM 4 Gbit 电源:3.8~4.2 V 工作温度:−40~+85 ℃ 存储温度:−40~+95 ℃
支持频段	5G NR:n78/n79/n41 4G LTE:B1/B3/ B5/ B8/ B34/ B38/ B39/ B40/ B41 3G UMTS/WCDMA:B1/B8 2G:1 800 MHz/900 MHz
组网方式	支持 NSA 和 SA 两种组网方式
数据传输速率	5G NR:下行 2 Gbit/s,上行 230 Mbit/s LTE TDD:下行 1 Gbit/s,上行 30 Mbit/s LTE FDD:下行 600 Mbit/s,上行 75 Mbit/s 3G DC-HSPA+:下行 42 Mbit/s,上行 5.76 Mbit/s 3G HSPA+:下行 21 Mbit/s,上行 76 Mbit/s GSM EDGE:下行 236.8 kbit/s,上行 236.8 kbit/s GSM GPRS:下行 85.6 kbit/s,上行 85.6 kbit/s
天线	Ant1,TRX,824 MHz~5 GHz Ant2,TRX,824 MHz~5 GHz Ant3,RX,1 805 MHz~5 GHz Ant4,RX,1 805 MHz~5 GHz

（2）紫光展锐虎贲 T7520

如图 7.1.6 所示,虎贲 T7520 是紫光展锐针对智能手机等智能终端推出的第二代 5G 智能终端平台,该模组使得运营商可以在现有 4G 频段的基础上快速便捷地部署 5G 网络,最大限度利用既有资源的同时也能够满足未来 5G 共建共享的需求,有效地降低网络部署成本,加快 5G 网络的部署。

图 7.1.6　虎贲 T7520 5G 智能终端平台

与其他的 5G 模组相比,虎贲 T7520 具有先进的 6 nm 制造工艺、低功耗、全球首款全场景覆盖增强 5G 调制解调器、强大的 AI 能力和广阔的开发空间、全面增强的多媒体处理能力、全内置金融级安全等技术特性,具体如表 7.1.2 所示。

表 7.1.2　虎贲 T7520 的技术特性

制造工艺	先进的 6 nm EUV 制造工艺 相比 7 nm,晶体管密度增加 18%,功耗降低 8%
5G 通信	采用全球首颗全场景覆盖增强 5G 基带芯片 支持 2G 到 5G 多模全网通通信 支持 NSA 和 SA 双模组网,支持双卡双 VoNR
人工智能	计算能力强大,NPU 性能大幅领先 高能效,相比上一代提升 50% 创新 AI 开发平台,高效快速赋能应用
多媒体	最新 Vivimagic 6.0 影响引擎,Acutelogic 技术加持 1 亿像素超高分辨率 融合新一代 AI 专用加速引擎的 4 核 ISP 架构 全通路 4K HDR＋显示引擎
功耗	多模融合的创新架构和 AI 智能调节加持 相比上一代,5G 数据场景下的整体功耗降低 35% 相比上一代,5G 待机场景下的功耗降低 15%
安全	全内置金融级别安全解决方案 相比其他主流方案,处理能力提升 100% 超大容量,可以同时支持数百个应用

7.2 智慧交通运输体系

7.2.1 智慧交通运输体系的建设

1. 应运而生的智慧交通

近年来,伴随着城市的快速发展,机动车保有量呈现快速增长趋势,无论是城市交通还是高速公路都面临着一系列新形势的挑战,传统的交通管理方式和理念已经不能满足当前的出行需求,充分利用物联网、大数据、云计算、人工智能等前沿技术,构建智慧交通成为时代发展的新需求。城市公交车"一卡通"、交通综合信息一键查询、城市道路重要路段实时监控、高速公路可视化指挥监管等这样的智慧交通正在各地逐步实现。

2020 年 8 月 6 日,交通运输部印发《关于推动交通运输领域新型基础设施建设的指导意见》,围绕加快建设交通强国总体目标,推动交通基础设施数字转型、智能升级,建设便捷顺畅、经济高效、绿色节约、智能先进、安全可靠的交通运输领域新型基础设施。指导意见提出,到 2035 年,交通运输领域新型基础设施建设取得显著成效。先进信息技术深度赋能交通基础设施,精准感知、精确分析、精细管理和精心服务能力全面提升,成为加快建设交通强国的有力支撑,基础设施建设运营能耗水平有效控制。泛在感知设施、先进传输网络、北斗时空服务在交通运输行业深度覆盖,行业数据中心和网络安全体系基本建立,智能列车、自动驾驶汽车、智能船舶等逐步应用。

智慧交通系统将人、车、路三者综合考虑。在系统中,运用了信息技术、数据通信传输技术、电子传感技术、卫星导航与定位技术、电子控制技术、计算机处理技术及交通工程技术等,并将系列技术有效集成,应用于整个交通运输管理体系中,从而使人、车、路密切配合,达到和谐统一,发挥协同效应,极大地提高了交通运输效率,保障了交通安全,改善了交通运输环境。

2. 智慧交通的国内外发展现状

在全球智慧交通系统的推广应用上,美、欧、日已经先行一步,20 世纪 80 年代,就已开始了对智能交通系统(Intelligent Traffic System,ITS)的研究,现在正处于产业化基本形成和大规模应用的成熟阶段。目前各国都在全面布局智能汽车和智慧交通战略,而美国是产业发展的风向标,其智能交通、自动驾驶政策等被各国关注。其中 ITS 在美国的应用已达80%以上,而且相关的产品也较为先进。其 ITS 已经可以应用在车辆安全系统、电子收费系统及商业车辆管理系统等方面,国外智慧交通发展的经验很值得借鉴。

我国智慧交通虽然起步较晚,但发展较为迅速,智慧交通基础设施、应用系统的建设和运行日益成熟。其中包括以货物高效运输、旅客便捷出行为目标,全面推进"互联网+交通运输"信息管理与服务;利用互联网高效连接、广泛覆盖等特性,解决传统产业链中存在的中间环节多、信息不对称等问题;推动信息新技术在交通运输行业的深度融合与应用创新,促进交通运输传统产业的加速改造升级等。交通强国建设也为智慧交通的发展带来了新的机遇与挑战。立足我国智慧交通发展的实际和需求,面对交通发展"由追求速度规模向更加注重质量效益转变,由各种交通方式相对独立发展向更加注重一体化融合发展转变,由依靠传统要素驱动向更加注重创新驱动转变"的新变化,需要对智慧交通的目标、特征和关键技术进行重新梳理和定位。其中交通监控系统的建设是促进智慧交通进一步完善的重要环节。结合国内实际交通运行状态,实际交通视频监控系统主要存在如下问题。

(1)交通事故响应不及时

这需要我们能提供通过程序从交通监控摄像机传来的实时视频中自动检测出交通事故信息的系统。根据检测出的交通事故信息,要在最短的反应时间内,对交通事故做出准确有效的自动响应,并根据事故类型及危急程度选取合适的应急控制技术,对检测或预估风险提出处置方法和措施,尽可能把风险转化为机会或使风险造成的损失降到最低。

(2)交通视频信息数据缺乏深入分析

目前普通交通视频监控系统在完成数据采集后,并未对一定时间和空间范围内采集到的视频信息进行综合、深入分析,为道路规划和决策提供支持。然而,通过对交通数据进行挖掘,可以从大量、不完全、模糊、随机数据中提取潜在的有用信息和知识。通过数据分析与决策,建立交通信息监控系统分析、评价及预测模型,提供交通管理决策支持信息,可以提高交通信息化管理和控制水平。

总之,交通信息智能分析处理技术已经被很多大型研究机构所重视。但是在实际高速公路管理系统中,对交通信息分析与处理方面的经验还十分匮乏,不能满足管理、服务等方面的实际需求,从而出现系统管理成本高、缺乏对交通事件的自动响应等多方面问题。因此,很有必要对交通信息智能分析技术手段和方法开展研究,切实加强公路交通事件感知与反应能力,提高公路交通经济效益、社会效益、环境效益。其中,如何从实时监控视频中通过程序自动检测出异常交通信息,达到节省资金、减轻职工工作强度、提高响应速度的目的,以及如何从海量视频数据中分析、整理出有用信息,即实现视频监控技术智能化,是搭建综合运输管理和公共信息服务平台基础,建设安全畅通便捷绿色智慧的综合交通运输体系亟须解决的重大问题。

7.2.2 智慧交通监控视频系统架构设计

1. 系统拓扑

由图 7.2.1 可知,交通监控视频系统分为 4 个子系统:高速监控异常事件检测系统、异常事件地理信息系统(Geographic Information System,GIS)显示及基本信息维护系统、异常事件短信自动通知责任人系统、异常事件统计预测系统。4 个子系统通过数据云、应用云、智能云这三个私有云连接。

下面介绍系统的工作流程。首先,高速监控异常事件检测系统将检测出来交通异常事件信息通过交通专网上传到数据云服务器。应用云中各个应用通过授权接口从数据云中取数据,将异常交通信息通过异常事件 GIS 显示系统显示到 GIS 地图上,并通过异常事件短信自动通知系统发给相关责任人。最后智能云从数据云中取出数据进行分析处理,将结果通过高速监控异常事件统计预测系统提供给用户。接下来详细介绍这 4 个子系统。

(1)高速监控异常事件检测系统

高速监控异常事件检测系统的功能包括以下两个。

① 以高速公路摄像机为基础设施,自动检测高速公路异常事件。此处涉及的异常事件包括车辆逆行、违章停车以及交通拥堵。由一台异常事件检测服务器控制两台摄像机,该摄

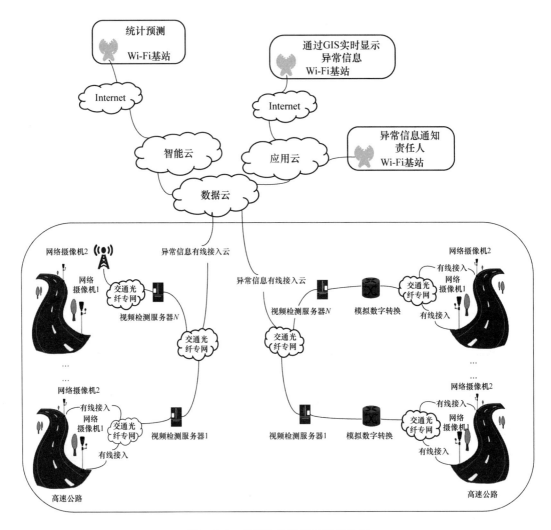

图 7.2.1 交通监控视频系统拓扑图

像机如果是网络摄像机,传回数字视频信息,直接进入异常事件检测服务器。如果该摄像机为模拟摄像机,那么传回的就是模拟视频信息,在进入异常事件检测服务器前需要先进行转换,将模拟信息转换为数字信息后再接进异常事件检测服务器。

② 异常事件检测服务器中运行异常事件检测程序。通过异常事件检测程序自动检测接入服务器的高速实时视频数据。如果检测到异常事件,自动通过交通专网上传到数据云服务器。

(2) 异常事件 GIS 显示及基本信息维护系统

该系统具有两个主要功能:通过 GIS 实时显示异常信息以及整个系统的初始化与维护。

① 异常交通信息 GIS 显示

高速监控异常事件 GIS 系统实时通过应用云监测数据云中最新异常交通事件信息,如果有,则取出异常信息并显示到 GIS 地图上,如果没有则继续监测。这里我们可以通过计算机使用 GIS 地图,亦可通过其他移动智能设备使用 GIS 地图,其中智能设备包括智能手机、平板计算机,可以有线联网,亦可无线联网。因此,只要智能设备联网都可以被授权,并通过在线 GIS 接收对应交通异常事件。

② 系统初始化与维护

管理员通过该系统对整个系统进行初始化与维护。接入方式可以为有线接入,也可以为无线接入。

(3) 异常事件短信息自动通知责任人系统

高速监控异常事件短信自动通知责任人系统通过应用云实时监测数据云中对应的高速实时监控视频异常事件。若发现最新未被处理的异常事件,系统立刻通过短信自动通知相关责任人。通常,短信接收终端包括手机、带短信接收功能的 PAD 等。

(4) 异常事件统计预测系统

高速监控异常事件统计预测系统通过两种方式对数据云中的异常数据进行统计分析:通过图表统计分析以及通过预测算法统计预测。

① 通过图表统计分析

该系统通过智能云从数据云中获取历史异常事件数据,可按时间段、事件类型以饼图或其他图形对异常事件进行统计分析。

② 通过预测算法统计预测

该系统在高速并行服务器中运行预测程序,通过预测程序分析数据云中存储的异常事件数据,发现其中隐含的有价值信息,为避免交通事故提供强有力的保障。

2. 云计算

云计算是一种大规模资料整合思想,把计算能力统一集中到大型计算中心,云计算以及边缘计算思想是互联网技术(Internet Technology,IT)的未来发展趋势。其中,狭义云计算是指 IT 基础设施交付及使用模式,即通过网络以按需、易扩展方式获得所需资源,包括信息基础设施(硬件、平台、软件)及基于基础设施的信息服务。而广义云计算是指服务交付及使用模式,通过网络以按需、易扩展的方式获得所需服务。

云计算的核心思想为将大量网络连接计算资源统一管理调度,构成一个计算资源池,源源不断地为用户提供按需服务。为增强系统实用性,结合实际情况将系统引入云计算理念,可以有效地解决投资过高的问题。通过数据云、应用云和智能云三片云相互合作,可以将系统的四个子模块有效连接在一起。通过引入云,极大地提高系统的可扩展性,为日后系统进一步开发与推广打下坚实的基础。

7.2.3 交通信息智能分析与关键问题解决

图 7.2.2 为本节所论述的高速公路异常交通事件智能响应示意图,需要解决的视频监控关键问题包括高速监控异常事件自动识别、异常事件数据上传远端服务器、通过 GIS 自动显示异常事件以及异常事件发生后自动通知相关责任人。下面对四个关键问题分别进行研究并给出解决方案。

1. 高速监控异常事件自动识别

假定高速公路基本被监控摄像机覆盖,如何有效利用和维护这些视频采集设备是一个问题。例如,当高速公路上有摄像机出现故障或者高速公路上出现异常事件时,摄像机不能自动告知用户自己出现了问题,也不能自动识别实时视频流中的异常事件。目前高速公路

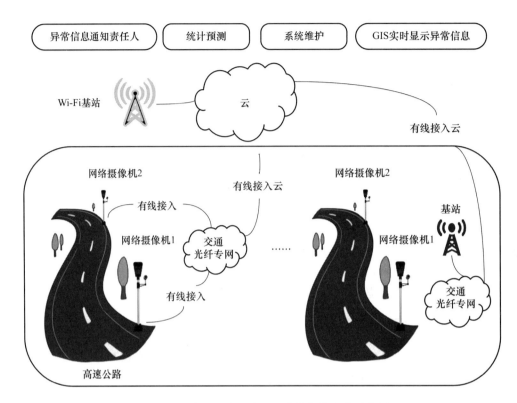

图 7.2.2　高速公路异常交通事件智能响应示意图

管理部门只能雇佣大量员工通过人眼轮询方式来识别。

　　而该问题解决方案的主要思路是引入计算机模式识别技术，利用模式识别代替员工轮询。通过模式识别检测高速公路摄像机是否正常工作，通过高速公路摄像机传来的实时视频流自动检测异常事件。其中应被识别异常事件包括车辆逆行、违章停车以及拥塞。

2. 异常事件数据上传远端服务器

　　通过自动识别异常事件，可以将高速实时视频流中的异常事件分离出来。如何将异常交通事件信息上传到远程服务器，并将相应信息写入数据库是接下来要解决的问题。异常数据包括两种类型的数据：字符流数据、图片及视频片段。这两种数据上传服务器的解决方案不同，下面按异常事件数据的不同类型，分别给出对应的解决方案。

　　（1）字符流数据：直接上传远程服务器数据库。此处字符流数据是指异常事件类型、异常事件发生时间以及监控摄像机编号等字符类型信息。这些数据根据远程数据库服务器 IP 地址直接写入对应服务器数据库。

　　（2）图片及视频片段：此处图片是异常事件发生时监控摄像机拍摄的异常事件发生现场图片。视频片段是异常事件发生时监控摄像机记录下的异常事件发生现场视频片段。这两种类型的数据不能和字符流数据一样通过远程数据库服务器 IP 直接写入对应服务器数据库。首先需要对图片和视频片段命名，然后在监测服务器上编写并运行异常交通事件图片和视频片段发送程序，当异常事件发生时，该程序通过文件传输协议将命名好的异常图片或视频片段发送到远程服务器对应端口。之后在远程服务器上编写并运行接收程序，该程序运行在远程服务器，实时监测对应端口。一旦监测服务器上发送程序向该端口发送异常事件图片及视频片段,接收程序就能监测到,将其取出并放置到对应文件夹下。最后在远程服务器编写并运行监测程序,实时监测对应文件夹。如果有最新图片及视频片段被放入,则将对应存放路径写入数据库对应表。

3. 通过 GIS 自动显示异常事件

另一个关键问题是当高速公路上的异常事件被自动检测程序检测出来之后,如何将异常交通事件实时显示到地理信息系统 GIS 地图中。具体步骤如下。

(1)根据实际需要及调研选择合适的 GIS,并通过提供的接口向 GIS 传输异常事件发生的经度和纬度,在 GIS 上确定事件发生地点;同时向所选用的 GIS 提供接口传输异常事件描述(异常事件类型、异常事件发生地点、异常事件发生时间),以及用于标识异常事件的图标。这样,GIS 就可以按照通过接口传输的参数将高速公路上发生的异常事件在 GIS 上准确地显示出来。

(2)建立摄像机表时,要存储摄像机的编号、摄像机的物理位置、摄像机所在位置的经度、摄像机所在位置的纬度。在为摄像机部署检测软件时要将对应摄像机的编号设置到检测软件中。

(3)系统要有对应代码控制系统定时去数据库中提取新发生、未处理的异常事件,并在 GIS 上显示记录中的对应参数,通过局部刷新技术在 GIS 地图上实时显示异常事件。

4. 异常事件发生后自动通知相关责任人

在高速公路上的异常事件被检测软件检测出来后,不但要第一时间在 GIS 上显示出来,还应该尽快告知相关责任人。我们需要讨论如何及时通知相关责任人,如何将异常事件相关信息提供给相关责任人,以及在当前技术条件下以何种方式提供给相关责任人。针对上述关键问题,给出的解决方案如下。

(1)根据实际需要,对异常事件进行如下描述:异常事件类型、异常事件发生地点、异常事件发生时间、事发现场照片、事发现场视频片段等。有了这些属性,就可以很好地描述高速公路上发生的异常事件。

(2)接收人分级处理。首先,上述异常信息要自动群发给多个人,因此要有责任人表,表内存储待接收的人的姓名以及电话号码,这样在群发时,程序可以去表中遍历并逐个记录取出的手机号码。其次,责任人要分级别,这样异常信息可以根据轻重缓急发送给不同的责任人。

(3)短信平台将运营商提供的接口与系统结合起来,使得上面系统传来的异常信息以及需要群发的相关责任人电话号码可以自动通过接口直接发送给相关责任人。

7.2.4 智能交通 GIS 系统实施效果

系统实施效果图

本节"智能交通 GIS 系统"实施效果如下:当道路中出现违章停车、车辆逆行、交通拥堵三种情况之一时,GIS 地图上便会出现显示警报的提示信息,且根据出现的交通事故的类型给出不同颜色的提示,前台管理人员根据警示信息可以立即发现事故发生的精确时间、地点以及事件类型。为提高监控的有效性,该 GIS 系统左侧设有异常事件滚动信息,同样包含了事故发生时间、地点以及事件类型三种信息参数。智能交通 GIS 系统的存在使得工作人员无须频繁切换视频监控界面来观察高速公路的路面状况,大大减少了工作量,节约了人力资源,更重要的是提高了高速公路视频监控效率,避免了由于监控不力引起处理事故的延时,同时将异常事件的警示信息通过短信发送给相关责任人,提高了高速公路的运行和管理效率。

7.3 通信台站共存干扰分析

7.3.1 5G 与 4G 系统同频干扰研究

5G NR 随机接入

1. 概述

5G 网络正在快速地发展与部署,但是初期阶段 4G 网络仍然需要承载较高的业务量,4G/5G 网络将长期共存且处于复杂的协同组网结构中。为此,需要合理地规划和设计 4G/5G 的协同组网。系统内的同频干扰将成为 4G/5G 网络质量提升需重点关注和解决的问题。本节将分析异构组网环境下 4G/5G 协同部署可能出现的同频干扰情况,并提出了组网方案建议,为 5G 网络的组网部署提供了初步思路,对 5G 异构组网有积极意义。

2. TDD 系统自身干扰分析

4G 长期演进技术(Long Term Evolution,LTE)和 5G 新空口(New Radio,NR)网络通常情况下采用时分双工(Time Division Duplexing,TDD)系统的正交频分复用(Orthogonal Frequency Division Multiplexing,OFDM)传输技术,通过正交频率区分小区内的不同用户,因此基本可以避免小区内用户之间的干扰。对于 TDD 系统,上下行链路使用相同的频谱,上下行链路质量是互惠的,因此,下行链路质量也能表征上行链路质量。下面讨论的干扰主要是针对 TDD 系统的小区间下行链路的干扰,如图 7.3.1 所示,即当多个基站处在同频组网时,相邻小区基站的下行信号对当前小区位于边缘区域用户的干扰。TDD 系统的下行链路干扰主要包括 3 个方面:一是广播信号的干扰;二是参考信号的干扰;三是业务信号的干扰。下面针对 4G 和 5G 系统的内部干扰分别进行分析。

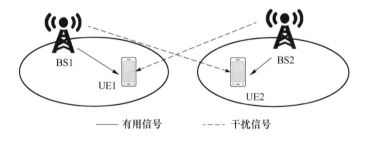

图 7.3.1 基站下行信号同频干扰

(1)4G 同频干扰分析

① 广播信号干扰

4G LTE 小区的广播信号主要指的是物理广播信道(Physical Broadcast Channel,PBCH)和主/辅同步信号(Primary Synchronization Signal,PSS; Secondary Synchronization Signal,SSS)。物理广播信道用于在整个小区的覆盖范围内发送系统信息和小区的特定信息,同步信号用于实现用户设备与基站的时间同步。目前,LTE 系统对于广播信号并没有形成完备的波束成形方案,信号持续发送在水平面或垂直面的宽波束上,在同频组网的小区间会出现一定的重叠覆盖,造成交叠干扰。

② 参考信号干扰

LTE 系统将小区参考信号(Cell-specific Reference Signal,CRS)用于非波束成形模式下的小区下行信道的测量、估计和相关解调,占用全带宽持续发送,具体的位置与物理小区标识(Physical Cell Identifier,PCI)和天线端口有关。为了避免 CRS 在频域上重叠,当一个天线端口发射 CRS 时,另一个端口不能发射,因此 CRS 的可选位置有限。如果同频组网下相邻小区之间 PCI 规划不合理,导致同一位置上出现了叠加的 CRS 信号,则会产生严重的同频干扰。

③ 业务信号干扰

LTE 系统中只有在数据传输时才会发送业务信号。随着用户业务需求量的增加,网络的负载越来越大,小区间的同频干扰也不断增大。其中同频干扰最严重的为小区边缘区域,尤其是两小区之间的切换带内。随着小区负荷的提高,业务信号产生的干扰也将逐渐成为干扰的主要因素。

(2) 5G 网络同频干扰分析

① 广播信号干扰

5G NR 系统的广播信号将 PSS/SSS/PBCH 合称为 SSB,频域上 PSS、SSS 占用 127 个子载波,PBCH 占用 240 个子载波,时域上 SSB 共占用 4 个 OFDM 符号,其具体位置可以灵活配置。5G NR 使用窄波束发送广播信号,在空域上采用时分波束扫描的方式,最大支持 8 个窄波束轮询发送。与 4G 的宽波束广播信号相比,窄波束轮询发送的方式减小了波束交叠的可能,可以将同频干扰随机化。

② 参考信号干扰

5G NR 系统中采用信道状态信息参考信号(Channel State Information-Reference Signal,CSI-RS)代替 4G LTE 系统中 CRS 的信道质量检测功能。CSI-RS 可以根据 5G 基站的配置来选择周期性、半持续性和非周期性的方式进行发送。与 CRS 相比,CSI-RS 可在 80 ms 的周期内进行稀疏灵活的配置,且仅在用户调度时才发送,大大减少了同频干扰。

③ 业务信号干扰

与 LTE 一致,5G NR 同样是只在数据传输时才会发送业务信号。随着业务量的增大,网络的负载和干扰都逐渐增加。从广播和参考信号上来看,4G 协议要求系统持续发送宽波束的广播信号和小区参考信号,因而同频组网的系统内很容易产生交叠干扰。而 5G 协议支持窄波束发送广播信号,同时小区参考信号只有在有调度用户时才发送,因此 5G 系统内的干扰大幅降低。从业务信号来看,4G 和 5G 系统内的自身干扰水平基本相当。

3. 4G/5G 协同组网下的同频干扰

在 5G 部署初期,4G 网络仍然承载着主要的数据业务,将在较长一段时间内和 5G 网络共存,两者很难分开部署。因此,需要研究在 4G/5G 协同组网下,LTE 和 NR 网络相互之间的同频干扰情况。

(1) LTE 对 NR 的同频干扰

在 4G/5G 协同组网下,同频干扰主要取决于 4G 和 5G 基站的规划部署方案和实际的业务负载情况。首先分析不同部署场景规划方案下的同频干扰情况,然后在此基础上,再进一步考虑业务负载量的大小对系统的干扰影响。

① NR 在 LTE 网络中插花

如图 7.3.2(a)所示,在 NR 基站部署的测试阶段,可能会将少量的 NR 基站随机插花部署在 LTE 网络的范围中,其中插花是指在现网中根据网络需求插入新站。在这种场景下,与 NR 同频段的大规模 LTE 网络尚未进行清频,形成了 4G/5G 同频、网络结构不合理的情况。分析可知,即使在 LTE 系统空载时,LTE 的广播信号和参考信号也会对 NR 造成一定的干扰。而当 LTE 系统存在业务负载时,5G 孤立小区则会受到周边较强的 LTE 业务信号的干扰,SINR 的恶化在 10 dB 以上,下行平均速率恶化达到 44.5%,用户感知急剧下降。因此,在实际应用中,这种部署方案并不可取。

② NR 范围内存在少量 LTE 站点未移频

如图 7.3.2(b)所示,这种场景下,NR 进行连片部署,并且对 NR 区域范围内的大部分 LTE 站点进行移频。但为了保证 4G 用户的正常通信,仍然保留少量未移频的 LTE 站点。在这种场景下,系统空载时的同频干扰相对较小,但在 LTE 业务负载 30% 的情况下,区域内 NR 用户的下行平均速率依然会产生高达 36.1% 的恶化,信号与干扰加噪声比(Signal to Interference plus Noise Ratio,SINR)也仍有较大程度的下降。因此,这种部署方案也不可取。

③ NR 连片部署(无隔离带)

如图 7.3.2(c)所示,在 NR 范围内使用连续的 100 MHz 频率资源,且对部署区域内的所有 LTE 站点进行移频。此时,LTE 的业务信号对 NR 区域内的同频干扰有了明显的改善。但在 5G 网络部署的边缘区域依然存在 4G/5G 基站共存的情况,边界处的 SINR 和下行平均速率仍然存在一定程度的恶化。因此,边缘区域的 LTE 仍然对 NR 有较大的干扰。

④ NR 连片部署(有隔离带)

图 7.3.2(d)所示的部署方案是在图 7.3.2(c)的基础上,在 5G 区域外增加一圈隔离带,在隔离带中对与 NR 交叠的 40 MHz LTE 网络进行清频,隔离带外则可以保留所有的 60 MHz LTE 网络。这种场景下,NR 的区域范围内,包括边缘处的 LTE 同频干扰均可以得到很好的抑制,此时 LTE 对 NR 的干扰几乎可以忽略不计。

采用实际可行的 NR 连片部署的方案,在网络结构合理和 4G/5G 上下行时隙对齐的前提下,对整网不同负荷的 4G 对 5G 干扰情况进行了分析,结果表明,在 4G/5G 空载情况下,由于 4G 系统的宽波束广播信号和参考信号的影响,4G 小区将给 5G 小区带来约 8.5 dB 的额外干扰,5G 平均吞吐量下降约 13.4%。当 4G/5G 系统负荷较高时,4G 小区对 5G 小区的干扰与 5G 自身的干扰水平基本相当。这主要是因为负荷较高时,4G 对 5G 的干扰将主要来自业务信道,此时 4G 对 5G 的干扰与 5G 自身的干扰相差不大。

(2) NR 对 LTE 的同频干扰

与 LTE 相比,NR 利用时分波束扫描的形式,将广播信号通过窄波束发送,对 LTE 波束的交叠较小,还可以通过轮询发送的方式将干扰随机化。另外,NR 不再使用 CRS 作为导频信号,而是采用 CSI-RS 的结构,只在用户调度时发送,空载时对 LTE 并无干扰。因此,NR 对 LTE 的干扰主要取决于 NR 的业务负载情况。通过实测周边邻区分别为 NR 小区和 LTE 小区的情况下,对主测试站的 LTE 小区的干扰影响,比较结果证实,邻区空载时,NR 对 LTE 的同频干扰远小于 LTE 自身同频组网的干扰影响,而随着邻区负载的增加,

NR 和 LTE 对 LTE 同频的干扰影响相当。

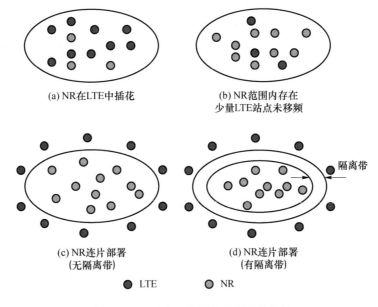

图 7.3.2　4G/5G 协同部署的可能场景

4. 5G 初期组网方案

5G 初期业务量很小,4G/5G 相邻区域又基本位于 4G 业务热点区域,容量保障压力大,移频难度高。从理论分析和前期部分外场测试情况看,在网络结构合理、4G/5G 上下行时隙对齐的情况下,相邻 4G 小区给 5G 带来的额外干扰尚在可控范围内,网络性能下降 10% 左右。因此,建议在 5G 连片规模部署时无须设置隔离带,为展示 5G 最佳性能,对部分典型业务示范区域可考虑设置少量保护带。此外,在部分业务需求高的场景,组网时还可充分利用现有 5G 频率,有效规避干扰,进一步提升网络性能和用户感知。

7.3.2　地面物联网与低轨卫星物联网系统同频干扰研究

随着无线通信技术的飞速发展,物联网技术在社会的各个领域得到了广泛的应用。卫星物联网是地面物联网的重要补充和延伸,为海洋、沙漠等无法建造地面物联网基站的地区提供通信服务。为了提高频带利用率,卫星物联网需要和地面物联网共享频率,所以必须充分考虑卫星物联网与地面物联网间的同频干扰问题。

1. 卫星物联网的提出

目前,应用于物联网低速率场景的低功率蜂窝标准协议成为现在的研究热点,主要包括窄带物联网(Narrow Band Internet of Things,NB-IoT)、远距离广域网等。其中,NB-IoT 技术在信息安全、移动性和容量等方面比较适合物联网的需求,凭借其覆盖范围广、功耗低待机长等优点成为代表性的低功耗广域网技术。

NB-IoT 的网络架构和 4G 移动系统基本一样,在物联网系统中通信可以利用已经存在的地面通信基站,与移动通信类似,用户主要面向人口密集的城市区域。但是,面对人口稀少的地区,NB-IoT 通信系统需要结合卫星通信系统形成天地合一的通信网,这对于实现"万物互联"的物联网理念是必要的。而且,近年来全球范围内自然灾害的频繁发生造成了地面移动通信系统的损坏,卫星通信系统由于具有覆盖范围广、受天气和地理因素影响小等优点,成为一种对地面通信系统很好的补充。

卫星物联网作为地面物联网的重要补充和延伸,在海洋、沙漠等无法建造地面物联网基站的地区提供服务,是实现物联网"万物互联"的一种重要途径。由于频谱资源受限,地面物联网和卫星物联网之间很可能需要进行频谱共享,因此地面系统与卫星系统间的同频干扰成为一个不可忽视的问题。

2. 卫星物联网与地面物联网之间的同频干扰问题

低轨卫星通信系统中,用户终端主要工作在 1~2 GHz 的 L 波段,而 NB-IoT 设备使用的频段目前主要分为 800 MHz、900 MHz、1 800 MHz、2 100 MHz 等频段。由于两个系统频谱靠近,低轨卫星通信系统与地面移动通信系统可能会出现相互之间同频干扰的情况。更为甚者,由于频谱资源不足,未来地面物联网与低轨卫星物联网还可能会共享频率资源。此时,两个系统之间可能会造成非常严重的上下行同频干扰。在实际星地一体通信系统中,同一个国家内地面和卫星物联网系统之间已经协调好同频共享问题,所以实际上同频干扰源主要来自多波束天线波束下未与低轨卫星通信系统工作区域做频率协调的国家/地区的地面移动通信系统。如图 7.3.3 所示(以第一代铱星系统为例),卫星多波束天线点波束个数为 48 个,每个点波束小区直径可达到 689 km。由此可见,单颗低轨卫星天线的点波束覆盖范围比较大,不可避免地会覆盖到不同的国家和地区,所以在卫星覆盖范围内,与低轨卫星此时工作的地区不同的其他国家或地区的地面物联网不可避免地会造成卫星物联网系统的上下行同频干扰。

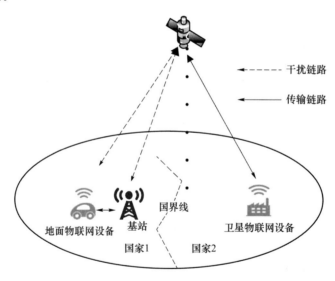

图 7.3.3　低轨卫星系统与地面移动系统上下行传输链路

3. 干扰场景分析

(1) 干扰场景分析

图 7.3.4 展示了卫星通信系统和地面移动通信系统之间基本的传输链路(包括有用链路和干扰链路)。从图中可以一览基本的干扰场景:在卫星通信系统上行链路上,地面基站(Base Station,BS)和地面通信用户设备在上行干扰链路 1 和上行干扰链路 2(图中标出)上造成上行干扰。在卫星通信系统下行链路上,地面基站和地面通信用户设备在下行干扰链路 1 和下行干扰链路 2(图中标出)上造成下行干扰。

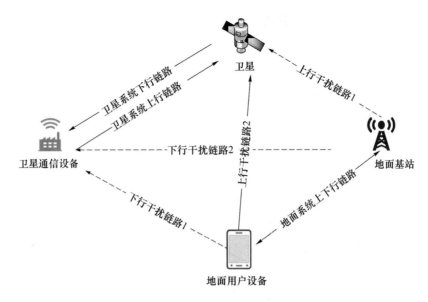

图 7.3.4 卫星物联网与地面移动通信系统之间传输链路分析

除了 LTE 系统和卫星通信系统之间上下行链路的同频干扰,多波束卫星天线波束同频复用和卫星通信系统覆盖范围内蜂窝小区的同频复用技术的应用还为卫星通信系统引入了卫星通信系统内的上下行同频干扰。

(2)上行干扰场景分析

图 7.3.5 展示了真实部署环境下可能出现的卫星通信系统与 LTE 系统频率共享情况下的上行干扰场景。我们选择一个 LEO 卫星小区作为参考小区,那么上行干扰可能来自卫星覆盖范围内与参考小区上行频率相同的多个小区内的 IoT 设备的上行发射功率。同时,上行同频干扰还来自与参考卫星小区频率共享的 LTE 系统小区中的 BS 和 LTE 的发射信号干扰。通过上面对部署环境下可能出现的上行干扰场景分析,干扰源可能主要包括与参考卫星小区同频的其他卫星小区内的 IoT 设备、与卫星系统频率共享的地面 LTE 系统的地面基站和用户移动设备。

(3)下行干扰场景分析

图 7.3.6 展示了卫星通信系统与 LTE 系统频率共享情况下的下行干扰场景。可以看出,卫星通信系统与地面 LTE 系统频率共享情况下的下行干扰分析与前面的上行干扰分析类似。主要的区别是卫星物联网设备下行干扰来自卫星多波束天线中同频复用波束的下行干扰和地面移动通信系统中基站与用户设备的下行干扰。地面系统受到的下行干扰不变。所以,计算下行干扰的参数时我们只需要把上行干扰参数中关于同频小区其他物联网设备的干扰参数替换成卫星下行波束同频干扰的干扰参数就可以了。

4. 系统干扰分析方法

常见的一种卫星通信系统与地面移动通信系统频率共享情况下的干扰分析方法是把地面移动通信系统覆盖范围从卫星覆盖范围中心移动到此卫星覆盖范围边缘,同时计算噪声温度提升比 $\frac{\Delta T}{T}$ 的变化以代表铱星系统受干扰程度的变化,得到地面通信系统与铱星系统之间地理距离对铱星系统可用性的影响。

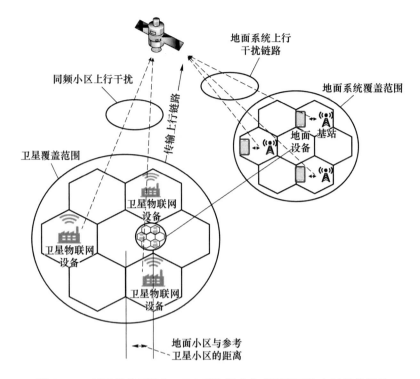

图 7.3.5 卫星通信系统与 LTE 系统频率共享情况下的上行干扰场景

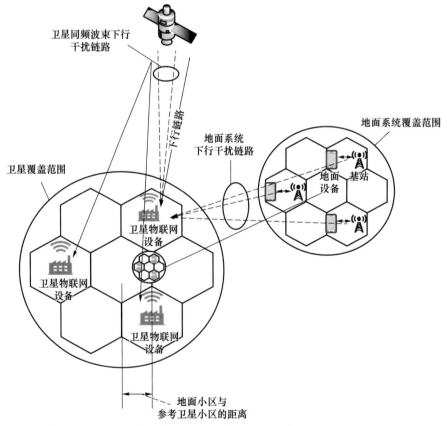

图 7.3.6 卫星通信系统与 LTE 系统频率共享情况下的下行干扰场景

　　当然,还有其他不同的干扰分析方法。例如,通过测量实验室条件下的干扰保护率和执行链路预算分析,使用不同的信号参数,如业务负载、带宽和干扰链路。较轻的负载意味着信号波形的时间变化明显更大,因此通常会有更差的干扰保护比,这就是上行链路产生的干扰比下行链路更多的原因。通过比较不同地面通信信号参数变化得到不同的卫星干扰保护比,便可得到不同情况下的干扰严重程度,即系统的可用性。

　　通过使用丰富的干扰场景,考虑到不同情况下干扰源的变化,引入不同的代表干扰程度的参数来衡量影响卫星物联网系统的干扰水平的不同因素,我们能够得到一个更立体、更全面的干扰分析。

本 章 小 结

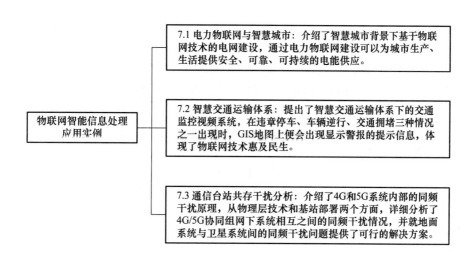

物联网智能信息处理应用实例

7.1 电力物联网与智慧城市:介绍了智慧城市背景下基于物联网技术的电网建设,通过电力物联网建设可以为城市生产、生活提供安全、可靠、可持续的电能供应。

7.2 智慧交通运输体系:提出了智慧交通运输体系下的交通监控视频系统,在违章停车、车辆逆行、交通拥堵三种情况之一出现时,GIS地图上便会出现显示警报的提示信息,体现了物联网技术惠及民生。

7.3 通信台站共存干扰分析:介绍了4G和5G系统内部的同频干扰原理,从物理层技术和基站部署两个方面,详细分析了4G/5G协同组网下系统相互之间的同频干扰情况,并就地面系统与卫星系统间的同频干扰问题提供了可行的解决方案。

思考与习题

　　7.1 请查阅资料了解更多物联网智能信息处理应用实例。

　　7.2 请思考除交通视频监控系统外的其他智能交通场景。

　　7.3 为什么4G/5G以及4G/卫星系统中会存在同频干扰问题?有哪些方法可以减小干扰?

参考文献

[1] 李继蕊,李小勇,高雅丽,等.物联网环境下数据转发模型研究[J].软件学报,2018,29 (1):196-224.

[2] 王朝炜,刘婷,王天宇,等.面向智慧矿山的移动群智感知覆盖及能效优化[J].物联网 学报,2020,4(4):17-25.

[3] 林欢.面向物联网数据特征的 ICN 缓存策略研究[D].重庆:重庆邮电大学,2020.

[4] 佳维(Mohamed Jaward Bah).处理静态数据和流数据中离群点检测问题的有效方法 [D].哈尔滨:哈尔滨工业大学,2020.

[5] 韩骁枫.自动驾驶车辆的道路环境理解关键技术研究[D].南京:南京理工大学,2019.

[6] 罗悦.面向家庭的智能医疗平台的研究与实现[D].成都:电子科技大学,2019.

[7] 王传安.以用户为中心的无线协作通信技术研究[D].北京:北京邮电大学,2019.

[8] 王一鸣.区域工业企业智能制造发展水平评估模型研究及其应用[D].厦门:厦门大 学,2018.

[9] 张洲.基于物联网的智慧农业系统设计及实现[D].成都:电子科技大学,2019.

[10] Mohammadi M,AI-Fuqaha A,Sorour S,et al. Deep Learning for IoT Big Data and Streaming Analytics:A Survey [J]. IEEE Communications Survey & Tutorials,2018,20(4):2923-2960.

[11] 王光辉.物联网定位中的隐私保护与精确性研究[D].南京:南京邮电大学,2019.

[12] 翟双.低能耗物联网无线链路数据格式与网络拓扑研究[D].长春:吉林大学,2020.

[13] 陈磊.大数据处理系统性能及能耗优化方法的研究[D].北京:北京交通大学,2019.

[14] 蔡跃明,吴启晖,田华,等.现代移动通信[M].北京:机械工业出版社,2019.

[15] 宋传志.卫星移动通信发展现状与未来发展研究[J].科技创新导报,2020,17(9): 121-122.

[16] 王朝炜,王卫东,张英海,等.物联网无线传输技术与应用[M].北京:北京邮电大学出 版社,2012.

[17] 彭琳,段亚娟,别业楠.B5G 毫米波和太赫兹技术的背景,应用和挑战[J].中兴通 讯技术,2019,25(3):82-86.

[18] 郝雅萍.大数据时代的计算机信息处理技术分析[J].梧州学院学报,2019,29(3): 1-4.

[19] 赵东,马华东,刘亮.移动群智感知质量度量与保障[J].中兴通讯技术,2015,21(6): 2-5.

[20] 马华东,袁培燕,赵东. 移动机会网络路由问题研究进展[J]. 软件学报,2015,26(3): 600-616.

[21] Xia X, Zhou Y, Li J, et al. Quality-Aware Sparse Data Collection in MEC-Enhanced Mobile Crowdsensing Systems[J]. IEEE Transactions on Computational Social Systems,2019,6 (5): 1051-1062.

[22] Raja G, Ganapathisubramaniyan A, Anbalagan S. Intelligent Reward-Based Data Offloading in Next-Generation Vehicular Networks[J]. IEEE Internet of Things Journal,2020,7(5): 3747-3758.

[23] 徐莹. 电磁驱动下神经元网络的动力学分析与同步控制[D]. 武汉:华中师范大学,2020.

[24] 马雪娇. 基于 BP 神经网络的系列混合预测模型的建立与应用[D]. 大连:东北财经大学,2018.

[25] 陈晨,朱晴晴,严睿,等. 基于深度学习的开放领域对话系统研究综述[J]. 计算机学报,2019,42(7):1439-1466.

[26] 王国芳. 专家知识辅助的强化学习研究及其在无人机路径规划中的应用[D]. 杭州:浙江大学,2017.

[27] 王海蛟. 基于强化学习的卫星规模化在线调度方法研究[D]. 北京:中国科学院大学(中国科学院国家空间科学中心),2018.

[28] 张春元. 连续空间强化学习研究[D]. 成都:电子科技大学,2016.

[29] 贺颖. 基于深度强化学习的无线网络多维资源分配技术研究[D]. 大连:大连理工大学,2018.

[30] 陈修云. 基于深度增强学习的自主数据分析研究[D]. 成都:电子科技大学,2019.

[31] 董威. 粗糙集理论及其数据挖掘应用[M]. 沈阳:东北大学出版社,2014.

[32] 蒋欢欢. 物联网信息感知与交互技术探讨[J]. 科学与财富,2019(4):163. DOI:10. 3969/j. issn. 1671-2226. 2019. 04. 163.

[33] 靳晋. 探讨信息感知与交互技术在物联网中的应用[J]. 电子世界,2018(13): 203-203.

[34] 赵昆. 浅析物联网中的信息交互技术[J]. 丝路视野,2018(9):124-124.

[35] 崔硕,姜洪亮,戎辉,等. 多传感器信息融合技术综述[J]. 汽车电器,2018(9):41-43.

[36] 温豪,张京. 物联网应用对频谱的需求分析[J]. 数字通信世界,2019(7):27-28.

[37] 李晖. 复杂电磁环境下的频谱感知技术研究[D]. 成都:电子科技大学,2016.

[38] 陈超. ICT 融合与中国经济高质量发展研究[D]. 长沙:湖南大学,2018.

[39] 张挚智. 探讨绿色移动信息通信技术的应用[J]. 信息通信,2020(4):270-271.

[40] 吴启晖,王然,黄振炎. 物联网的一种新范式:智能频联网[J]. 物联网学报,2018,2 (1):35-41.

[41] 杨艺. 面向认知无线电适变能力提升的决策机制研究[D]. 哈尔滨:哈尔滨工业大学,2019.

[42] 朱雅丽. 基于认知无线电的动态频谱共享算法研究[D]. 北京:北京邮电大学,2011.

[43] 邵丽娜. 基于认知无线电的动态频谱分配策略研究[D]. 西安:西安电子科技大学,2011.

[44] 张开元,桂小林,任德旺,等.移动边缘网络中计算迁移与内容缓存研究综述[J].软件学报,2019,30(08):2491-2516.

[45] 蒋励菁.无线通信网络中若干智能化技术研究[D].南京:南京邮电大学,2019.

[46] 阳王东,王昊天,张宇峰,等.异构混合并行计算综述[J].计算机科学,2020,47(8):5-16+3.

[47] Li B, Gu J, Jiang W. Artificial Intelligence (AI) Chip Technology Review[C]. 2019 International Conference on Machine Learning, Big Data and Business Intelligence (MLBDBI), Taiyuan, China, 2019:114-117. doi: 10.1109/MLBDBI48998.2019.00028.

[48] Quan Z, Wang Z, Ye T, et al. Task Scheduling for Energy Consumption Constrained Parallel Applications on Heterogeneous Computing Systems[J]. IEEE Transactions on Parallel and Distributed Systems, 2020, 31 (5): 1165-1182. doi: 10.1109/TPDS.2019.2959533.

[49] 陈海明,石海龙,等.物联网服务中间件:挑战与研究进展[J].计算机学报,2017,40(8):1725-1749.

[50] 中国电子技术标准化研究院.信息物理系统白皮书[R].2018.

[51] 朱艺伟.信息物理融合系统的时空大数据的建模与分析[D].广东:广东工业大学,2019.

[52] 孙滔,陆璐,刘超.网络融合深化使能5G全场景多维度服务[J].中兴通讯技术,2020,26(3):56-60.

[53] 3GPP. System architecture for the 5G System (5GS): TS 23.501[S]. 2020.

[54] 田伟.智慧城市中智能电网实施策略及工程实践研究[D].南京:东南大学,2017.

[55] 徐大剑.低轨卫星物联网与地面物联网间同频干扰分析[D].南京:南京邮电大学,2019.

[56] 尧文彬、程日涛、王乐、孙璇、梁月.4G/5G同频干扰分析及组网建议[C]// 2019中国信息通信大会(CICC 2019).

[57] 郭琼琼,申喜芹,张英海,等.高速公路异常事件智能响应系统[J].中国交通信息化,2013(10):84-88.

A

AP	Access Point	接入点
AG	Access Gateway	接入网关
ADC	Analog to Digital Converter	模数转换器
AOA	Angle of Arrival	到达角度
ACL	Asynchronous Connectionless	异步无连接
ANN	Artificial Neural Network	人工神经网络
AI	Artificial Intelligence	人工智能
AE	Autoencoder	自编码器
APC	Advanced Process Control	高级过程控制
APIT	Approximate Point-In-Triangulation Test	近似三角形内点测试法
ADITS	Automatic Driving Information Transmission Service	自动驾驶信息传输业务
ARQ	Automatic Repeat Request	自动重传请求
AF	Application Function	应用功能
AMF	Access and Mobility Management Function	接入和移动性管理功能
AWS	Amazon Web Services	亚马逊云服务
API	Application Programming Interface	应用程序接口

B

BAP	Bluetooth Access Point	蓝牙接入点
BP	Back Propagation	反向传播

BWA	Broadband Wireless Access	宽带无线接入
BBF	Broadband Forum	宽带论坛
BEM	Building Energy Management	建筑能源管理
BS	Base Station	地面基站

C

CARS	Context-Aware Recommender System	情景感知推荐系统
CAN	Controller Area Network	控制器局域网络
CODA	Congestion Detection and Avoidance	拥塞检测和避免
CVSD	Continuous Variable Slope Delta	连续可变斜率增量调制
CART	Classification And Regression Tree	分类回归树
CVAE	Conditional Variational Auto Encoder	条件变分自编码器
CNN	Convolution Neural Network	卷积神经网络
CR	Cognitive Radio	认知无线电
CRN	Cognitive Radio Network	认知无线电网络
CAITS	Collision Avoidance Information Transmission Service	协作碰撞避免信息传输业务
CDMA	Code Division Multiple Access	码分多址
CDN	Content Delivery Network	内容分发网络
CPPS	Cyber-Physical Production System	信息物理生产系统
CPS	Cyber-Physical System	信息物理融合系统
CT	Communication Technology	通信技术
CU	Centralized Unit	集中式单元
CRS	Cell-specific Reference Signals	小区参考信号
CSI-RS	Channel State Information Reference Signal	信道状态信息参考信号

D

DAQ	Data Acquisition	数据采集
DEANA	Distributed Energy-Aware Node Activation	分布式能量感知节点活动
DRNG	Directed Relative Neighborhood Graph	有向邻居子图

DLSS	Directed Local Spanning Subgraph	有向本地生成树子图
DMTS	Delay Measurement Time Synchronization	延迟测量时间同步
DSP	Digital Signal Processing	数字信号处理
DTN	Delay Tolerant Network	延迟容忍网络
DRL	Deep Reinforcement Learning	深度强化学习
DSRC	Dedicated Short Range Communication	专用短程通信
DoS	Denial of Service	拒绝服务
DV-Hop	Distance Vector-Hop	距离向量-跳段
DDoS	Distributed DoS	分布式 DoS

E

EFS	Extended File System	扩展文件系统
EAR	Eavesdrop And Register	旁听注册算法
ESRT	Event-to-Sink Reliability	事件到汇聚节点的可靠性
EM	Expectation-Maximization	最大期望
eMBB	Enhanced Mobile Broadband	增强移动宽带
ETSI	European Telecommunications Standards Institute	欧洲电信标准化协会
EVEM	Electric Vehicle Energy Management	电动汽车能源管理

F

FAT	File Allocation Table	文件分配表
FCC	Federal Communications Commission	美国联邦通信委员会
FEC	Forward Error Correction	前向纠错
FPGA	Field Programmable Gate Array	现场可编程门阵列
FAA	Federal Aviation Administration	联邦航天管理局
FN-RG	Fixed Network-Residential Gateway	固网家庭网关
FEM	Factory Energy Management	工厂能源管理

G

GFS	Google File System	Google 的文件系统
GPS	Global Positioning System	全球定位系统
GPFS	General Parallel File System	通用并行文件系统

GPSR	Greedy Perimeter Stateless Routing	与地理散列方法相关的地理路由
GEM	Graph Embedding Routing	嵌入子图路由
GAF	Geographical Adaptive Fidelity	基于地理位置的拓扑
GRU	Gated Recurrent Unit	门控循环单元
GIS	Geographic Information System	地理信息系统

H

HFS	Hybrid File System	混合文件系统
HDFS	Hadoop Distributed File System	Hadoop 分布式文件系统
H2H	Human to Human	人与人
HARQ	Hybrid Automatic Repeat Request	混合自动重传请求
H2T	Human to Thing	人与物
HEED	Hybrid Energy-Efficient Distributed clustering	异构网络能量高效的分簇
HCPS	Human-centered Cyber-Physical system	人-信息-物理系统
HEM	Home Energy Management	家庭能源管理

I

IoT	Internet of Things	物联网
I2C	Inter-Integrated Circuit	两线式串行总线
IC	Integrated Circuit	集成电路
IP	Internet Protocol	互联网协议
ICN	Intermittently Connected Network	间歇式连通网络
ITU	International Telecommunication Union	国际电信联盟
ISM	Industrial Scientific Medical	工业、科学、医学
IETF	the Internet Engineering Task Force	国际互联网工程任务组
ICT	Information and Communication Technology	信息通信技术
ICPS	Industrial CPS	工业信息物理系统
IT	Information Technology	信息技术
IED	Intelligent Electronic Device	智能电子设备
IEEE	Institute of Electrical and Electronics Engineers	电气与电子工程师协会

ITS	Intelligent Traffic System	智能交通系统

K

KNN	K-nearest neighbors	K 最近邻算法
KDD	Knowledge Discovery in Database	数据库知识发现

L

LTE	Long Term Evolution	长期演进
LEACH	Low Energy Adaptive Clustering Hierarchy	低功耗自适应集簇分层型协议
LILT	Local Information Link-state Topology	基于全局拓扑信息的本地拓扑
LINT	Local Information No Topology	非基于全局拓扑信息的本地拓扑
LMN	Local Mean of Neighbors Algorithm	本地邻居平均算法
LMA	Local Mean Algorithm	本地平均算法
LMST	Local Minimum Spanning Tree	本地最小生成树
LTS	Lightweight Tree-based Synchronization	轻量的基于树的同步
LNA	Low Noise Amplifier	低噪声放大器
LAN	Local Area Network	局域网
LR	Logistic Regression	逻辑回归
LM	Language Model	语言模型
LSTM	Long Short-Term Memory	长短时记忆
LFU	Least Frequently Used	最近最少访问频次
LRU	Least Recently Used	最近最少使用
LEO	Low Earth Orbit	低轨

M

MIMO	Multiple Input Multiple Output	多输入多输出
MEMS	Micro-Electro-Mechanical Systems	微机电系统
MAC	Media Access Control	媒体存取控制
MCS	Mobile Crowd Sensing	移动群感知

MDP	Markov Decision Process	马尔可夫决策过程
MEC	Mobile Edge Computing	移动边缘计算
mMTC	Massive Machine Type Communication	海量机器类通信
MPTCP	Multipath Transport Control Protocol	多路径传输控制协议
MUSE	Mobile Ubiquitous Service Environment	移动泛在业务环境
M2M	Machine to Machine	机器对机器通信
MEM	Microgrid Energy Management	微电网能源管理

N

NTFS	New Technology File System	新技术文件系统
NFC	Near Field Communication	近场通信
NIC	National Intelligence Council	美国国家情报委员会
NTP	Network Time Protocol	网络时间协议
NOMA	Non-Orthogonal Multiple Access	非正交多址
NTN	Non-Terrestrial Network	非陆地通信网络
NNLM	Neural Network Language Model	神经网络语言模型
N3IWF	Non-3GPP InterWorking Function	非 3GPP 互通功能
NGP	Next Generation Protocol	下一代协议
NIN	Non-IP Networking	非 IP 网络
NIST	National Institute of Standards and Technology	美国标准技术研究院
NaaS	Network as a Service	网络即服务
NR	New Radio	新空口
NB-IoT	Narrow Band Internet of Things	窄带物联网

O

OLAP	Online Analytical Processing	联机分析处理
OFDM	Orthogonal Frequency Division Multiplexing	正交频分复用
OBD-II	On-Board Diagnostic-II	第 2 代车载自动诊断系统
OT	Operational Technology	运营技术
OTT	Over The Top	通过互联网向用户提供各种应用服务

OFDM	Orthogonal Frequency Division Multiplexing	正交频分复用

P

PDA	Personal Digital Assistant	个人数字助理
PTT	Push-to-Talk	随按即说
PC	Personal Computer	个人计算机
PFS	Parallel File System	并行文件系统
POI	Point of Interest	兴趣点
PIT	Perfect Point-In-Triangulation Test	最佳三角形内点测试
PCM	Pulse Code Modulation	脉冲编码调制
PEGASIS	Power-Efficient GAthering in Sensor Information Systems	基于 LEACH 的一种分簇协议
PSFQ	Pump Slowly, Fetch Quickly	慢存快取
PUE	Primary User Emulation	主用户伪造攻击
PLMN	Public Land Mobile Network	公共陆地移动网
PSO	Particle Swarm Optimization	粒子群优化算法
PBCH	Physical Broadcast Channel	物理广播信道
PSS/SSS	Primary Synchronization Signal/ Secondary Synchronization Signal	主/辅同步信号
PCI	Physical Cell Identifier	物理小区标识

Q

QoS	Quality of Service	服务质量

R

RFID	Radio Frequency IDentification	射频识别
RSSI	Received Signal Strength Indication	无线电信号强度
RNN	Recurrent Neural Network	循环神经网络
RL	Reinforcement Learning	强化学习
RAN	Radio Access Network	无线接入网
RIT	Radio Interface Technology	无线接口技术
RC	Resource Capability	资源能力

RMST	Reliable Multi-Segment Transport	可靠的多分段传输
RNG	Relative Neighborhood Graph	有关邻居图
RBS	Reference Broadcast Synchronization	参考广播同步
RTT	Round-Trip Time	往返时间
RKRL	Radio Knowledge Representation Language	无线电知识表达语言

S

SDN	Software Defined Network	软件定义网络
SoC	System on Chip	片上系统
SCO	Synchronous Connection-Oriented	同步连接
SMACS	Self-organizing Medium Access Control for Sensor Network	传感器网络的自组织媒体访问
SAR	Sequential Assignment Routing	连续分配路由
STC	Spatial Temporal Coverage	时空覆盖度
SPI	Serial Peripheral Interface	串行外设接口
SR	Supporting Resource	支持资源
SRI	Satellite Radio Interface	卫星无线电接口
SINR	Signal to Interference plus Noise Ratio	信号与干扰加噪声比
SVM	Support Vector Machines	支持向量机
SDR	Software Defined Radio	软件定义无线电
SOA	Service-Oriented Architecture	面向服务的体系架构
SD-M2M	Software-Defined M2M	软件定义 M2M

T

TCP/IP	Transmission Control Protocol/Internet Protocol	传输控制协议/互联网协议
TOA	Time of Arrival	到达时间
T2T	Thing to Thing	物与物
TRAMA	Traffic Adaptive Medium Access	流量自适应介质访问
TDOA	Time Difference of Arrival	到达的时间差
TEEN	Threshold-sensitive Energy-Efficient sensor Network	门限感知高能效传感网

TPSN	Timing-sync Protocol for Sensor Network	传感器网络时间同步协议
TNGF	Trusted Non-3GPP Gateway Function	可信非 3GPP 网关功能
TDD	Time Division Duplexing	时分双工

U

UWB	Ultra Wide Band	超宽带
UDN	Ultra-Dense Network	超密级网络
UC	Ubiquitous Computing	泛在计算
UNS	Ubiquitous Network Society	泛在网络社会
URLLC	Ultra Reliable Low Latency Communication	超可靠低时延通信
USB	Universal Serial Bus	通用串行总线

V

| VAE | Variational Auto Encoder | 变分自编码器 |
| V2V | Vehicle to Vehicle | 车-车 |

W

WLAN	Wireless Local Area Networks	无线局域网
WSN	Wireless Sensor Network	无线传感网
WiMAX	Worldwide Interoperability for Microwave Access	全球微波互联接入
WWAN	Wireless Wide Area Network	无线广域网
W-AGF	Wireline Access Gateway Function	有线接入网关
3GPP	3rd Generation Partnership Project	第三代合作伙伴项目
5GC	5G Core Network	5G 核心网
5G NAS	5G Non-Access-Stratum	5G 信令
5G-RG	5G-Residential Gateway	5G 家庭网关